**Respuestas sorprendentes
a preguntas cotidianas**

Divulgación

# Jordi Pereyra
Respuestas sorprendentes
a preguntas cotidianas
*Curiosidades que solo la ciencia puede explicar*

Obra editada en colaboración con Editorial Planeta – España

© Jordi Pereyra Marí, 2020
© de las ilustraciones, Marta Mayo Martín, 2020

Ilustraciones de interior: Estoesloquehago.com y Sacajugo.com
Adaptación de la portada: Booket / Área Editorial Grupo Planeta a partir del diseño original de © Ed Carosi
Imagen de la portada: © Ed Carosi

De todas las ediciones en castellano:
© 2020, Editorial Planeta, S. A. – Barcelona, España

Derechos reservados

© 2025, Ediciones Culturales Paidós, S.A. de C.V.
Bajo el sello editorial PAIDÓS M.R.
Avenida Presidente Masarik núm. 111,
Piso 2, Polanco V Sección, Miguel Hidalgo
C.P. 11560, Ciudad de México
www.planetadelibros.com.mx
www.paidos.com.mx

Primera edición impresa en España en Colección Booket: septiembre de 2024
ISBN: 978-84-08-29219-7

Primera edición impresa en México en Booket: abril de 2025
ISBN: 978-607-569-948-6

No se permite la reproducción total o parcial de este libro ni su incorporación a un sistema informático, ni su transmisión en cualquier forma o por cualquier medio, sea este electrónico, mecánico, por fotocopia, por grabación u otros métodos, sin el permiso previo y por escrito de los titulares del *copyright*.

Queda expresamente prohibida la utilización o reproducción de este libro o de cualquiera de sus partes con el propósito de entrenar o alimentar sistemas o tecnologías de Inteligencia Artificial (IA).

La infracción de los derechos mencionados puede ser constitutiva de delito contra la propiedad intelectual (Arts. 229 y siguientes de la Ley Federal del Derecho de Autor y Arts. 424 y siguientes del Código Penal Federal).

Si necesita fotocopiar o escanear algún fragmento de esta obra diríjase al CeMPro (Centro Mexicano de Protección y Fomento de los Derechos de Autor, http://www.cempro.org.mx).

Impreso en los talleres de Impregráfica Digital, S.A. de C.V.
Av. Coyoacán 100-D, Valle Norte, Benito Juárez
Ciudad de México, C.P. 03103
Impreso en México -*Printed in Mexico*

**Biografía**

Jordi Pereyra Marí (Ibiza, 1990) se graduó en Ingeniería Mecánica y dedica su vida a la divulgación desde que inauguró el blog y canal de YouTube «Ciencia de Sofá», donde intenta transmitir conceptos científicos a las mentes más distraídas de forma sencilla y amena. Tras recibir varios galardones en este ámbito, su actividad divulgativa lo llevó a trabajar en las secciones de ciencia de varios grandes medios de comunicación como escritor, editor y asesor científico, además de publicar varios títulos con Paidós: *El universo en una taza de café* (2015), *Las 4 fuerzas que rigen el universo* (2017), *Respuestas sorprendentes a preguntas cotidianas* (2020) y *Guía para sobrevivir en el espacio* (2022).

# SUMARIO

*Prólogo de Javier Santaolalla* .......................... 9
*Introducción* ........................................ 13

1. ¿Por qué se evaporan los charcos, aunque no hiervan?.... 17
2. ¿Por qué la sal desaparece cuando se disuelve?.......... 29
3. ¿Por qué tienen ese olor los metales?................... 47
4. ¿Por qué los plátanos son ligeramente radiactivos?...... 55
5. Qué pesa más, ¿un kilo de plumas o un kilo de plomo?... 75
6. ¿Adónde van los globos de helio?...................... 91
7. ¿Se puede hervir un huevo en la cima del Everest?...... 107
8. ¿Qué pasa cuando un avión alcanza la velocidad del sonido? ¿Y por qué los globos de helio nos ponen la voz aguda?... 119
9. ¿Podemos llegar antes a donde sea si viajamos contra la rotación de la Tierra?............................. 137
10. ¿Por qué las hormigas no se hacen daño al estrellarse contra el suelo?..................................... 155
11. ¿Qué pasaría si nos tiráramos por un agujero excavado a través de la Tierra?................................. 171
12. ¿Es cierto que la Luna nos afecta tanto como dicen?..... 181
13. Si cargamos una batería, ¿pesará más?................. 189
14. ¿Por qué, a veces, tocar el coche da calambre?.......... 201
15. ¿Te puede caer un rayo y vivir para contarlo?........... 215
16. ¿Por qué el fuego no tiene sombra? ¿De qué están hechas las llamas?......................................... 231

17. ¿Por qué (casi) todos los metales son grises?............  243
18. ¿Por qué es mejor llevar camisetas blancas en verano?....  255
19. Piénsalo, ¿por qué la espuma es siempre de color blanco?  263
20. ¿Por qué se nos quema la piel, aunque esté nublado?.....  277
21. ¿Por qué me quedo sin wifi tan rápido, si tampoco estoy tan lejos del rúter? ...............................  285
22. ¿Por qué salen chispas cuando se mete un metal en el horno microondas?................................  301
23. ¿Cómo puede alguien caminar sobre ascuas sin quemarse?  317
24. ¿Por qué hace más frío o más calor cuando hay mucha humedad?........................................  327
25. ¿Qué le pasaría a un astronauta si se quitara el casco en el espacio exterior?...............................  341

*Epílogo* ...............................................  357
*Notas* ................................................  359

# **PRÓLOGO**

Me gusta ser provocador. Y qué mejor forma de provocar que empezar un libro de preguntas con una pregunta. Pero esta no es para Jordi, es para ti: ¿cuándo dejaste de hacerte preguntas? No mires a otro lado, no, te lo estoy preguntando a ti. En serio, respóndela (no en alto o pensarán que estás loco). ¿Cuándo fue la última vez que hiciste una pregunta curiosa? ¿O tonta? Las tontas también valen, son mis favoritas. Es triste pero la respuesta puede ser meses, incluso años. Yo lo sé porque soy muy observador, me encanta levantar la cabeza y estudiar a la gente, analizar y reflexionar. Y aquí va mi diagnóstico: el paciente está enfermo, y me refiero a nosotros como sociedad.

Te hablo de un virus contagioso que se instaura en nosotros a cierta edad y ya no nos abandona. Es el virus del aburrimiento, de la monotonía, de la apatía, del «me da todo igual», es el *melasudismo*. Vamos por la vida con la cabeza gacha, de casa al trabajo, del trabajo a casa. Corriendo de un lado al otro, con los ojos puestos en el móvil, y siempre tarde. Y nos la suda todo. Ya no nos asombra ver cómo funciona un imán o una brújula, ya no nos detenemos a jugar con la tensión superficial con un vaso de agua, nunca nos sorprenden ensimismados viendo el camino que siguen las hormigas, o viendo de cuántas formas podemos agrupar sesenta pipas en grupos iguales. Damos por sentadas cosas como la lluvia, el arcoíris, las sombras, las plantas, la nieve o la música sin maravillarnos por la riqueza de los fenómenos que esconden. Damos todo por hecho, no reparamos en nada, le damos la espalda a la esencia de las cosas.

Y hace no mucho tú no eras así, ¿recuerdas? Te encantaba mirar las nubes y buscar formas, levantabas la cabeza al cielo por las noches con ilusión por si aparecía una estrella fugaz, un microscopio te abría los ojos a un mundo invisible, una caja vacía era un vehículo espacial y soñabas con viajar a la velocidad de la luz. Eras un niño. Te preguntabas el porqué de todo, y querías saber cómo sería el mundo si las cosas fueran diferentes. Un día te callaron, aceptaste un «porque sí» y ya nada volvió a ser igual.

¿Qué nos ha pasado? ¿Cuándo perdimos a ese niño que se hacía preguntas? Pero no todo van a ser malas noticias, tengo una buena para ti: no lo has perdido, está ahí dentro y con unas ganas de salir que no te puedes ni imaginar. Lo sé porque ese es mi trabajo, jugar con las ilusiones y la fantasía que llenan nuestro espíritu de inocencia. Lo veo cada día, ese es el verdadero poder de la ciencia, conecta con nuestra esencia, nos hace ser más «yo», nos rejuvenece y nos renueva.

Por eso este libro que tienes en tus manos es el mejor *lifting* facial que te puedes hacer, ni bótox, ni colágeno, ni bisturí, deja las cremas milagrosas, ponte a leer ya, devóralo, compártelo, regálalo.

Y si un libro de preguntas como este es un auténtico tratamiento antiedad, Jordi entonces es un maestro esteticista. Y lo es porque detrás de ese cuerpo grande, ese andar seguro y decidido y esa mirada de bonachón hay un niño juguetón, travieso y tremendamente curioso.

A Jordi lo conocí en un congreso de ciencia. Sabía de él por referencias, había topado muchas veces con su exitoso blog, me había leído sus anteriores libros (muy buenos, por cierto) y lo seguía por redes sociales. Ciertamente tenía muchas ganas de conocerlo en persona, así que en el congreso me senté a su lado. Pues cuál fue mi sorpresa cuando, en un pequeño parón en una ponencia, como un niño travieso que teme ser descubierto en clase, me pasa, de forma sutil y disimulada, un cubo de metal. «Cógelo», me susurra. Obediente y extrañado lo tomo en mi mano. ¡Qué sorpresa! Era extremadamente pesado. Se trataba de un metal, no cabía duda, pero un metal muy distinto al que estamos acostumbrados a tratar. La sensación era extraña, porque la vista te predisponía a una sensación que luego con el tacto no concordaba. Jordi notó mi cara de incomprensión: «Es un metal muy denso, ¿adivinas?». ¡Qué bien jugado, Jordi! Primero lanzas la sorpresa, luego la pregunta, toca reflexionar y reconocer mi ignorancia. «Tío, no tengo ni la más remota idea.» «Tungsteno o wolframio —me dijo—, lo descubrió un español, aunque se impuso el nombre alemán, ya sabes cómo funcionan estas cosas, de ahí que tenga dos nombres.» Ahí me sonó la campana: un metal que se usa en CMS, el experimento en el que trabajé en el CERN, en una aleación para formar lo que se conoce como el calorímetro electromagnético. Y ahí lo tenía, en mi mano. En ese momento me di cuenta: habríamos sido mejores amigos en el colegio, lo sé.

Como un Peter Pan del siglo XXI, Jordi te lleva al país de Nunca Jamás. Física, química, ingeniería..., no hay límite porque aquí manda la curiosidad, aquí gobierna tu niño interior, ese que siempre quiere saber más. Y yo sé que Jordi, con su particular estilo de explicar, su talento divulgador, su claridad para exponer y su pasión por la ciencia, habrá triunfado no si consigue darte una respuesta rigurosa a tus cuestiones, sino si esa respuesta trae nuevas preguntas a tu mente, si te devuelve esa esencia de niño. Es un juego eterno, infinito, donde el límite está en los mismos límites del universo.

Albert Einstein es reconocido como uno de los mayores genios de la historia de la humanidad, quizá solo superado por el eterno Isaac Newton. Con tan solo veinticuatro años y fuera del mundo de la investigación, Einstein revolucionaría la física desde sus cimientos, se atrevería a derribar la visión del universo de Newton, transformando la imagen que tenemos de espacio y tiempo, reescribiendo los libros de física desde cero. Los trabajos de Einstein de 1905 y 1915 desafían a los historiadores porque aúnan sagacidad, ingenio, creatividad, talento, originalidad e intuición supliendo sus no tan deslumbrantes habilidades matemáticas. Aún se preguntan cómo pudo, cómo fue posible tal hazaña. Sus obras de verdad elevan a la humanidad como especie y las podemos situar a la altura del *Hamlet* de Shakespeare, el *David* de Miguel Ángel o la Quinta sinfonía de Beethoven. Es el último edificio lógico-matemático levantado por una única mente.

Y después de todo, de grandes honores, alabanzas y reconocimientos, cuando le preguntaban a Albert Einstein qué lo hacía especial, él lo tenía claro: «No tengo talentos especiales, pero sí soy profundamente curioso».

Einstein, como Jordi, como espero que tú, nunca dejó de ser un niño. Un niño que jugaba buscando entre las piedras de la playa una que fuera diferente. Eso es lo que le hacía especial. Y todo para él cambió un día, el día en que su padre le mostró una brújula y le hizo una pregunta, su gran descubrimiento. Desde entonces ya nunca dejaría de hacerlo.

Y es así como empiezan todas las grandes historias de la ciencia, con asombro, curiosidad y admiración por un mundo que no deja de maravillarnos con la gran riqueza que esconde, y de la que solo te separa esa traviesa y juguetona pregunta.

Javier Santaolalla

# INTRODUCCIÓN

Saludos, lector anónimo. Sé que seguramente no me conoces de nada y que si estás hojeando estas páginas, es porque el departamento de marketing ha hecho un buen trabajo pensando en una cubierta atractiva para el libro. De hecho, es probable que, antes de empezar a leer estas líneas, solo estuvieras vagando por la sección de divulgación científica sin rumbo y sin un título concreto en mente, pero con una idea más o menos clara en tu cerebro curioso: encontrar algún libro que responda a las preguntas sobre el universo que te han atormentado desde tu más tierna infancia, pero que nadie de tu entorno parecía poder (o querer) responder. Por ejemplo, ¿por qué casi todos los metales son de color gris?, ¿podríamos sobrevivir en el vacío del espacio, aunque fuera solo unos minutos?, ¿pesa más una pila cargada que una gastada?

Pues bien, si, de pura chiripa, he acertado, lo primero que te quiero decir es que hay muchas más personas como tú ahí fuera. Y no solo lo sé porque yo soy una de ellas, sino porque, además, en 2013 creé un blog llamado *Ciencia de Sofá*, e, inspirado en el genial trabajo de Randall Munroe, autor de la tira cómica *XKCD*, inauguré una sección en la que sugerí a mis lectores que me enviaran las preguntas de carácter científico que los atormentaban para intentar responderlas en mis artículos. A esta sección en la que respondía a las preguntas de la gente que me leía la llamé «Respuestas».

*Te debió de echar humo el cerebro eligiendo un nombre tan imaginativo. Pero, oye, me parece muy feo que estés intentando llevarte el mérito de esos artículos y que ni siquiera me menciones.*

Bueno, ya estamos otra vez... Eh... Lector anónimo, te presento a la *voz cursiva*. Me gusta pensar que está aquí exclusivamente para transmitirme las dudas que te podrían estar viniendo a la cabeza mientras lees mis explicaciones, pero lo cierto es que acaba haciendo puntualizaciones tiquismiquis y bromas cuestionables con más frecuencia de la que me gustaría.

En cualquier caso, lo que quiero decir es que en mi blog he respondido alrededor de un centenar de preguntas de mis lectores, que son tan curiosos como tú. El abanico de preguntas es bastante amplio, y, mientras algunas han acabado convertidas en artículos que tienen temáticas bastante razonables a primera vista (como «¿Existe algún planeta en el que nos podamos poner en órbita de un salto?»), otras eran tan extrañamente específicas que, aún hoy, me da miedo pensar en el uso que pudo dar el lector a esa información (véase «¿Cuántas anguilas eléctricas harían falta para abastecer una ciudad?»).

El caudal de correos electrónicos con preguntas fue incrementándose junto con la popularidad del blog y hace mucho tiempo que superó con creces la velocidad a la que puedo responder, así que hago una especie de criba en la que termino descartando las cuestiones que no me veo capacitado para solucionar, las que son de una temática que no me resulta interesante o que considero que no tienen mucho interés para el público en general y las que sospecho que son intentos de alumnos de instituto de mandarme sus deberes camuflados de curiosidad. Como resultado, por cada pregunta que trato en «Respuestas», unas diez o veinte se quedan en mi bandeja de entrada o en mi libreta de «posibles futuros artículos» y nunca llegan a ver la luz del sol.

Pero si una cosa he aprendido después de leer cientos de preguntas de mis lectores y de hacer un breve ejercicio de documentación cada vez que quiero comprobar si podría escribir un artículo curioso con alguna de ellas, es que a menudo encuentras información muy interesante intentando responder las preguntas que parecen más estrafalarias o «tontas» a primera vista. De hecho, me resulta especialmente satisfactorio cuando la respuesta a una de esas preguntas acaba abarcando muchos campos de la ciencia distintos que nunca habías pensado que pudieran estar relacionados.

*Sí, sí, lo estás pintando todo muy bonito, pero también te mandan muchas preguntas que no tienen ni pies ni cabeza y no llevan a ningún lado.*

También es cierto, *voz cursiva,* no voy a engañar a mis lectores. A lo largo de los años también he recibido unas cuantas preguntas incoherentes que no hay por dónde cogerlas.

*Y comenta también que recibes muchos correos de iluminados que dicen haber descubierto que toda la física actual hasta el momento está mal.*

Vale, sí, pero, pero no creo q...

*Y no te olvides de toda la gente que escribe el contenido del correo electrónico en el apartado del asunto y te pone de los nervios porque luego en la pantalla el texto queda cortado...*

¡Vale, ya está, *voz cursiva*! ¡Ya ha quedado claro que no *todos* los correos que me envían contienen preguntas maravillosas! La cuestión es que en este libro quiero compartir esa sensación tan agradable que se experimenta cuando aprendes cosas que no te esperabas mientras intentas encontrar la respuesta a una pregunta aparentemente simple, porque, entre otras cosas, te das cuenta de que incluso fenómenos muy distintos están estrechamente relacionados. Y, además, muchos de esos fenómenos que explicaré afectan a nuestra vida cotidiana.

Por supuesto, no te puedo prometer que este libro resolverá todas tus dudas sobre el universo, lector anónimo, pero, al menos, espero que te ayude a entender un poco mejor cómo funciona el mundo que nos rodea y que puedas utilizar los principios que explicaré para deducir por tu cuenta el porqué de otras cuestiones que te atormentan.

# CAPÍTULO 1

## ¿Por qué se evaporan los charcos, aunque no hiervan?

Empecemos este libro con una infame anécdota culinaria con la que seguro que todos estamos familiarizados: pones agua a hervir porque tienes antojo de macarrones, te olvidas por completo de la olla durante un par de horas y, cuando por fin te acuerdas y vuelves para meter los macarrones en ella, toda el agua ha desaparecido.

*Dudo bastante que sea una situación con la que todo el mundo esté familiarizado.*

Bueno, vale, *voz cursiva,* tal vez solo nos ha pasado a *algunos.* La cuestión es que este incordio ocurre porque, como todos sabemos, el agua tiene la molesta tendencia a hervir cuando se encuentra a una temperatura de cien grados centígrados (100 °C), así que, a menos que se aparte de la fuente de calor, se irá evaporando hasta que no quede ni una gota.

*Espera, ahora que lo mencionas... Si se necesita una temperatura de 100 °C para que el agua hierva y se evapore, ¿por qué los charcos se evaporan? ¿Y el sudor? ¿Y cómo puede ser que el suelo recién fregado se seque tan rápido, incluso si estamos en invierno y hace un frío de narices?*

Vaya, no sabía que estas cuestiones te atormentaban tanto, *voz cursiva.* Para responder a estas preguntas y, de paso, introducir algunos conceptos importantes de cara a los siguientes capítulos, primero tendremos que entender qué pasa cuando la temperatura de una cosa aumenta.

Toda la materia que nos rodea está compuesta por diferentes combinaciones de los 118 elementos de la tabla periódica. Bueno, técnicamente, solo 94 de esos elementos son lo bastante estables como para formar parte de nuestro entorno, pero de eso hablaré más adelante. Por el momento, la moraleja es que los seres humanos hemos conseguido diferenciar 118 sustancias puras distintas en nuestro entorno, cada una con unas propiedades distintas. Todas esas sustancias, los llamados «elementos químicos», están organizados en función de esas propiedades en la famosa tabla periódica.

| H | | | | | | | | | | | | | | | | | He |
|---|---|---|---|---|---|---|---|---|---|---|---|---|---|---|---|---|---|
| Li | Be | | | | | | | | | | | B | C | N | O | F | Ne |
| Na | Mg | | | | | | | | | | | Al | Si | P | S | Cl | Ar |
| K | Ca | Sc | Ti | V | Cr | Mn | Fe | Co | Ni | Cu | Zn | Ga | Ge | As | Se | Br | Kr |
| Rb | Sr | Y | Zr | Nb | Mo | Tc | Ru | Rh | Pd | Ag | Cd | In | Sn | Sb | Te | I | Xe |
| Cs | Ba | La | Hf | Ta | W | Re | Os | Ir | Pt | Au | Hg | Tl | Pb | Bi | Po | At | Rn |
| Fr | Ra | Ac | Rf | Db | Sg | Bh | Hs | Mt | Ds | Rg | Cn | Nh | Fl | Mc | Lv | Ts | Og |

| Ce | Pr | Nd | Pm | Sm | Eu | Gd | Tb | Dy | Ho | Er | Tm | Yb | Lu |
|---|---|---|---|---|---|---|---|---|---|---|---|---|---|
| Th | Pa | U | Np | Pu | Am | Cm | Bk | Cf | Es | Fm | Md | No | Lr |

Ahora bien, no solemos encontrar estos elementos en estado puro a nuestro alrededor porque tienden a combinarse entre ellos y formar «compuestos químicos». Explicaré este proceso con más detalle en el siguiente capítulo, pero, para no liar la perdiz, ahora nos basta con saber que la materia está compuesta por unas bolitas diminutas de alrededor de una millonésima de milímetro de diámetro llamadas *átomos* y que los átomos de cada elemento tienen masas, tamaños y propiedades distintas. Los compuestos químicos, en cambio, están hechos de conjuntos de átomos llamados *moléculas* que presentan propiedades diferentes a las de los elementos individuales que las componen. Por ejemplo, el oxígeno es el gas reactivo que nos pasamos el día respirando y el hidrógeno es un gas muy ligero e inflamable, pero cuando un átomo de oxígeno y dos de hidrógeno se combinan, forman una molécula de agua, el líquido transparente, incoloro e inodoro que posibilita la vida en la Tierra.

En cambio, si sustituimos el átomo de oxígeno por uno de azufre, la estructura de la molécula no cambiará mucho, pero habrá dejado de ser agua para convertirse en sulfuro de dihidrógeno, una sustancia gaseosa que, en condiciones normales, posee un fuerte olor a huevos podridos. Y si sustituimos ese átomo de azufre por uno de un metaloide llamado telurio, la sustancia resultante seguirá siendo un gas, pero ahora olerá a ajo podrido y será muy inflamable.

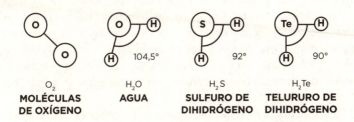

O₂
**MOLÉCULAS DE OXÍGENO**

H₂O
**AGUA**

H₂S
**SULFURO DE DIHIDRÓGENO**

H₂Te
**TELURURO DE DIHIDRÓGENO**

O sea, cualquier pedazo de materia está compuesto por trillones de átomos o moléculas. Y, como detalle adicional, cada uno de esos átomos y moléculas ejerce una fuerza atractiva sobre sus vecinas. Teniendo esto en cuenta, podemos empezar a plantearnos por qué el agua se evapora incluso cuando no hierve.

El primer dato que conviene tener en mente es que lo que interpretamos como temperatura no es más que un reflejo de lo rápido que se mueven los átomos o las moléculas que componen un objeto: si vibran muy rápido, nos parecerá que el objeto está muy caliente, pero si se mueven despacio, entonces nos dará la impresión de que está frío. Y en este detalle tan simple está la clave para entender por qué las sustancias sólidas se convierten en líquidas cuando su temperatura aumenta y por qué los líquidos se evaporan.

Para ilustrarlo, imaginemos un cubito de hielo tirado en el suelo.

En este caso, el agua del cubito está congelada porque sus moléculas se mueven despacio y la fuerza atractiva que actúa entre ellas es capaz de mantenerlas bien unidas y encajadas en una posición fija, formando así una red rígida en la que cada molécula está confinada en su sitio y tiene tan poca libertad de movimiento que solo puede vibrar ligeramente. Dicho de otra manera, la sustancia se encuentra en *estado sólido*.

Ahora bien, en cuanto empecemos a subir el termostato, la velocidad a la que vibran las moléculas de agua se irá incrementando hasta que llegue un momento en el que sus sacudidas sean tan violentas que esa fuerza atractiva que actúa entre ellas dejará de ser capaz de mantenerlas unidas y ancladas en su posición. Llegados a este punto, la estructura rígida que formaban las moléculas se desmorona y quedan esparcidas por el suelo, sacudiéndose sin ningún orden, como un montón de escombros saltarines. Pero, ojo, porque, en este escenario, esa fuerza atractiva sigue siendo lo bastante intensa como para mantener las moléculas cerca unas de otras, aunque no estén confinadas en una posición fija. En este caso, el agua de nuestro cubito de hielo sólido se habrá convertido en un líquido... Y la temperatura a la que se produce el cambio, cero grados centígrados, es su *punto de fusión*.

Finalmente, si incrementamos aún más la temperatura de nuestra agua líquida, sus moléculas se empezarán a mover tan rápido que las fuerzas intermoleculares que actúan entre ellas ya no podrán mantenerlas cerca unas de otras, así que saldrán disparadas del charco a gran velocidad y quedarán suspendidas en el aire, chocando y rebotando caóticamente con las moléculas de los diferentes gases que componen la atmósfera, que se encuentran en la misma situación. Cuando esto ocurra, el agua habrá alcanzado su *punto de ebullición* y se habrá convertido en un *gas*.

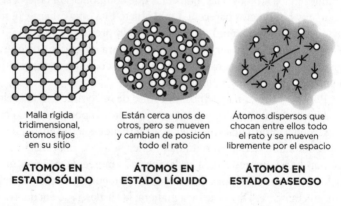

Malla rígida tridimensional, átomos fijos en su sitio

**ÁTOMOS EN ESTADO SÓLIDO**

Están cerca unos de otros, pero se mueven y cambian de posición todo el rato

**ÁTOMOS EN ESTADO LÍQUIDO**

Átomos dispersos que chocan entre ellos todo el rato y se mueven libremente por el espacio

**ÁTOMOS EN ESTADO GASEOSO**

Como puedes imaginar, estos principios no solo gobiernan los cambios de estado del agua, sino los de todos los materiales conocidos. Eso sí, la temperatura a la que se funde o se evapora cada sustancia depende de la fuerza con la que se atraigan sus átomos o moléculas: cuanto más fuerte sea esa atracción, más rápido tendrán que moverse para separarse y, por tanto, la temperatura necesaria para que cambien de estado será mayor. Por ejemplo, el mercurio es un líquido a temperatura ambiente porque la fuerza con la que se atraen los átomos de este metal es muy débil, de modo que basta un movimiento muy leve para impedir que formen una estructura rígida. De ahí que el mercurio se funda a –38,8 °C. En cambio, en el otro extremo de la escala, los átomos del wolframio están unidos con tanta fuerza que se necesita una temperatura de 3.414 °C para fundir este metal, lo que lo convierte en el elemento de la tabla periódica con el punto de fusión más alto.

Por supuesto, este mismo principio también influye en la temperatura a la que un líquido se evapora. Por ejemplo, los átomos de helio se ven atraídos con tan poca fuerza que solo pueden permanecer cerca unos de otros (en estado líquido) cuando están casi quietos, por debajo de los –268,9 °C. El récord superior en esta categoría pertenece de nuevo al wolframio, cuyos átomos necesitan una temperatura de 5.555 °C para escapar de la masa de líquido y convertirse en un gas.

Sabiendo esto, y volviendo al ejemplo del principio, todo el vapor que vemos salir de una olla que contiene agua hirviendo está compuesto por moléculas de agua que se mueven lo bastante rápido como para abrirse paso entre el resto de las moléculas del líquido y han conseguido escapar de él. Por tanto, si dejamos la olla sobre el fogón, tarde o temprano todas las moléculas acabarán alcanzando la velocidad suficiente como para salir a la atmósfera y el recipiente se vaciará.

*Humm... Pero, si lo que dices es cierto, ¿por qué no percibimos el movimiento de las moléculas que nos rodean? ¿Hay alguna prueba de que exista?*

Buena pregunta *voz cursiva*. Los seres humanos no sentimos el movimiento de las moléculas que nos componen y rodean porque ocurre en escalas demasiado pequeñas; pero, por suerte, este fenómeno se manifiesta de manera visible en algunas situaciones cotidianas fáciles de reconocer. Por ejemplo, el filósofo griego Lucrecio ya especuló sobre la existencia de este movimiento en el año 60 a. C., en el poema científico *Sobre la naturaleza de las cosas:*[1]

Observad lo que ocurre cuando los rayos del sol entran en un edificio y alumbran los lugares ensombrecidos. Veréis una multitud de pequeñas partículas moviéndose en una multitud de maneras diferentes. Su baile es una indicación de los movimientos subyacentes de la materia que está oculta a nuestra vista. Se origina a partir de los átomos que se mueven espontáneamente. Entonces esas pequeñas partículas [...] se ven propulsadas por los golpes invisibles y a su vez son disparadas hacia otros objetos más grandes.

En otras palabras, Lucrecio estaba diciendo que las motas de polvo que a veces se ven a contraluz se mueven gracias a sus choques con los «átomos del aire». Y, en parte, tenía razón, porque aunque el factor que más contribuye al baile de las motas de polvo en suspensión son las corrientes de aire imperceptibles, el impacto de las moléculas de gas individuales que componen la atmósfera es el responsable de sus movimientos más bruscos.

Otra pista de la existencia de este movimiento llegó casi dos milenios después, en 1827, cuando el botánico Robert Brown estaba observando con su microscopio unos gránulos de solo cinco milésimas de milímetro de longitud suspendidos en el agua que procedían del polen de una planta de la especie *Clarkia pulchella*. Brown notó que estos gránulos experimentaban pequeñas sacudidas en direcciones aparentemente aleatorias y, extrañado, sustituyó el polen por pequeños granos de vidrio y de roca del mismo tamaño. Al ver que estos pedazos de materia inanimada también se agitaban en el agua, supuso que la causa de ese movimiento no podía residir en el hecho de que el polen estuviera «vivo».

Con el tiempo, las evidencias empezaron a apuntar a que la temperatura de un fluido es un resultado directo de la velocidad a la que se mueven sus partículas y se dedujo que la causa del movimiento inexplicable que experimentaban esos objetos diminutos era el impacto constante de las moléculas del fluido en el que estaban sumergidos, como el agua o el aire. Es más, Albert Einstein llegó a describir este fenómeno de forma matemática y, en 1908, Jean-Baptiste Perrin verificó de manera experimental sus ecuaciones, demostrando que la idea del movimiento molecular se ajustaba a la realidad.

Aun así, aunque parece que quien describió por primera vez este fenómeno fue Jan Ingenhousz, que, en 1785, observó el movimiento irregular de unas partículas de polvo de carbón que flotaban sobre la superficie de alcohol, el crédito del descubrimiento se lo acabó llevando Robert Brown. Este es el motivo por el que este traqueteo aleatorio de las moléculas se conoce con el nombre de *movimiento browniano*.

*Vaya, qué pena que Robert no tuviera un apellido británico menos común, como Culoy.*

¡*Voz cursiva*, por favor!

*Bueno, vale, me callo. De todas maneras, aún no has explicado por qué los charcos se secan, aunque no hiervan.*

Cierto, me he despistado. Vamos a ello.

Hay un matiz muy importante que aún no he mencionado y es que, en realidad, la temperatura de un objeto no solo es un reflejo de la velocidad a la que se mueven los átomos o las moléculas que lo componen, sino de su velocidad *media*. Dicho de otra manera, si, por ejemplo, metemos un termómetro en un charco y marca que el agua está a 20 °C, eso significa que la mayor parte de las moléculas del líquido que hay en ese charco se están moviendo a una velocidad que se corresponde a esa temperatura. Pero, ojo, porque también contiene una pequeña proporción de moléculas que se mueven más despacio o más rápido que casi todas las demás, o, lo que es lo mismo, moléculas más «frías» y más «calientes». Y, de hecho, en cualquier masa de agua, por muy fría que esté, siempre habrá unas cuantas moléculas que podrán escapar de la masa de líquido porque se moverán lo bastante rápido como para que su temperatura equivalente supere los 100 °C.

Ahora bien, la cantidad exacta de moléculas que tienen una velocidad distinta a la media varía en función de si una sustancia se encuentra en forma de sólido, de líquido o de gas. En el caso de los sólidos, todas las moléculas se encuentran a una temperatura muy similar, porque están encajadas en una estructura rígida. En cambio, las moléculas de los líquidos y de los gases se pueden mover con mucha más libertad y se pasan el día chocando entre ellas e incrementando o reduciendo su velocidad de forma aleatoria, dependiendo de la dirección en la que tenga lugar la colisión.

Si nos ponemos un poco más técnicos, lo cierto es que no se puede predecir a qué velocidad se mueve cada molécula individual de los trillones que contiene una masa de líquido o gas. Pero, gracias a la estadística, sabemos que el perfil de velocidades de todo el conjunto de moléculas debería ser algo similar a lo que refleja esta figura:

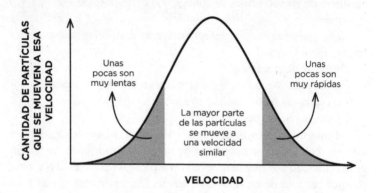

Si no os gustan los gráficos (algo que no puedo concebir), esta figura simplemente representa que la mayor parte de las moléculas del fluido se mueven a una velocidad similar y que el número de ellas que van más rápido o más despacio disminuye rápidamente cuanto más te «alejas» de la velocidad media. La forma exacta del gráfico cambia en función de la sustancia en cuestión, de su temperatura o de si se encuentra en estado líquido o gaseoso, pero siempre se aproxima a esta figura, que es lo que se llama una *distribución normal*.

O sea, que todas las masas de agua líquida que nos rodean se están evaporando constantemente a un ritmo mayor o menor, sin importar cuál sea su temperatura, porque siempre contienen una pequeña proporción de sus moléculas que se mueven lo bastante rápido como para escapar a la atmósfera en forma de vapor.

*No sé yo... Si eso es cierto, ¿por qué los charcos se acaban secando por completo? ¿No deberían dejar de evaporarse en cuanto todas sus moléculas rápidas escaparan a la atmósfera?*

Eso podría parecer a primera vista, *voz cursiva*, pero hay que tener en cuenta que el perfil de velocidades que acabo de enseñar se mantiene constante mientras el volumen del líquido disminuye: a medida que las moléculas más rápidas escapan, las colisiones aleatorias constantes que tienen lugar entre las moléculas frías (o su colisión con las moléculas del aire que está en contacto con la superficie del líquido) siempre acelerarán algunas de ellas hasta la velocidad necesaria para escapar a la atmósfera.

Por tanto, la moraleja del asunto es que los líquidos siempre contienen algunas moléculas que están lo bastante calientes como para evaporarse, incluso aunque se encuentren por debajo de su punto de ebullición, así que su volumen irá disminuyendo con el tiempo a medida que estas escapan hasta que se haya evaporado por completo. Y por eso el agua de los charcos se evapora, aunque no hierva en ningún momento.

*Captado, pero tengo una última duda. ¿Ese proceso de evaporación del agua se puede acelerar? Lo comento porque justo iba a fregar el suelo.*

Me alegra que me hagas esa pregunta y que mantengas el orden en tu habitación, *voz cursiva*.

El agua caliente se evapora más rápido que el agua fría porque contiene una proporción mayor de moléculas que se mueven a una velocidad lo bastante alta como para escapar del líquido. Por tanto, el suelo se secará más rápido un día caluroso o cuando no friegas con el aire acondicionado de frío encendido. Si estas opciones no te gustan, también puedes usar una cantidad menor de agua o abrir las ventanas para que corra el aire. En este último caso, la brisa acelera la evaporación del agua porque reduce la humedad de la capa de gas que se encuentra justo encima de la superficie del líquido, pero de este fenómeno hablaré con más detalle hacia el final del libro.

Ahora bien, el suelo se secaría aún más deprisa si usáramos otra sustancia en lugar de agua, como el etanol.

Por supuesto, no recomiendo aplicar este consejo en la vida real, pero os propongo un experimento que os dará una idea de a lo que me refiero: usando una jeringuilla u otro instrumento graduado que sirva para medir líquidos, coloca dos volúmenes iguales de agua y de etanol puro en dos recipientes idénticos. A continuación, cronometra cuán-

**25**

to tiempo tarda el líquido de cada recipiente en evaporarse por completo, y, si vives en la misma dimensión que yo, deberías notar que el etanol tarda muchísimo menos tiempo en desaparecer que el agua.

---

Este fenómeno ocurre porque la fuerza con la que se atraen las moléculas de etanol entre ellas es más débil que la que mantiene la cohesión entre las del agua líquida. Esto significa que las moléculas de etanol no necesitan moverse tan deprisa para escapar de esta sustancia cuando se encuentra en estado líquido, lo que se traduce en un punto de ebullición de solo 78 °C, muy inferior a los 100 °C del agua. Por tanto, si una masa de etanol y otra de agua se encuentran a la misma temperatura, la primera se evaporará mucho más deprisa porque siempre contendrá una cantidad mayor de moléculas que se mueven a la velocidad necesaria para escapar del líquido. Por supuesto, se trata de un fenómeno mucho más complejo, pero la moraleja es que cada líquido se evapora a un ritmo distinto porque la velocidad a la que se tienen que mover las moléculas de cada sustancia para escapar a la atmósfera es diferente.

Con todo, el hecho de que los líquidos se evaporen a cualquier temperatura también es el motivo por el que algunas sustancias líquidas son peligrosas, pese a que no entremos en contacto directo con ellas. Por ejemplo, hace unas páginas he mencionado que el mercurio se puede encontrar en estado líquido a temperatura ambiente porque este metal se funde a –38,8 °C.

*A menos que tu ambiente sea Siberia en invierno.*

Ya me entiendes, *voz cursiva*. La cuestión es que manipular mercurio en estado líquido es peligroso precisamente porque, al tener un punto de fusión tan bajo, se evapora continuamente delante de nuestras narices a temperatura ambiente sin que nos demos cuenta. Esa evaporación es relativamente lenta porque la temperatura de ebullición de este metal es de casi 357 °C, pero si se deja suficiente tiempo para que se acumule en el ambiente, podemos acabar inhalando bastante vapor de mercurio como para desarrollar síntomas que van desde una simple irritación en la garganta hasta temblores crónicos incontrolables.[2] Aun así, si tenéis algún termómetro de mercurio viejo por casa y algún día se os cae al suelo y se rompe, no hace falta que cunda el pánico: abrid las ventanas para ventilar la habitación, poneos guantes, barred todas las bolitas de mercurio que encontréis con un trozo de papel y metedlas todas en una bolsa de plástico o un bote de cristal junto con todas las cosas que habéis utilizado para recogerlas. Si os queréis quedar aún más tranquilos, espolvoread polvo de azufre por el suelo para convertir cualquier rastro de mercurio que os hayáis dejado en sulfuro de mercurio, un compuesto que es muchísimo más seguro porque no se evapora a temperatura ambiente. Cuanto terminéis, barredlo todo, metedlo en el bote junto con el resto de las cosas contaminadas y llevadlo a un punto de recogida de residuos. De esta manera, vuestra exposición a los vapores del mercurio será mínima y no tendréis de qué preocuparos.

Ahora bien, hay lugares en los que la gente sí que está expuesta a cantidades de mercurio dañinas. Por ejemplo, muchos mineros de oro que viven en países en vías de desarrollo usan este elemento para absorber y separar el oro de la tierra y luego calientan la mezcla para evaporar el mercurio y recuperar el valioso metal dorado. Pero, claro, debido a la exposición frecuente a los vapores de este metal, estos mineros acaban sufriendo síntomas crónicos como temblores, ataxia y problemas de memoria y de visión.[3]

O sea, que la evaporación constante que experimentan los líquidos a cualquier temperatura es un factor que no se puede ignorar cuando se manipulan ciertas sustancias. De todas maneras, a propósito del oro, me gustaría aprovechar la ocasión para seguir hablando de átomos a través de una anécdota menos tétrica sobre este preciado metal dorado.

*Espera, no me digas que los lingotes de oro también se evaporan sin que nos demos cuenta.*

No, *voz cursiva*, no te preocupes. Desconozco cuántos lingotes tienes, pero no se van a evaporar... Aunque existen otras maneras de hacer «desaparecer» un mazacote de oro.

# CAPÍTULO 2

## ¿Por qué la sal desaparece cuando se disuelve?

Es probable que lo de introducir un capítulo en un libro de ciencia con una historia de la Segunda Guerra Mundial ya esté muy visto, pero hay una anécdota de esta época que está relacionada con la química y que me parece muy interesante: la del laureado con el Premio Nobel que disolvió las medallas de oro de sus compañeros para esconderlas de los nazis.[1]

Pongámonos narrativos.

El año es 1940 y estamos en Copenhague, en el Instituto Niels Bohr. Hubiera sido un día cualquiera, tanto para el propio Niels Bohr como para George de Hevesy, si no fuera porque los nazis acababan de ocupar Dinamarca y habían prohibido sacar oro fuera del país... Una noticia preocupante, teniendo en cuenta que el instituto guardaba las medallas de oro de dos de sus colegas, Max von Laue y James Franck, también ganadores del Premio Nobel.

Mientras las tropas nazis ocupaban la ciudad, el pánico se apoderó de Bohr y Hevesy cuando se dieron cuenta de que sus colegas podrían tener problemas si a los nazis se les ocurría registrar el instituto y encontraban las dos medallas de oro, con sus nombres claramente grabados en ellas. En este contexto, estos dos científicos llegaron a la conclusión de que lo mejor sería ocultarlas. La idea inicial de enterrar las medallas no parecía un método lo bastante infalible, pero a Hevesy se le ocurrió una manera muy astuta de esconder el oro que impediría que los nazis las encontraran, incluso aunque lo tuvieran delante de las narices: decidió disolver las medallas.

Hevesy se pasó un día entero disolviendo las medallas de oro mientras los soldados nazis tomaban las calles de Copenhague. Cuando el proceso terminó, lo único que quedó de este valioso metal fue un bote lleno de un líquido amarillento que no levantaba ninguna sospecha entre el resto de los tarros del laboratorio. Es más, el plan de Hevesy funcionó tan bien que este bote permaneció intacto en una estantería hasta que la guerra terminó, y, cuando pasó el peligro, uno de los hijos de Bohr volvió a extraer el oro de la solución y lo envió a la Real Academia de las Ciencias de Suecia, donde se utilizó para fabricar dos medallas nuevas que fueron entregadas a Laue y Franck en 1950.

Ahora bien, si alguna vez has tenido que ocultar unas medallas de oro para que no las encuentren tus enemigos, es posible que pienses que disolverlas fue una decisión muy precipitada e incluso innecesaria, teniendo en cuenta que se puede conseguir el mismo efecto de una manera mucho más sencilla triturándolas o encerrándolas en un bloque de plomo. De hecho, es probable que los nazis estuvieran mucho más interesados en la información sobre física nuclear que guardaba el instituto que en las medallas de oro de Laue y Franck. Aun así, teniendo en cuenta que Hevesy tenía una amplia experiencia refinando metales, tampoco resulta demasiado extraño que la presión y la incertidumbre del momento lo llevaran a poner en práctica esta idea de bomber...

*¡Espera, espera, que aún estoy procesando toda esta información! ¡Yo nunca he visto un puñetero anillo de oro disolviéndose en el agua como si fuera un terrón de azúcar! ¿Qué puñetas les hizo Hevesy a las medallas para que se desvanecieran?*

Bueno, a ver, *voz cursiva,* que ni el oro ni la sal se «desvanecen» cuando se disuelven. Los átomos de estas sustancias siguen ahí, solo que están suspendidos individualmente entre las moléculas de agua. Además, la sustancia en la que se disolvió la medalla no era agua pura, sino una mezcla de ácid... Un momento, ¿sabes qué te digo? Voy a explicar qué ocurre a nivel molecular cuando una sustancia se disuelve y así entenderemos por qué la idea de Hevesy funcionó.

En el capítulo anterior hemos estado tratando los átomos como si fueran unas pequeñas bolitas rígidas, pero, en realidad, su estructura es un poco más compleja: están hechos de un núcleo que contiene partículas con carga eléctrica positiva y neutra llamados protones y neutrones, que, además, está rodeado de otras partículas con carga negativa llamadas electrones. Centrémonos de momento en estas últimas, porque son las que permiten que los átomos de diferentes elementos se unan entre ellos y formen sustancias nuevas que se pueden disolver.

Resulta que los átomos de cada elemento están rodeados de una cantidad de electrones distinta. Esto se debe a que, como veremos en un par de capítulos, cada uno de los elementos que forman la materia que nos rodea contiene una cantidad distinta de protones en su núcleo, y, como los átomos tienden a la neutralidad eléctrica, esto significa que un átomo siempre va a intentar poseer tantos electrones a su alrededor como protones posee en su núcleo, o, lo que es lo mismo, el mismo número de cargas negativas que positivas.

Otro detalle importante es que los electrones están organizados alrededor del núcleo de los átomos en diferentes capas, de modo que en cada una de ellas cabe un número muy concreto de estas partículas. Y, además, los átomos no empiezan a llenar de electrones sus capas más externas hasta que las más internas están completamente ocupadas.

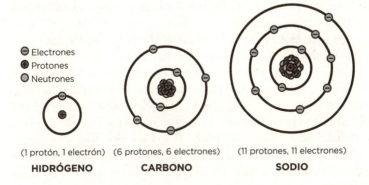

*¿Y qué tiene que ver todo esto con cómo se unen los átomos?*

Mucho, *voz cursiva,* porque los átomos siempre intentan conseguir que su capa más externa albergue tantos electrones como quepan en ella. Como resultado, cuando un átomo de un elemento al que le faltan electrones en su capa más externa se encuentra con otro al que

31

le sobran, los dos átomos pueden acabar interactuando de distintas maneras para acercarse a su objetivo de llenar su capa más externa. Y, durante el proceso, los dos átomos se suelen combinar y formar una molécula que tiene propiedades distintas a las que tenía cada átomo individual por separado.

Por ejemplo, la sal que utilizamos para condimentar nuestros platos está hecha de átomos de cloro y sodio que permanecen unidos porque los de sodio tienen un solo electrón solitario en su capa más externa, mientras que a los de cloro solo les falta uno para completar la suya. Por tanto, cuando dos átomos de estos elementos se encuentran, el de cloro tiende a «robar» el electrón exterior del de sodio para completar su órbita externa. Al perder un electrón, el átomo de sodio ahora posee más protones en su núcleo que electrones a su alrededor y adopta una carga eléctrica positiva, mientras que el de cloro acaba teniendo un electrón de más y adquiere una carga negativa. Como resultado, los dos átomos acaban adoptando cargas eléctricas opuestas que los atraen y se quedan pegados, formando cloruro de sodio... O sal común, que es lo mismo.

*Pero tengo entendido que el sodio es un elemento que explota cuando entra en contacto con el agua y que el cloro es un gas que resulta letal si lo inhalas. ¿Cómo es posible que la sal que tomamos no nos reviente en la boca ni nos intoxique?*

En el capítulo anterior he mencionado que las moléculas no tienen las mismas propiedades que los átomos individuales de los elementos que las componen, y el motivo es que el comportamiento químico de un átomo o de una molécula (o, lo que es lo mismo, la forma con la que interacciona con el resto de los elementos y sustancias) está determinado por su número de electrones y cómo están distribuidos alrededor de los núcleos atómicos. Por tanto, cuando dos o más átomos se unen para formar una molécula, los electrones que los rodean se reestructuran y la molécula adopta unas propiedades químicas diferentes.

Volviendo al tema de la sal de mesa, esa unión entre los átomos de cloro y sodio a través de su atracción eléctrica es lo que se llama *enlace iónico* y es lo que mantiene unidos los átomos de todas las sales que...

*Eh, eh..., para el carro. ¿Cómo que «todas las sales»? Querrás decir «la sal».*

Para nada, *voz cursiva*: en realidad, *sal* es un término muy genérico.

Una sal es cualquier compuesto que mantenga su cohesión gracias a los enlaces iónicos. La sal de mesa es el compuesto de este tipo que encontramos con más frecuencia en nuestro día a día, pero existen muchas otras sales con propiedades distintas, como el cloruro de potasio —que se utiliza como condimento en las dietas bajas en sodio— o el cloruro de magnesio —una alternativa para descongelar carreteras que es menos agresiva con la vida vegetal que la sal común.

Ahora bien, aunque las sales que he mencionado hasta ahora están compuestas por átomos de dos elementos, las hay que contienen más. En estos casos, las moléculas siguen teniendo una sección con carga positiva y otra negativa que se mantienen unidas por su atracción electrostática, pero cada una de esas secciones contiene más de un átomo. Un ejemplo es el carbonato de calcio, la sal que compone las conchas de los moluscos; o la piedra caliza, que consiste en átomos de calcio unidos por su atracción electrostática con un ion de carbonato, un grupo de átomos que tiene una carga global negativa y está formado por uno de carbono y tres de oxígeno. Otra sal curiosa es el sulfato de cobre, un compuesto azulado formado por átomos de cobre unidos a iones de sulfato (un átomo de azufre acompañado por cuatro de oxígeno) que se utiliza como pesticida.

O sea, que puedes ver que lo que determina que una sustancia sea una sal no es que podamos utilizarla como condimento, sino que sus moléculas estén divididas en dos partes que se mantienen unidas gracias a la atracción electrostática que producen sus cargas eléctricas opuestas.

Dicho esto, los átomos también se pueden unir a través de otros tipos de enlaces que no son iónicos. Por ejemplo, en lugar de robarse electrones entre ellos y permanecer unidos por su atracción electrostática, dos átomos pueden compartir los electrones de sus capas externas y permitir que circulen entre uno y otro, formando lo que se conoce como *enlace covalente*. Y luego están los átomos de los metales, que permanecen unidos porque los electrones de su capa más externa no están fijos en su órbita, sino que se mueven libremente entre los átomos y forman una especie de «nube» con carga eléctrica negativa que los mantiene anclados en su sitio. Hablaré de este tipo de unión con más detalle en los siguientes capítulos, pero, por ahora, basta con saber que este tipo de unión se llama *enlace metálico*.

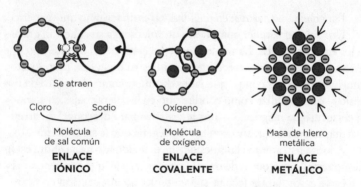

| Molécula de sal común | Molécula de oxígeno | Masa de hierro metálica |
|---|---|---|
| **ENLACE IÓNICO** | **ENLACE COVALENTE** | **ENLACE METÁLICO** |

*Un nombre muy original. Pero ¿por qué me iba a importar a mí todo esto?*

Pues porque el agua solo puede disolver las sustancias que están hechas de átomos unidos por enlaces iónicos... Y ahí está la clave de por qué la sal «desaparece» en este líquido.

Si metes un puñado de sal de mesa en un vaso de agua y lo remueves, los granos de sal irán desapareciendo de tu vista poco a poco, hasta que no quede ni rastro de ellos. El motivo por el que el agua es capaz de disolver la sal de esta manera es que los electrones que rodean el átomo de oxígeno y los dos de hidrógeno que componen cada una de sus moléculas están estructurados de tal manera que el extremo del oxígeno tiene una ligera carga eléctrica negativa, mientras que el del hidrógeno posee carga positiva. Por tanto, salvando muchísimo las distancias, se podría decir que cada molécula de agua actúa como un pequeño imán. La existencia de estos dos polos eléctricos en cada una de sus moléculas es el motivo por el que se dice que el agua es una *sustancia polar*.

*¿Y qué hay del agua que rodea la Antártida y Groenlandia? ¿Podría decirse que es una sustancia polar polar?*

Imagino que técnicamente sí, *voz cursiva*, pero no liemos a nuestros lectores.

La cuestión es que podemos imaginar una masa de agua como si fuera un amasijo de trillones de «imanes» diminutos que se están meneando constantemente y que, cuando se introduce en ella un compuesto iónico, formado por bloques que tienen una carga eléctrica opuesta, los polos eléctricos de las moléculas de agua se verán rápidamente atraídos hacia las secciones que tienen una polaridad opuesta... Y eso es lo que permite que el agua disuelva las sales.

Por ejemplo, si metemos un grano de sal común en el agua, el extremo positivo de las moléculas de este líquido se verá atraído hacia los átomos de cloro (que tienen carga negativa), y el negativo será atraído por los de sodio (con carga positiva). De esta manera, las moléculas de agua se irán pegando a los átomos individuales de cloro y sodio hasta que los acaben rodeando por completo y su tirón electrostático los separe, impidiendo que vuelvan a unirse de nuevo. Cuando este proceso termine, la sal se habrá disuelto.

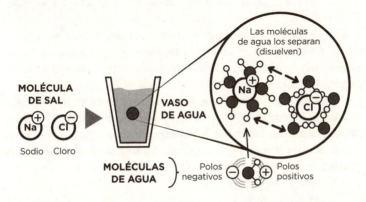

O sea, que el motivo por el que la sal «desaparece» cuando se disuelve es que las moléculas de agua la separan en átomos individuales que quedan dispersos por el líquido. Pero, como hemos visto, la sal no se desvanece de la faz de la Tierra porque los átomos de cloro y sodio siguen ahí, atrapados entre las moléculas de agua. Además, aunque existen muchas sales diferentes compuestas por elementos distintos, el mecanismo que permite que se disuelvan en el agua siempre es el mismo: los polos opuestos de las moléculas de agua rodean la parte positiva y la negativa del compuesto, las separan e impiden que se vuelvan a unir.

Por supuesto, el asunto de las disoluciones tiene muchos matices que no tengo tiempo de tratar en este capítulo. Por ejemplo, las sustancias polares como el agua no son capaces de disolver los compuestos cuyos átomos están unidos por enlaces covalentes, pero, al mismo tiempo, existen sustancias en las que la mayor parte de los átomos que

**35**

componen sus moléculas están unidos por enlaces covalentes, pero que también poseen algún enlace iónico que permite que el agua las disuelva, como ocurre con la glucosa.

Es más, también hay que tener en cuenta que no todos los compuestos iónicos son solubles en el agua, porque, si la atracción entre sus átomos es lo bastante intensa, los polos eléctricos opuestos de las moléculas de agua no podrán tirar de ellos con suficiente fuerza como para separarlos y no se disolverán. Ese es el caso del fluoruro de calcio, una sal que debe su insolubilidad a la fuerza con la que están unidos sus átomos de flúor y de calcio.

*OK, existen sustancias solubles e insolubles. Captado. Ya podemos cambiar de tem...*

Lo que dices no es del todo correcto, *voz cursiva*, porque las sustancias no se dividen en solubles y no solubles, sino que existe todo un espectro de solubilidades diferentes. Ahora bien, ¿qué determina cómo de soluble es una sustancia? La regla es sencilla: cuanta mayor sea la cantidad de sustancia que se puede disolver en un mismo volumen de un líquido determinado, más soluble se considera. Por ejemplo, se pueden disolver hasta 360 gramos de cloruro de sodio en cada litro de agua a temperatura ambiente, pero solo 2,1 gramos de una sustancia mucho menos soluble llamada sulfato de calcio.

*¿Y eso?*

Exacto, *voz cursiva*.

*¿Qué?*

Digo que me parece una buena puntualización. «Sulfato de calcio» es la fórmula química de lo que llamamos *yeso*.

*Menuda conversación de besugos... Te estaba intentando preguntar por qué el agua deja de ser capaz de disolver una sal a partir de una cantidad determinada.*

¡Ah, vale! Lo que ocurre es que cualquier masa de agua contiene una cantidad de moléculas finita que solo puede separar y disolver un número limitado de átomos. Por tanto, si empezamos a añadir sal a un recipiente con agua, llegará un momento en el que sus moléculas no serán capaces de disolver más material, por lo que se dice que la solución se habrá *saturado*. Cualquier cantidad de sal adicional que añadamos a partir de este punto simplemente se hundirá hacia el fondo del recipiente sin disolverse.

De hecho, las diferencias de solubilidad que existen entre unos compuestos y otros son muy útiles, porque permiten separarlos con relativa facilidad. Para poner un ejemplo sencillo, supongamos que tenemos en nuestras manos un polvo que contiene yeso y sal común, y queremos separar los dos compuestos. Una manera de hacerlo sería coger unas pinzas y empezar a separar las dos sustancias grano por grano, pero, como sabemos algo de química, tenemos a nuestra disposición una manera mucho más rápida: si metemos el polvo en el agua, casi toda la sal se disolverá en ella y el yeso permanecerá en el fondo, porque es muy poco soluble. Llegados a este punto, podremos recuperar la sal metiendo la disolución en otro recipiente y calentándolo hasta que toda el agua se haya evaporado, dejando el fondo lleno de los cristales de sal.

Además, las diferencias de solubilidad entre los diferentes compuestos que hay en nuestro planeta también son el motivo por el que nuestros océanos contienen tanto sodio disuelto: como casi todas las sales que produce el sodio al combinarse con otros elementos son muy solubles, los ríos disuelven estos compuestos con facilidad en tierra firme y los transportan hasta los océanos, donde también se acumulan en grandes cantidades gracias a su gran solubilidad. En cambio, hay otros elementos que son mucho más abundantes en la corteza terrestre que el sodio, como el hierro o el silicio, pero, como la mayor parte de sus compuestos que ocurren en nuestro entorno son muy insolubles, simplemente se hunden hacia el fondo de cualquier masa de agua en forma de barro o arcillas.

Por otro lado, el origen del cloro que hay disuelto en nuestros océanos es un poco distinto: como este elemento se encuentra en la mezcla de gases que expelen los volcanes, se cree que el cloro se ha estado acumulando en el agua de los mares a lo largo de la historia de la Tierra como resultado de la actividad volcánica, tanto terrestre como submarina.

*¡Pero si el cloro es un gas! ¿Cómo va a disolverse en el agua? ¿Es que los gases también son solubles?*

Claro, *voz cursiva*. El cloro es un mal ejemplo porque no es muy soluble en el agua en estado gaseoso. En este caso, el motivo por el que el cloro acaba disolviéndose en el agua es que reacciona con sus moléculas y forma ácido clorhídrico, una sustancia que sí es soluble.

De todas maneras, el hecho de que una sustancia se encuentre en estado sólido, líquido o gaseoso no es un impedimento para las moléculas de agua, ya que, siempre que puedan separar los átomos que la componen, la podrán disolver. Es más, el aire que respiran los buceadores no tiene la misma composición que el que inhalamos en la superficie, precisamente porque el agua que contiene su sangre es capaz de disolver distintos gases entre sus moléculas.

Me explico.

El aire de nuestra atmósfera está compuesto en un 78 % por nitrógeno y un 21 % de oxígeno. Cuando inspiramos, nuestros pulmones absorben parte del oxígeno que hemos inhalado, y los glóbulos rojos incorporan este gas a su estructura molecular para repartirlo por las células de nuestro cuerpo a través del torrente sanguíneo. El agua de nuestra sangre también disuelve un poco de oxígeno y nitrógeno gaseosos durante el proceso, pero eso no representa ningún peligro en condiciones normales.

Ahora bien, como la presión a la que está sometido el cuerpo de los buceadores se incrementa cuanto más se adentran en las profundidades, sus bombonas también deben suministrarles gas respirable a una presión mayor para que sus pulmones se puedan hinchar con más facilidad bajo todo el peso del agua. Pero, claro, esto genera un problema, porque la solubilidad del nitrógeno en la sangre y los tejidos aumenta junto con la presión. Por tanto, si no se toman medidas para prevenirlo, la respiración del buceador disolverá cada vez más nitrógeno en su torrente sanguíneo hasta alcanzar niveles potencialmente peligrosos.

*Sí, bueno, «peligrosos». Ya me dirás tú qué daño te puede hacer un poco de gas disuelto en la sangre.*

Más del que crees, *voz cursiva*. Por un lado, un nivel elevado de nitrógeno en sangre puede producir un efecto narcótico que puede hacer que los buceadores se pongan inusualmente eufóricos, relajados o adormilados durante la inmersión, llegando incluso a perder la noción del tiempo o a olvidarse de hacer un seguimiento de sus instrumentos. Y, como puedes imaginar, ese no es un estado de ánimo apropiado cuando tienes una capa de decenas de metros de agua sobre tu cabeza y una reserva de aire limitada.

Además, el nitrógeno disuelto en la sangre puede ser peligroso durante la vuelta a la superficie porque, mientras un buceador asciende, la presión a la que su cuerpo está sometido va disminuyendo y la solubilidad del nitrógeno que hay en su sangre se vuelve cada vez menor. ¿Y qué crees que pasa con todo ese gas que ya no puede mantenerse disuelto, *voz cursiva*?

*Imagino que desaparece mágicamente sin causar problemas a nadie, ¿no?*

Pues no; desgraciadamente, no: si la presión a la que está sometida la sangre disminuye, los átomos de todas esas moléculas de nitrógeno que ya no tienen espacio para permanecer disueltas se volverán a unir y recuperarán su forma gaseosa, así que un buceador que ascienda demasiado rápido a la superficie también corre el riesgo de que se formen burbujas de gas en su sangre o sus tejidos, lo que puede producir desde molestias en las articulaciones hasta daños pulmonares o nerviosos.[2] Por tanto, para evitar que se disuelva demasiado nitrógeno en su sangre y les complique la vida, los buceadores utilizan combinaciones de gases diferentes mezclados en distintas proporciones en función de la profundidad a la que tengan pensado sumergirse.

Este proceso, en el que una sustancia disuelta deja de estarlo, es lo que se llama *precipitación*, y le ocurre a cualquier tipo de sustancia, no solo a los gases: si las condiciones a las que está sometida una solución cambian de la manera adecuada, entonces la cantidad de átomos que sus moléculas de agua son capaces de mantener separados disminuirá, y estos se volverán a combinar otra vez, formando el compuesto original. En el caso de que este compuesto sea un sólido más denso que el agua, se precipitará hacia el fondo del recipiente en cuanto deje de estar disuelto... Y de ahí el nombre de este fenómeno.

Entre los motivos por los que una sustancia disuelta se puede empezar a precipitar está una disminución de la presión, como acabo de comentar, pero el que observamos con más frecuencia en nuestro día a día es la evaporación del propio líquido que mantiene la sustancia disuelta. Un ejemplo muy cotidiano es el agua salada que se acumula en los agujeros de las rocas en las zonas costeras: a medida que el agua de estos charcos salados se evapora, el número de moléculas de esta sustancia disminuye y los átomos de cloro y sodio que quedan libres se vuelven a combinar entre ellos formando la sal común que se hunde hacia el fondo del charco y crea una corteza salada sobre la roca.

De hecho, este mecanismo es el motivo por el que hoy en día existe una gruesa capa de sedimentos salinos de hasta tres kilómetros de espesor[3] enterrados bajo el fondo del mar Mediterráneo. Siendo más concretos, hace 5,96 millones de años, el movimiento de las placas tectónicas cerró el estrecho de Gibraltar, y este mar dejó de recibir agua del océano Atlántico. Como los ríos que rodean el Mediterráneo no vierten agua en él a un ritmo lo bastante elevado como para compensar la cantidad de líquido que pierde por evaporación, el mar se empezó a secar y toda la sal que contenía se precipitó, acumulándose en el fondo marino.

A lo largo de 600.000 años, el mar Mediterráneo fue recuperando un poco de agua y secándose de nuevo a medida que la tectónica de placas abría y cerraba pequeños canales en el estrecho de Gibraltar, hasta que, finalmente, hace 5,33 millones de años, el Estrecho se abrió definitivamente y el Mediterráneo se volvió a llenar de agua a un ritmo sin precedentes: el estudio de la topografía submarina de la región sugiere que el caudal de la corriente debió de ser unas mil veces mayor que el del río Amazonas y la cuenca pudo recuperar el 90 % de su agua en solo dos años o incluso en algunos meses.[4] A este ritmo, se cree que el nivel del Mediterráneo pudo haber llegado a aumentar hasta diez metros cada día.

Teniendo esto en cuenta, no deja de parecerme interesante que el mismo proceso que secó el Mediterráneo se pueda replicar en casa con un simple vaso de agua salada. Al fin y al cabo, el proceso es el mismo: a medida que el agua se evapore, los átomos de cloro y de sodio disueltos que contiene se unirán de nuevo y formarán una capa cada vez más gruesa de pequeños cristales de sal en el fondo.

*Espera, espera, que me acabo de perder. ¿Cómo que «cristales» de sal? ¿Es el mismo material de los cristales de las ventanas?*

Ah, no, no, perdona, *voz cursiva*. En nuestro día a día solemos llamar *cristal* al material transparente del que están compuestas las ventanas o las botellas, pero, en realidad, una palabra más apropiada para esta sustancia sería *vidrio*.

Si nos ponemos técnicos, un cristal es cualquier sólido que esté compuesto por átomos que forman una estructura ordenada. Por tanto, cuando digo que la sal se cristaliza cuando el agua se evapora, me refiero a que los átomos de cloro y de sodio se van uniendo con un patrón concreto y formando pequeñas masas de sal cada vez más grandes cuyos átomos están ordenados siguiendo un patrón concreto.

Los átomos de cada elemento se tienden a unir con los demás siguiendo orientaciones diferentes en función de cómo estén estructurados sus electrones, y, como resultado, producen cristales con formas geométricas distintas cuando se agrupan. Si, por ejemplo, observamos un puñado de sal con una lupa, veremos que está compuesto por pequeños cubitos blanquecinos. Esto se debe a que los átomos de cloro y sodio que la componen se combinan formando ángulos de 90°, así que los cristales que forman adoptan una forma cúbica mientras crecen.

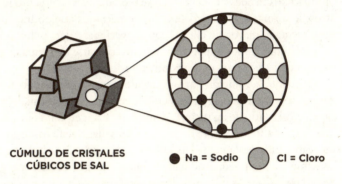

**CÚMULO DE CRISTALES CÚBICOS DE SAL**      ● Na = Sodio      ◯ Cl = Cloro

Ahora bien, los cristales no tienen que ser tan pequeños como los que encontramos en un paquete de sal; de hecho, podemos producir cristales de sal enormes en nuestra propia casa.

*¿Estás proponiendo un experimento disimuladamente a nuestros lectores?*

Exacto, *voz cursiva*.

La cantidad de sal que se puede disolver en el agua también depende de la temperatura, y, por regla general, cuanto más caliente esté un líquido, mayor será la solubilidad de cualquier sustancia que se nos ocurra echarle. Por ejemplo, se pueden disolver hasta 360 gramos de sal común en un litro de agua a 20 °C, pero esa cantidad aumenta hasta los 400 gramos a 100 °C.

Este detalle es interesante porque nos permite producir nuestros propios cristales. Para conseguirlo, basta con calentar un volumen de agua, disolver sal en él hasta que se sature y dejar que se enfríe hasta que alcance la temperatura ambiente. A medida que la temperatura de la solución descienda, la solubilidad de la sal también se reducirá y los átomos «sobrantes» se irán combinando y precipitando, formando cristales. El secreto para conseguir que esos átomos formen cristales grandes durante el proceso es que la solución se enfríe tan despacio como sea posible. De esta manera, en lugar de aparecer una gran cantidad de cristales pequeños que se limitarán el crecimiento unos a otros, se formarán pocos cristales más espaciados que podrán alcanzar un tamaño mayor sin chocar con sus vecinos. Además, los átomos del precipitado tendrán más tiempo para colocarse de forma ordenada, siguiendo el patrón correspondiente.

En cuanto la solución haya alcanzado la temperatura ambiente, lo ideal es separar los cristales más grandes que se hayan formado, colocarlos en el fondo de un recipiente nuevo y verter en él la solución fría que ha quedado. A lo largo de los siguientes días o semanas, el agua se irá evaporando lentamente y la sal se irá precipitando sobre esos cristales muy poco a poco, produciendo mazacotes geométricos tan grandes como queramos. Si tienes dudas sobre el proceso, en mi canal de YouTube hay un tutorial en el que enseño cómo hacer unos cristales azules muy llamativos con sulfato de cobre, pero estas mismas instrucciones sirven para cristalizar cualquier otra sal.

---

Estos procesos de cristalización no solo tienen lugar continuamente en la naturaleza, sino que son los responsables de que entre la tierra y las rocas irregulares que nos rodean se puedan encontrar *minerales*, cristales de diferentes minerales que poseen una gran variedad de colores vivos y formas geométricas que, a primera vista, parecen haber sido fabricados por la mano humana. Pero nada más lejos de la realidad: esas estructuras geométricas y coloridas se forman de manera completamente natural, ya sea a través de la precipitación de los compuestos disueltos que contienen los fluidos que circulan entre las rocas o por la lenta solidificación de las diferentes sustancias que contiene alguna masa de magma.

Por desgracia para los que nos gusta coleccionar y buscar minerales, la mayor parte de los cristales que se pueden encontrar en la naturaleza se forman bastante deprisa y tienen un tamaño diminuto y una forma irregular, pero existen algunos casos excepcionales que son realmente impresionantes, como el de la cueva de los Cristales, en Naica (México).

Resulta que esta cueva ha permanecido unos 500.000 años inundada con agua caliente cargada de sulfato de calcio disuelto. Durante todo este tiempo, la cámara de magma sobre la que descansa y que mantiene el agua a una temperatura elevada se ha ido enfriando muy lentamente a lo largo de ese medio millón de años, por lo que el sulfato de calcio de la cueva de los Cristales se ha podido precipitar muy poco a poco sobre las paredes de la cueva y ha formado cristales de un mineral llamado selenita (que no es más que yeso cristalizado) que alcanzan hasta ocho metros de longitud. Si no conoces esta cueva, te recomiendo que busques alguna foto por internet y verás que no estoy exagerando.

*Tampoco creo que unas cuantas piedras sean para tant... ¡¿Pero qué diablos es esto?! ¡No me creo que esta cueva pueda existir de verdad!*

Pues créetelo, *voz cursiva,* porque esos cristales se han formado gracias al tiempo, a la naturaleza polar de las moléculas de agua y a la capacidad que tienen los átomos de unirse formando estructuras ordenadas.

*Pues qué barbaridad, la naturaleza es fascinante. Eso sí, un pequeño apunte: nada de lo que has dicho hasta ahora explica cómo se las apañó Hevesy para disolver las medallas de oro.*

¡Tienes razón! Los átomos de oro están unidos por fuertes enlaces metálicos que las moléculas de agua no pueden separar, pero, por suerte para Hevesy, una sustancia insoluble como el oro se puede llegar a disolver si se consigue que adopte una forma que las moléculas de agua sí puedan «manipular». Y ahí es donde entran los ácidos.

Simplificando muchísimo, los ácidos son compuestos que pueden cambiar la composición química y las propiedades de las sustancias con las que entran en contacto, ya sea cediéndoles algunos de sus átomos a sus moléculas o robándoselos. En el caso que nos ocupa, lo importante es que un ácido puede alterar la composición de una sustancia insoluble y conseguir que algunos de sus átomos terminen unidos por enlaces iónicos que el agua sí es capaz de disolver.

Por ejemplo, un trozo de hierro no se va a disolver por mucho tiempo que pase metido en un vaso de agua, pero si mezclamos en ella un poco de ácido clorhídrico (formado por parejas de átomos de cloro e hidrógeno unidos por un enlace iónico), los átomos de hidrógeno se separarán y escaparán en forma de gas, mientras que los de cloro que quedarán libres se unirán con los de hierro y producirán cloruro de hierro, una sal que sí que es soluble porque sus átomos están unidos por enlaces iónicos. De esta manera, el ácido habrá conseguido que el hierro adopte una forma que sí se puede disolver.

En la naturaleza, la presencia de pequeñas cantidades de ácido (en este caso, carbónico) en el agua es el motivo por el que esta sustancia es capaz de disolver ciertos compuestos que, de lo contrario, serían insolubles, como el carbonato de calcio de la piedra caliza. Este ácido permite que el agua de la lluvia modifique ligeramente la composición química de estas rocas y las vuelva solubles, algo que contribuye enormemente a la modificación del paisaje en escalas de tiempo largas.

La acidez del agua también es el motivo por el que la arena de las playas está compuesta principalmente por granos de cuarzo. Aunque la arena es una mezcla de varios minerales insolubles diferentes compuestos por óxidos y carbonatos, el ácido carbónico que contiene el agua del océano es capaz de convertir muchos de ellos en formas que sí son solubles. Ahora bien, como el dióxido de silicio que compone el cuarzo es una sustancia muy inerte químicamente y mantiene su forma insoluble porque no reacciona con este ácido, la proporción de este mineral en la arena va aumentando con el tiempo a medida que el agua disuelve el resto.[5]

Con estos ejemplos quería mostrar que incluso las sustancias insolubles se pueden disolver en el agua si esta contiene algún ácido que reaccione químicamente con ellas y modifique la composición de sus moléculas... Y el caso del oro no es muy diferente.

El oro es más difícil de disolver porque es extremadamente inerte, lo que significa que sus átomos están muy cómodos en solitario y se niegan a combinarse con otros para formar moléculas. De hecho, este metal es tan inerte que puede permanecer inalterado y reluciente de forma indefinida, como demuestra el oro de los yacimientos de Pilbara (Australia), que fue depositado hace unos 3.400 millones de años.[6]

El único ácido que puede convertir el oro en un compuesto soluble por su cuenta es el ácido selénico, pero la manera más común de disolver este metal es sumergirlo en una mezcla de ácido clorhídrico y ácido nítrico a la que llaman *agua regia*. El papel del ácido nítrico en esta mezcla es arrancar tres electrones a cada átomo de oro para que los átomos de cloro del ácido clorhídrico puedan combinarse con ellos y formar tetracloruro de oro, una sal que el agua sí puede disolver porque los cuatro átomos de cloro que rodean cada uno de oro están unidos a él por enlaces iónicos... Y, por supuesto, este es el método que utilizó Hevesy para disolver las tres medallas de oro del Nobel.

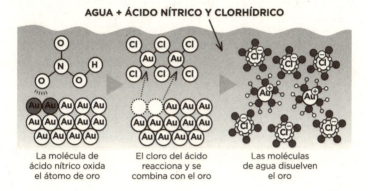

*¡Por fin! Cómo has estirado la explicación. Pero, oye, ¿cómo se las apañó luego para recuperar el oro de la solución? ¿Evaporó el agua y ya está?*

No, *voz cursiva*, porque entonces no recuperarías el oro puro metálico, sino el tetracloruro de oro amarillento que está disuelto, igual que cuando evaporas agua salada obtienes una costra de sal, en lugar de sodio y cloro puros.

En realidad, el oro puro se extrae de la solución amarillenta de tetracloruro de oro introduciendo algún otro compuesto que provoque que los átomos de oro se separen de los de cloro y se precipiten en su forma metálica hacia el fondo del recipiente. Este efecto se puede conseguir con varias sustancias diferentes, pero, en cualquier caso, el resultado será un amasijo de polvo de oro que se acumulará en el fondo del recipiente y se podrá separar fácilmente del resto de la solución para luego secarlo, fundirlo y producir una masa sólida de metal dorado.

*Increíble. Casi parece magia que puedas coger un metal sólido y denso como el oro y dispersar sus átomos entre las moléculas de agua para mantenerlo oculto ante la vista de todo el mundo. Y, encima, que el oro vuelva a aparecer de entre las aguas, como de la nada, cuando añades otra sustancia a la mezcla. Los nazis no se lo debieron ni oler.*

Vaya, *voz cursiva*, qué comentario más oportuno para introducir el siguiente tema...

# CAPÍTULO 3

## ¿Por qué tienen ese olor los metales?

Si alguna vez compras un objeto que supuestamente está hecho de oro macizo y sospechas que te han colado algún otro metal de imitación, existen varias maneras de comprobarlo. Por poner algunos ejemplos, se puede verificar si su densidad se ajusta a la del oro midiendo su peso y su volumen, calentarlo al rojo vivo para ver si se oxida como un metal «corriente» o acercarle un imán por si pudiera ser un simple trozo de acero cubierto con una finísima capa de oro o material dorado. Y, aunque no es tan fiable, existe una prueba que me parece especialmente curiosa, que es la del olfato: si manipulas un objeto de oro y notas que tiene un característico olor a metal, entonces es muy probable que no sea oro macizo.

*No lo entiendo. Si todos los metales huelen raro, ¿por qué no iba a oler también el oro?*

Buena pregunta, *voz cursiva*. Para responderla, tendremos que hablar del olfato.

Algunas sustancias que nos rodean emiten lo que llamamos *aromas*, que son compuestos químicos que se evaporan con facilidad cuando se encuentran por debajo de su temperatura de ebullición y son capaces de disiparse por el aire hasta alcanzar nuestras fosas nasales, donde tienen la posibilidad de interaccionar con alguno de los 350 o 400 receptores del olor que posee la nariz humana. Cada uno de estos receptores reacciona químicamente con unos aromas concretos, y, cuando una o varias sustancias activan una combinación concreta de receptores, nuestro cerebro asigna a estos estímulos un olor determinado...[1] O, al menos, parece que ese es el consenso actual, porque aún existe cierto debate sobre el mecanismo químico exacto que nos permite oler las cosas.

En cualquier caso, lo que sí está claro es que el olor de un objeto es un reflejo del tipo de moléculas volátiles que emite, lo que, a su vez, depende de las sustancias que lo componen. Por ejemplo, la agradable fragancia de las rosas es un resultado de la interacción entre nuestros receptores olfativos y varios aromas que emiten estas, como el 2-feniletanol, la beta-ionona, la beta-damascona y la beta-damascenona.[2] El olor de las almendras, en cambio, proviene en gran parte del benzaldehído, que es una sustancia que se forma cuando la amigdalina que contienen estos frutos secos se descompone. Como dato curioso, cuando comemos almendras, la amigdalina reacciona con los líquidos de nuestro estómago, y, además de benzaldehído, produce cianuro de hidrógeno, una sustancia altamente tóxica.

*¿Cómo que «dato curioso»? ¡Más bien «dato alarmante»! ¡No quiero morir por intoxicación de cianuro! ¡No pienso volver a comer almendras nunca más!*

No te escandalices, *voz cursiva,* porque tendrías que consumir varios kilos de almendras en un día para que el cianuro producido durante su digestión supusiera algún riesgo.

Lo que sí es peligroso son las almendras *salvajes*. La amigdalina que contienen estos frutos secos no solo les da un sabor muy amargo al convertirse en benzaldehído en nuestras bocas, sino que, además, genera mucho cianuro de hidrógeno tóxico mientras nuestras muelas las machacan y cuando entran en contacto con nuestros jugos gástricos.[3] Como resultado, ingerir unas pocas docenas de almendras salvajes sería suficiente para recibir una dosis letal de cianuro, así que es mejor mantenerse alejado de ellas... Que tampoco es difícil, teniendo en cuenta lo mal que saben.

*Uf... Afortunadamente, nuestros sentidos están ahí para protegernos de las maldades de la naturaleza.*

Pues sí, *voz cursiva*. En el fondo, nuestras lenguas y narices son instrumentos de análisis químico que nos permiten identificar sustancias que pueden resultar beneficiosas o perjudiciales. Pero, en lugar de mostrarnos unos resultados numéricos ordenados y detallados en una pantalla, estos sentidos nos comunican si los compuestos que contienen todo aquello que estamos a punto de ingerir son peligrosos a través de sabores horrendos y olores desagradables. Por ejemplo, la degradación que sufren las proteínas durante el proceso de putrefacción de la comida suele producir compuestos orgánicos de azufre volátiles, así que tanto nuestro sentido del olfato como el de otros animales se ha vuelto muy sensible a este tipo de compuestos con el paso de las generaciones,[4] porque detectar su presencia nos permite identificar alimentos que no están en buen estado y aumentar nuestras probabilidades de sobrevivir en la intemperie.

De hecho, entre esa familia de compuestos orgánicos a los que nuestras narices son tan sensibles se encuentra la tiocetona, una sustancia que no solo tiene uno de los peores olores que se conocen, sino que, además, su hedor se puede percibir incluso aunque esté extremadamente diluida en el aire.

La verdad es que me cuesta concebir lo terrible que debe de ser el olor de la tiocetona a partir de las referencias que he encontrado sobre su pestilencia legendaria. Por ejemplo, en 1889, dos investigadores que experimentaban con ella manifestaron que «debido al muy desagradable olor del compuesto, que es más fuerte que el de cualquier otra sustancia conocida, incluso las trazas más pequeñas son suficientes como para infectar distritos enteros, así que el estudio de este compuesto se detuvo».[5]

Intrigado, indagué un poco más y pude acceder al artículo original en alemán de 1889 en el que los autores ofrecen más detalles sobre lo que ocurrió durante estos estudios... Y el resultado no me ha decepcionado.[6]

Resulta que los autores estaban en la ciudad de Friburgo investigando las reacciones que se dan entre la acetona y el sulfuro de hidrógeno, y notaron que, además de tetratiopentona y tritiocetona, en su experimento se formaba un líquido muy molesto de aislar porque «es ligero y muy difícil de separar de la tritiocetona». Aun así, en el artículo creyeron necesario puntualizar que «esos obstáculos se podían superar; nuestros intentos [de separar esta sustancia] fallaron por el hecho de que tiene un olor fétido que se propaga sorprendentemente deprisa [por el aire] y contamina partes enteras de la ciudad».

Aun así, curiosamente, parece que este olor nauseabundo solo se volvía perceptible si la sustancia estaba muy diluida en el aire. Por ello, no resultaba especialmente molesto en el laboratorio o en sus inmediaciones, pero sí en las calles que lo rodeaban. Por ejemplo, al preparar cien gramos de acetona mezclada con ácido clorhídrico concentrado y sulfuro de hidrógeno e intentar destilar esa sustancia que se formaba, los autores informan de que «el hedor se esparció en poco tiempo una distancia de tres millas y media hasta alcanzar las partes lejanas de la ciudad, y los residentes de las calles adyacentes al laboratorio se quejaron de que la sustancia olorosa había provocado desmayos, náuseas y vómitos en algunos individuos». El mismo resultado se observó en otra ocasión en la que se produjo una cantidad menor de la sustancia que apenas pudo evaporarse, lo que significaba que incluso «cantidades extremadamente pequeñas de este cuerpo sulfuroso bastaban para contaminar millones de metros cúbicos de aire».

Al final, los investigadores tuvieron que abandonar el proyecto porque «cada experimento con la sustancia desataba una tormenta de quejas contra el laboratorio». Pero, al menos, los datos que obtuvieron les permitieron deducir que el compuesto en cuestión era simple tiocetona.

Por supuesto, también existen sustancias que no están basadas en el azufre y producen un hedor terrible, como la cadaverina o la putrescina, dos compuestos con base de nitrógeno, que, como puedes imaginar por sus nombres, se emiten durante la putrefacción de los cadáveres, pero que también son producidos por algunos tipos de plantas para atraer a las moscas y otros insectos que normalmente rondan la carne en descomposición y para que actúen como agentes polinizadores.[7] Un ejemplo es la llamada *flor cadáver,* una especie originaria de las selvas tropicales de Sumatra que puede superar los tres metros de altura y que huele a carne podrida cuando florece.

*Vaya... Es como si la evolución hubiera creado una versión de película de terror del método de polinización de las abejas.*

Bueno, a ver, para nosotros es un sistema un poco asqueroso porque nuestras narices han evolucionado precisamente para evitar este tipo de olores, pero imagino que para los insectos será un aroma irresistible.

Otro compuesto de nitrógeno pestilente que está presente en nuestra vida diaria es el escatol que emiten las heces y que huele a... Bueno, a eso. Pero, sorprendentemente, este compuesto tiene un olor agradable cuando se encuentra en bajas concentraciones y, de hecho, también lo producen algunas flores normales que no apestan a mierd...

*Vaya, qué curioso que la concentración de una sustancia pueda cambiar su olor.*

Pues sí, *voz cursiva*.

El escatol no es la única sustancia cuyo olor cambia en función de su concentración. Por ejemplo, el sulfuro de hidrógeno huele a huevos podridos cuando está en bajas concentraciones, pero cuando supera las treinta partes por millón en el aire (ppm), adopta un aroma dulce que puede llegar a ser muy molesto. Por encima de 100 ppm, el olor dulce desaparece porque el gas nos paraliza los nervios olfativos y perdemos la capacidad de detectarlo... Lo que es un verdadero incordio, porque le perdemos la pista a este gas justo cuando su concentración empieza a ser peligrosa.

De hecho, hay gases que usamos en nuestro día a día que pueden resultar peligrosos precisamente porque no huelen a nada, de manera que no podemos detectar su presencia ni evaluar su concentración a través del olfato. Por suerte, este problema se puede solucionar mezclando estos gases con otras sustancias volátiles que tienen un hedor muy fuerte. Un ejemplo es el del gas natural de los fogones de la cocina: para que nuestras narices reciban una alerta si se produce una fuga, este gas se suele mezclar con una sustancia volátil con base de azufre llamada metilmercaptano, que huele a huevos podridos en bajas concentraciones.

*Vaya, nunca pensé que se pudieran salvar vidas con un gas pestilente.*

Pues sí, la química está llena de sorpresas, *voz cursiva*. Es más, existe un elemento químico que tiene un efecto especialmente sorprendente sobre el olor del cuerpo humano: el telurio, un metaloide que no tiene ningún olor concreto por su cuenta, pero que, si lo ingerimos o lo inhalamos accidentalmente en forma de polvo, nuestro cuerpo lo metaboliza y...

*Espera, ¿qué es eso de que el cuerpo lo «metaboliza»?*

Se dice que nuestro cuerpo metaboliza una sustancia cuando la «procesa» químicamente o, dicho de otra manera, cuando modifica la estructura de sus moléculas añadiéndoles o quitándoles átomos de otros elementos y las convierte en un compuesto distinto. El objetivo de este proceso es convertir esas sustancias en otros compuestos más fáciles de absorber o excretar, según lo que necesite en cada situación.

En el caso que nos ocupa, nuestro cuerpo convierte el telurio que ingerimos en dimetil telurio, un compuesto orgánico volátil que se caracteriza por poseer un fuerte olor a ajo. Por tanto, si ingerimos o inhalamos telurio, exudaremos dimetil telurio a través de la piel o del aliento y nuestro olor corporal empeorará bastante... Y lo peor de todo es que este síntoma tan desagradable se puede prolongar durante meses, incluso aunque la dosis de telurio absorbida sea muy pequeña.

Una investigación sobre los efectos del telurio que me llamó la atención fue la de un médico llamado William Reisert, que, el 8 de mayo de 1883, tomó tres dosis de cinco miligramos de óxido de telurio a lo largo del día para estudiar en sus propias carnes cómo evolucionaban los síntomas. El resultado se narra en el siguiente testimonio:[8]

> Quince minutos después de la primera dosis, el aliento tenía un fuerte olor similar al ajo, y, tras una hora, se observó un sabor metálico. Una hora después de la segunda dosis, la orina y el sudor también adoptaron un olor a ajo, que además se empezó a observar en las heces el 12 de mayo. El sabor metálico fue experimentado durante 72 horas, y el olor a ajo duró 382 horas en la orina, 452 horas en el sudor, 79 días en las heces, y en el aliento aún estaba presente, aunque de manera muy tenue, después de 237 días.

El mismo autor concluía, además, que solo 0,5 microgramos de telurio son suficientes para producir aliento de ajo durante treinta horas. Insisto, por si las unidades no lo han dejado lo bastante claro: eso son solo cinco millonésimas de gramo de este elemento.

*Qué tipo de intoxicación más innecesaria, desagradable y aleatoria, la verdad.*

Te había advertido de que la química estaba llena de sorpresas, pero no he dicho que todas fueran agradables... Pero volvamos al tema que nos ocupa.

Los metales en sí no tienen ningún olor, porque no se evaporan a temperatura ambiente y no hay manera de que sus átomos lleguen hasta nuestra nariz y activen nuestros receptores olfativos. En realidad, ese olor tan característico que percibimos cuando manipulamos un trozo de metal proviene de nuestra propia piel: muchos metales reaccionan químicamente con los aceites que cubren nuestras manos cuando los manipulamos y los convierten en sustancias volátiles que sí son capaces de dispersarse por el aire, introducirse en nuestras fosas nasales y activar sus receptores olfativos. O sea, que el «olor metálico» no proviene del propio metal, sino de esas sustancias volátiles que se forman en su superficie cuando lo tocamos. Y, de estas sustancias, la principal responsable de ese olor metálico es la 1-octen-3-ona, la misma que también le da a la sangre su olor ferroso.[9]

Ahora bien, los metales inertes como el oro no tienen ningún olor perceptible porque no reaccionan con los aceites que cubren nuestra piel y no los convierten en compuestos volátiles que se puedan esparcir por el aire. Si a esto añadimos que los átomos de oro tampoco se evaporan de su superficie, como es de esperar, ya sabrás por qué no somos capaces de oler este elemento.

*Tu explicación tiene lógica, pero ¿hay algún modo de comprobar que es cierta de manera experimental?*

Me alegra que lo preguntes, porque esta idea se puede verificar de una manera muy simple: basta con coger unas cuantas monedas olorosas, limpiarlas con jabón para deshacernos de todas esas sustancias volátiles que cubren su superficie y secarlas. Si después vuelves a oler esas monedas, no deberías notar ningún aroma, pero, si las manipulas durante un rato, recuperarán su olor otra vez. En cambio, si tienes a mano alguna moneda o una joya de oro, notarás que no emite ningún olor, por mucho tiempo que la sostengas entre las manos.

---

*Vale, fantástico, pero creo que ya me he cansado de oír hablar de malos olores. La verdad es que podrías haber dedicado este capítulo al origen de otras fragancias más agradables, como los aromas frescos y dulces de las frutas.*

**53**

Es que me daba la impresión de que romantizar la química hablando de aromas más placenteros ya estaba muy visto. Pero, mira, ya que quieres que hable de frutas, vamos a ver por qué los plátanos son radiactivos.

*¡¿Que qué?!*

# CAPÍTULO 4

## ¿Por qué los plátanos son ligeramente radiactivos?

Este mensaje va dirigido al lector que se estaba comiendo un plátano mientras leía el título de este capítulo y que acaba de dejar de masticar, mientras se pregunta si debería escupir esa bola de fruta triturada que tiene en la boca: no te asustes, la radiactividad de los plátanos es tan baja que no representa ningún peligro. De hecho, para recibir una dosis de radiación similar a la de una radiografía, tendrías que consumir unos trescientos plátanos seguidos sin ir al baño a «descomer» durante todo el proceso.

Y si te estabas preguntando cómo sabía que te estabas comiendo un plátano, no te preocupes, lector anónimo, porque eso simplemente significa que el libro se está vendiendo bien y que la estadística ha hecho su trabajo.

En cualquier caso, si lo de los plátanos te sigue preocupando, seguro que te tranquilizará saber que casi todo lo que nos rodea es ligeramente radiactivo, desde el aire que respiramos hasta el suelo que pisamos, o incluso nuestros propios cuerpos y los del resto de los organismos que habitan este planeta. Hasta estamos siendo bombardeados de manera constante por radiación que proviene del espacio.

*No sé si esta información estará reconfortando a mucha gente, ¿eh?*

Puede que tengas razón, *voz cursiva*. A lo mejor sería una buena idea aclarar un par de conceptos sobre la radiación antes de continuar.

Empecemos hablando sobre los átomos, los «bloques» minúsculos componen la materia y consisten en un núcleo que contiene protones y neutrones, y está rodeado de electrones. En el primer capítulo he mencionado que en la actualidad conocemos 118 elementos químicos que están recogidos en la tabla periódica, pero no que la principal diferencia que existe entre cada uno de esos elementos químicos es el número de protones que contienen sus átomos en el núcleo. Por ejemplo, un átomo de helio y uno de carbono se distinguen fundamentalmente en que el primero tiene dos protones en su núcleo, mientras que el segundo tiene seis. Y, no sé a ti, pero siempre me ha resultado sorprendente que solo cuatro protones marquen la diferencia entre un gas superligero e inerte que nos pone la voz aguda cuando lo inhalamos y un sólido negro que se puede combinar con una gran cantidad de elementos químicos y producir la variedad inmensa de moléculas orgánicas que la vida compleja necesita para existir.

Y aquí es donde empiezan los matices, porque hay que tener en cuenta que todos esos protones que hay en el núcleo de un átomo tienen la misma carga eléctrica positiva. Y, como habrás notado si alguna vez has intentado juntar dos imanes por el mismo polo, las cosas que tienen la misma polaridad tienden a repelerse entre sí con una fuerza que se incrementa a medida que se acercan.

*¿Y cómo es que los protones se mantienen confinados en el núcleo de los átomos y su repulsión mutua no hace que salgan disparados en todas las direcciones?*

Porque tanto los protones como los neutrones están compuestos por tríos de unas partículas aún más pequeñas llamadas *quarks* que se atraen entre sí a través de la llamada fuerza nuclear fuerte, una fuerza que no solo mantiene unidos los quarks que se encuentran dentro de un mismo protón o neutrón, sino que también atrae a los que hay en el interior de las partículas vecinas. O sea, que los protones no salen despedidos de los núcleos de los átomos, porque tanto sus propios quarks como los de las partículas que los rodean se atraen con la fuerza suficiente como para sobreponerse a la repulsión eléctrica que los intenta separar.

Eso sí, la intensidad de la fuerza nuclear fuerte disminuye rápidamente con la distancia, así que, si los núcleos atómicos estuvieran hechos solo de protones, la repulsión electromagnética mutua entre los más alejados los mandaría a tomar viento fresco. Este es el motivo por el que los núcleos de los átomos necesitan neutrones para mantener su cohesión, porque, al no tener carga eléctrica, los quarks que contienen estas partículas ayudan a «tirar» de los protones y mantenerlos unidos. Por tanto, cuantos más protones contenga un núcleo atómico, más neutrones necesitará para retenerlos.

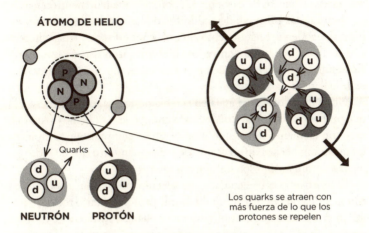

Los quarks se atraen con más fuerza de lo que los protones se repelen

Pero, ojo, porque, aunque los átomos de un elemento determinado siempre van a poseer el mismo número de protones, la cantidad de neutrones que los acompaña no siempre es la misma. Esto se debe a que existen diferentes cantidades de neutrones que son capaces de mantener agrupado un número concreto de protones. Por ejemplo, el 98,9 % de los átomos de carbono que nos rodean contienen seis protones y seis neutrones, de modo que a este «tipo» de carbono concreto se le llama carbono-12, porque su núcleo posee un total de doce partículas. El 1,1 % restante de los átomos son carbono-13, lo que significa que contienen seis protones y siete neutrones en su núcleo. Estas versiones diferentes de un mismo elemento que contienen un número distinto de neutrones se llaman *isótopos*.

*¡Ostras! ¿Y esas versiones distintas del carbono se comportan de manera muy diferente?*

No demasiado, *voz cursiva,* porque, como he mencionado en el segundo capítulo, las propiedades químicas de un átomo no dependen de sus protones y sus neutrones, sino de cómo estén estructurados sus electrones alrededor del núcleo, algo que no cambia mucho de un isótopo a otro de un mismo elemento. En realidad, la diferencia principal que hay entre cada isótopo de un mismo elemento es su masa, que es un resultado de la cantidad de partículas que contiene su núcleo. En el caso del carbono, los átomos de carbono-13 son un poco más masivos que los de carbono-12, porque poseen un neutrón más.

Aun así, las propiedades químicas de las sustancias que nos rodean se pueden ver ligeramente alteradas por estas pequeñas diferencias de masa que se dan entre los diferentes isótopos de un mismo elemento... Y un ejemplo que me parece especialmente interesante es el de la llamada *agua pesada*.

No intentes buscar el agua en la tabla periódica, porque, pese a lo que pudieran pensar los griegos en la antigüedad, ya hemos visto que no es un elemento puro, sino una sustancia compuesta por moléculas que están hechas de un átomo de oxígeno unido a dos de hidrógeno, que ahora mismo son los que nos interesan.

El hidrógeno es el elemento más sencillo que hay en la naturaleza, con un núcleo que consiste en un simple protón solitario rodeado por un único electrón. Esta configuración se llama hidrógeno-1 y representa el 99,98 % de los átomos de este elemento que nos rodean, pero, en realidad, existen otros dos isótopos del hidrógeno: el deuterio o hidrógeno-2 y el tritio o hidrógeno-3, con un protón individual acompañado de uno o dos neutrones adicionales, respectivamente. Por supuesto, tanto el deuterio como el tritio siguen siendo átomos de hidrógeno, porque poseen un solo protón, pero su masa es mayor debido a que su núcleo contiene más partículas.

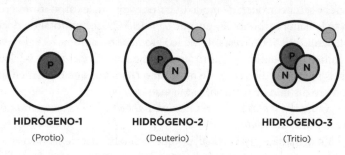

**HIDRÓGENO-1**  **HIDRÓGENO-2**  **HIDRÓGENO-3**
(Protio)  (Deuterio)  (Tritio)

Para entender qué es el agua pesada, tendremos que centrarnos en el deuterio. Los átomos de este isótopo tienen el doble de masa que los de hidrógeno-1, pero sus propiedades químicas son muy similares, así que un átomo de oxígeno se puede combinar con dos de deuterio y formar moléculas de agua que son aparentemente normales... Pero, si nos fijamos, esas moléculas son un poco más masivas que el agua convencional debido a esa masa adicional que les proporcionan los átomos de deuterio. Por tanto, el agua que contiene deuterio es más densa que la «normal», que está hecha con átomos de hidrógeno-1. De ahí el sobrenombre de *pesada*.

Con todo, la densidad de los dos tipos de agua no es muy diferente. Una molécula de agua normal contiene dieciocho protones y neutrones (dieciséis partículas las proporciona el oxígeno, y el hidrógeno-1 aporta los dos átomos restantes), pero el neutrón adicional que proporciona sustituir el hidrógeno-1 por deuterio solo incrementa ese número de partículas hasta veinte. Como resultado, el agua pesada es «solo» un 11 % más densa que el agua normal y corriente.

De hecho, si, por casualidades de la vida, tuvieras una botella de agua pesada en casa, te propongo un experimento.

Si llenas una cubitera con agua pesada y la metes en el congelador, los cubitos resultantes parecerán hielo normal y corriente a primera vista. Pero, ojo, porque si metes esos cubitos en un vaso de agua ordinaria, ocurrirá algo que nunca habrás visto hacer al hielo normal: se hundirán hasta el fondo del vaso. Esto se debe a que el hielo de agua pesada es ligeramente más denso que el ordinario gracias a esa masa extra que le proporcionan los neutrones adicionales del deuterio.

---

*¡Qué curioso! Voy a comprar un poco de agua pes... Ah, no, espera, que veo que el precio ronda los setecientos euros por litro. ¿Por qué puñetas es tan cara, si lo único que la diferencia del agua ordinaria son un par de neutrones?*

Porque, como he comentado, el deuterio representa solo el 0,02 % de los átomos de hidrógeno, así que separar las moléculas de agua pesada que están perdidas entre el mar de moléculas de agua «ordinaria» que nos rodea es un proceso largo y costoso.

*Pues, nada, queda anulada la broma de los cubitos de hielo que se hunden... Espera; ahora que lo pienso, ¿el agua pesada se puede beber?*
Buena pregunta, *voz cursiva*.

El correcto funcionamiento de nuestras células depende de unas enzimas que se dedican a reorganizar los átomos que contienen varios tipos de moléculas para producir energía y nutrientes. Ahora bien, el comportamiento químico de los átomos de deuterio es lo bastante distinto del de los de hidrógeno-1 como para que a estas enzimas les cueste más procesarlos, ya que forman enlaces un poco más fuertes con los átomos que los rodean. Como resultado, si la concentración de agua pesada en nuestro cuerpo aumenta, el funcionamiento de nuestras células se verá afectado de manera negativa.

En cuanto a los síntomas que produce la «intoxicación» por agua pesada, el autor de este estudio indicaba que «se ha encontrado que un exceso de deuterio en el agua reduce la síntesis de proteínas y ácidos nucleicos, produce perturbaciones en los mecanismos de división celular y cambios en el ritmo cinético enzimático y la morfología celular».[1] Además, añade que «los efectos del deuterio solo son parcialmente reversibles y resultan letales para los organismos complejos en dosis superiores a entre el 20 % y el 30 % de agua pesada», y que «la ingestión de cantidades de agua pesada relativamente pequeñas que dan como resultado un enriquecimiento de los fluidos corporales inferior al 0,5 % también producen efectos secundarios clínicamente relevantes».

*O sea, que mejor renuncio a la idea de meter cubitos de hielo de agua pesada en las bebidas de mis amigos para desconcertarlos, ¿no?*

Bueno, seguramente un sorbito de agua pesada no nos haría daño. Por ejemplo, en un estudio[2] se proporcionó agua enriquecida con distintas concentraciones de deuterio a un grupo de ratas para determinar el efecto de este isótopo sobre los organismos vivos. Las ratas que bebieron agua con una concentración de agua pesada del 40 % sobrevivieron una media de sesenta días, mientras que una concentración del 75 % redujo esa cifra a doce días. Por tanto, parece que hay que beber cantidades considerables de agua pesada durante un tiempo prolongado para que su ingesta ponga en peligro nuestra vida... Pero, por si acaso, *voz cursiva,* no hagas cosas raras e inviertes el dinero que tenías ahorrado para comprar botellas de agua pesada en otra cosa. Tus invitados y tus bolsillos te lo agradecerán.

*Vale, vale, no me la voy a jugar. ¿Y qué hay del otro isótopo del hidrógeno que comentabas, el tritio?*

Sí, sí, el *tritio* es el isótopo del hidrógeno que contiene un protón y dos neutrones en su núcleo. Ahora bien, esta combinación de protones y neutrones no es estable, así que los átomos de tritio son radiactivos.

*¡¿Qué?! ¡¿Significa eso que parte del agua es radiactiva?! ¡¿Vamos a morir todos?!*

Calma, *voz cursiva*. Ya que has sacado el tema y para que veas que no tienes de qué preocuparte, veamos qué es en realidad la radiación... Y así encaminamos el capítulo en dirección a los plátanos, ya que estamos.

Un átomo es radiactivo cuando la cantidad de neutrones que contiene en el núcleo no es capaz de mantener todos los protones retenidos. Con esto quiero decir que, si en un núcleo atómico sobran o faltan neutrones, la repulsión eléctrica de los protones y la fuerza nuclear fuerte que los mantiene unidos estarán desequilibradas y el átomo se volverá inestable. ¿Y qué ocurre cuando un átomo es inestable? Pues que las partículas sobrantes irán saliendo despedidas del núcleo hasta que contenga una cantidad de protones y de neutrones equilibrada.

Estas partículas que salen disparadas de los núcleos atómicos como si fueran pequeños proyectiles son lo que denominamos *radiación nuclear*, pero los átomos no las expulsan en cantidades aleatorias. En general, los átomos inestables sueltan, o bien un mazacote de dos protones y dos neutrones (un conjunto al que se suele llamar *partícula alfa*), o bien convierten uno de sus neutrones en un protón a través de la emisión de un electrón (en cuyo caso se llama *partícula beta*), aunque, con menos frecuencia, también pueden expulsar protones o neutrones individuales.

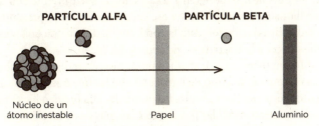

Las partículas alfa se pueden bloquear con un folio de papel, mientras que para las partículas beta se necesita una lámina de aluminio.

*¿En serio? ¿La radiación nuclear es esa chorrada? ¿Y por qué a la gente le preocupan tanto los materiales radiactivos?*

Bueno, es que estas partículas que salen disparadas de los núcleos inestables a toda velocidad pueden ser peligrosas, porque son capaces de romper los enlaces químicos que mantienen unidos los átomos que componen las moléculas de ADN al chocar con ellas. El problema es que en esos enlaces están codificadas las instrucciones que deben seguir las células para reproducirse de forma correcta, así que, si una célula no consigue reparar el daño producido en su ADN por el impacto de una partícula emitida por algún átomo radiactivo, es posible que continúe su ciclo de vida siguiendo unas instrucciones «corrompidas» y que acabe multiplicándose sin control a largo plazo, formando un tumor.

Ahora bien, hay que tener en cuenta que los efectos nocivos de la radiación nuclear no son como los de un veneno, cuya toxicidad se incrementa de manera lineal con la dosis. Esto se debe a que cada eslabón de la cadena de acontecimientos que provoca que una célula dañada por la radiación termine formando un tumor depende en gran medida del azar. Por ejemplo, si 1.000 millones de partículas impactan con nosotros, no existe ninguna certeza de que alguna de ellas acabe chocando con una célula y dañando su ADN, igual que tampoco podemos predecir si esa célula en concreto conseguirá o no reparar el daño.

Por tanto, a menos que la dosis de radiación absorbida sea lo bastante alta como para afectar a tantas células que nuestros órganos empiecen a fallar de forma irreversible, lo único que se puede asegurar sobre la exposición a la radiación es que la *probabilidad* de sufrir consecuencias adversas se incrementa con la dosis absorbida. Este es el motivo por el que la exposición a la radiación se suele evaluar con una unidad llamada sievert (Sv), una escala en la que 1 Sv representa la dosis radiactiva que incrementa las probabilidades de que una persona sufra cáncer a lo largo de su vida en un 5,5 %.

A esto también hay que añadir que la dosis de radiación recibida cambia en función del tipo de partículas con las que nos irradia cada elemento inestable. Por ejemplo, las partículas alfa pueden hacer mucho daño a nuestras células porque su gran masa y carga eléctrica les permite romper los enlaces químicos con facilidad, pero, por suerte, interaccionan con tanta intensidad con la materia que las rodea que bastan unos pocos centímetros de aire para frenarlas, así que no suelen alejarse demasiado de la fuente de emisión. Con la radiación beta pasa algo similar: los electrones recorren una distancia mucho mayor a través del aire porque su capacidad para interactuar con la materia es menor, pero no son capaces de atravesar nuestra piel, que es un órgano especialmente resistente a la radiación, porque sus células se están renovando de manera constante.

En realidad, la radiación no suele representar un peligro grave para nuestra salud a menos que nos encontremos cerca de grandes cantidades de material radiactivo o que, por algún motivo, lo hayamos inhalado o ingerido. En este último caso, los átomos inestables entrarán en nuestro torrente sanguíneo y las partículas que salen disparadas de sus núcleos podrán bombardear directamente nuestros órganos internos, que son mucho más sensibles a la radiación y se dañan con más facilidad.

*Captado. ¿Y cuántos millones de sieverts me proporciona el tritio que hay en el agua que bebemos cada día? Dímelo sin rodeos; ya he aceptado mi destino.*

No dramatices tanto, *voz cursiva,* que tú no necesitas beber agua porque no tienes cuerpo. Además, ¿has tenido en cuenta que solo hay un átomo de tritio por cada 100.000 billones de moléculas de átomos de hidrógeno-1 antes de aceptar tu destino?

*Bueno... Tal vez podría haber buscado ese dato[3] antes de montarme la película.*

Tal vez sí, porque la dosis de radiación anual que recibimos a través de la ingestión del tritio que hay en el agua ronda entre los 0,1 y los 13 microsieverts (μSv),[4] una dosis ridícula comparada con los entre 1,5 y 3,5 milisieverts (mSv)[5] que recibe un ser humano de media cada año. Así que no te rayes, *voz cursiva,* porque la ingesta de tritio representa alrededor de una milésima parte de la dosis radiactiva a la que estamos expuestos anualmente.

*Sé que intentas tranquilizarme, pero no me hace mucha gracia que una persona esté expuesta a una radiación nuclear «media» en su vida diaria. ¿De dónde diablos sale esa radiación?*

Pues a menudo viene de lugares que no esperamos, como por ejemplo el cielo. Esto se debe a que la Tierra está siendo bombardeada constantemente por los llamados rayos cósmicos, unas partículas

**63**

que viajan a toda velocidad por el espacio y que, al impactar con las moléculas de gas de nuestra atmósfera, producen «duchas» de partículas secundarias que salen despedidas hacia la superficie terrestre y chocan con nuestros cuerpos. O sea, que parte de esa dosis radiactiva inevitable que recibimos cada año viene del espaci...

*Eh, eh, para el carro, que te conozco y eres capaz de utilizar este dato para convertir este capítulo en un relato de ciencia ficción. De hecho, ahora que lo pienso, en tu canal de YouTube tienes un vídeo en el que tratas el tema de la radiación espacial y cómo la dosis se incrementa cuando volamos en un avión, estamos en la cima de una montaña o en otro planeta.*

Tienes razón, *voz cursiva*. Remito a los lectores interesados en este tema a mi vídeo titulado «Por qué no podemos pasear por la superficie de Marte».

El caso es que los rayos cósmicos representan solo una parte de la radiación que recibimos en nuestro día a día. Una fuente de radiación más terrenal (literalmente) son los minerales que contienen elementos radiactivos como el uranio y el torio. Normalmente, estos minerales solo son responsables de una fracción de la dosis que recibe una persona de media cada año, pero existen ciertas zonas del planeta en las que la concentración de estos elementos en el suelo es tan alta que sus habitantes reciben dosis muy superiores a la media. Este es el caso de Ramsar, una ciudad de Irán en la que algunos barrios están expuestos a una dosis radiactiva anual de hasta 260 milisieverts, una cifra casi 87 veces superior a la media en el resto del mundo.

*¡Ostras! Entonces, imagino que los habitantes de esta ciudad deben de tener un montón de problemas de salud, ¿no?*

Es difícil de decir, *voz cursiva*. Aún se están estudiando los efectos que tiene la radiación de este pueblo sobre su gente a largo plazo, pero, aunque parece que los cuerpos de los habitantes de Ramsar se han adaptado hasta cierto punto a estos niveles tan altos, porque no están cayendo como moscas, se ha detectado una mayor frecuencia de aberraciones cromosómicas tanto entre la gente que vive en esta ciudad como en regiones de China, Brasil y la India, donde la radiación de fondo también es muy elevada.[6] Como resultado, parece que vivir en estos lugares incrementaría el riesgo de sufrir problemas serios de desarrollo, cánceres o enfermedades genéticas.

Por suerte, hay pocos sitios en el mundo donde estos elementos radiactivos estén lo bastante concentrados como para someter a sus habitantes a dosis tan altas. La mayor parte de la radiación que recibimos los que vivimos en el resto de la superficie del planeta proviene de los isótopos inestables de algunos elementos mucho más comunes que nos encontramos en nuestro día a día.

Y, por extraño que parezca, uno de esos elementos es el potasio.

Casi todo el potasio que nos rodea consiste en átomos de potasio-39 (el 93,3 % de esos átomos) y potasio-41 (el 6,7 %). Los núcleos atómicos de estos dos isótopos poseen una combinación de protones y neutrones perfectamente estables, así que no son radiactivos, pero no se puede decir lo mismo del isótopo que representa el 0,012 % restante, el potasio-40, cuyos núcleos son inestables y emiten partículas beta (electrones). Es decir, como una pequeña fracción de los átomos de potasio que componen nuestros cuerpos son radiactivos, eso significa que todos los organismos vivos estamos siendo constantemente «bombardeados» desde dentro por los electrones que emiten estos átomos sin que nos demos cuenta.

*Ahora mismo me alegro mucho de ser una voz cursiva incorpórea.*

Bueno, a ver, que la cantidad de radiación a la que nos somete el potasio es minúscula. De hecho, los plátanos ilustran muy bien el poco peligro que la radiactividad de este elemento representa para nosotros.

Como los plátanos contienen una concentración de potasio más alta que otras frutas, eso significa que los plátanos son un poco más radiactivos que otros alimentos. Siendo más concretos, el potasio-40 de un plátano nos podría proporcionar una dosis radiactiva de alrededor de 0,1 µSv (una diezmillonésima parte de un sievert), pero, a efectos prácticos, esa cifra es mucho menor, porque el potasio no se acumula en nuestro cuerpo y lo excretamos de manera constante a través de la orina.

*¿De manera constante? ¿Seguro?*

Perdón, lo procesamos de manera constante y lo expulsamos de forma intermitente, *voz cursiva*.

En cualquier caso, si no te crees que los plátanos son ligeramente radiactivos, en mi canal de YouTube colgué un vídeo en el que extraía el potasio de unas cincuenta pieles de plátano para ver si podía detectar la radiación emitida por su potasio-40 con mi contador Geiger. Y, efectivamente, el aparato marcaba una cifra casi un 50 % mayor que la radiación de fondo de mi casa cuando lo colocaba cerca del potasio que había extraído.

Pero, bueno, me gustaría insistir en que todos los alimentos son radiactivos en mayor o menor medida, porque contienen diferentes cantidades de potasio. Eso no tiene por qué preocuparos, porque se trata de una cantidad de radiación minúscula que nos ha acompañado a lo largo de toda nuestra historia evolutiva, y nuestros cuerpos están perfectamente adaptados para soportarla. Así que sigue comiendo plátanos sin miedo, que son muy sanos y solo un poco más radiactivos que nosotros.

*Vale, vale, menos mal. Pero, oye, ¿qué les pasa a esos átomos inestables después de emitir esas partículas radiactivas? ¿Se desintegran o algo por el estilo?*

Buena pregunta, *voz cursiva*.

Como he comentado antes, lo que determina a qué elemento pertenece un átomo es el número de protones que contiene en su núcleo. Por tanto, cuando un átomo inestable expulsa partículas de su núcleo, la cantidad de protones que contiene cambiará y se convertirá en un átomo de un elemento diferente. Por ejemplo, uno de cada billón de átomos de carbono que nos rodean es de carbono-14, un isótopo del carbono que contiene seis protones y ocho neutrones, pero, al ser inestable, tiende a convertir uno de sus neutrones en un protón, emitiendo un electrón durante el proceso. Tras la emisión, el carbono-14 se habrá convertido en nitrógeno-14.

*¿Y por qué precisamente nitrógeno-14?*

Porque cuando uno de los neutrones de un átomo de carbono-14 se convierte en un protón, su núcleo pasa a tener siete protones y siete neutrones. ¿Qué elemento tiene siete protones en su núcleo? El nitrógeno. ¿Y de dónde sale el «14»? Del hecho de que el núcleo sigue conteniendo un total de catorce partículas.

Ahora bien, esos nuevos átomos de nitrógeno-14 no se van a convertir en otros elementos, porque la combinación de protones y neutrones de su núcleo es estable, así que no necesitan emitir ninguna partícula. De esta manera, un átomo de un isótopo radiactivo de un elemento se habrá convertido en uno de un elemento distinto que no lo es.

*Espera, espera... ¿Me estás diciendo que unos elementos se pueden convertir en otros modificando el número de protones y neutrones que contienen sus núcleos?*

Efectivamente, *voz cursiva*.

*Humm... ¿Y cuántos protones tienen los átomos de plomo en el núcleo? ¿Y los de oro? Es para un amigo al que se le acaba de ocurrir una idea para un negocio.*

Si recorremos la tabla periódica de izquierda a derecha y de arriba abajo, cada elemento contiene un protón más que el anterior, así que ese supuesto amigo puede consultar cuántos protones tiene cualquier elemento fijándose en el número entero que aparece en la correspondiente casilla. Por ejemplo, los átomos de plomo contienen 82 protones, y los de oro poseen 79. Ahora bien, *voz cursiva,* si tu amigo ha hecho esta pregunta porque se le ha ocurrido que podría ganar dinero cogiendo una masa de plomo y quitándole tres protones a cada uno de sus átomos para convertirla en oro, dile que se puede ir olvidando.

*¿Estás insinuando que le quieres robar la idea? ¿O debería tomármelo..., tomárselo como una amenaza?*

¿Qué? ¡Claro que no! Lo digo por su propio bien, porque no le saldría rentable. Me explico.

Convertir un elemento en otro cambiando el número de protones que contiene su núcleo parece una tarea fácil a primera vista, porque, como hemos visto, los átomos radiactivos hacen eso mismo por su cuenta. El problema es que no tenemos manera de controlar qué tipo de partículas emite un átomo inestable y, por tanto, en qué elemento se va a convertir, por lo que la única forma más o menos fiable de convertir un átomo de un elemento en otro es coger núcleos ligeros y lanzarlos contra otros más masivos a toda velocidad con la esperanza de que, durante la colisión, el núcleo masivo absorba el núcleo ligero o se parta en dos. En el primer caso, el resultado será un núcleo con un número mayor de protones, o, lo que es lo mismo, un elemento más pesado, mientras que, en el segundo, cada uno de los fragmentos del núcleo masivo tendrá un número de protones inferior al original y se convertirá en un átomo de un elemento más ligero.

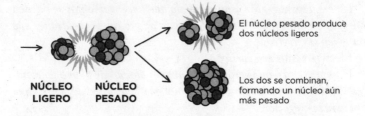

Pero, de nuevo, aunque el concepto suena muy simple, llevarlo a la práctica es bastante más complicado.

Por ejemplo, en 1980, unos investigadores bombardearon una fina lámina de bismuto (con 83 protones en el núcleo) con un haz de átomos de carbono y neón que se movían a velocidades cercanas a la de la luz. La idea era que algunos de esos núcleos de carbono y neón lograrían arrancar diferentes cantidades de partículas de los núcleos de bismuto al chocar con ellos y que, por estadística, una pequeña cantidad de esos átomos perdería los cuatro protones necesarios para convertirse en átomos de diferentes isótopos de oro, con 79 protones en el núcleo, desde el oro-190 hasta el oro-199. Y lo consiguieron, claro.

*¿Ves? Fabricar oro está tirado. Cuando puedas, pásame una lista con los aparatos que hacen falta y los pido por internet. Ya negociaremos cómo repartimos los beneficios, pero yo estaba pensando en un noventa y och...*

Espera, espera. No te hagas ilusiones, *voz cursiva*. ¿Cuánto oro crees que consiguieron sintetizar durante las aproximadamente veinticuatro horas que duró el experimento?

*Yo qué sé... Centenares de kilos o incluso toneladas, imagino.*

Pues no, para nada; solo consiguieron producir unos pocos átomos. De hecho, utilizar toda la sofisticada maquinaria necesaria para el experimento costaba unos 5.000 dólares por hora,[7] así que producir ese puñado de átomos de oro les salió por unos 120.000 dólares. Si tenemos en cuenta que en un gramo de oro hay unos 3.000 millones de billones de átomos y que el precio del gramo ronda los cuarenta dólares, te puedes hacer una idea de lo poco rentable que es producir este metal modificando los átomos de otros elementos.

Aun así, aunque extraer el oro del suelo es mucho más rentable que crearlo de manera artificial, existen elementos que solo se pueden producir a través de este método, porque no se encuentran en la naturaleza... Y esos elementos son carísimos, como puedes imaginar.

*Te escucho.*

En el primer capítulo he mencionado que solo podemos encontrar 94 de los 118 elementos químicos conocidos en nuestro entorno. El motivo es que, aunque todos los elementos que tienen más de 84 protones en su núcleo son radiactivos en mayor o menor medida, porque no existe ninguna cantidad de neutrones que pueda mantener un número tan grande de protones confinados en su núcleo de manera indefinida, los que tienen más de 92 protones son tan inestables que todos los átomos de estos elementos que contenía la Tierra en el momento de su formación se han transformado en otros durante la historia del planeta, así que ya no queda ni rastro de ellos en nuestro entorno.

*Vale, te he dejado de escuchar.*

Perdona, *voz cursiva,* se me había olvidado mencionar un concepto importante.

Dada la naturaleza estadística de estos procesos, no es posible predecir cuánto tiempo va a tardar un átomo concreto de un elemento radiactivo en emitir una partícula y convertirse en otro elemento. Aun así, nos podemos hacer una idea de cómo de inestable es un elemento radiactivo midiendo su *periodo de semidesintegración*, o, lo que es lo mismo, el tiempo que tardan la mitad de los átomos de una masa de ese elemento en convertirse en átomos de otro elemento diferente.

Sé que es una definición un poco extraña, pero pongamos como ejemplo el carbono-14, que tiene un periodo de semidesintegración de 5.700 años. Esto significa que, si tenemos un bloque de carbono-14, la mitad de sus átomos se habrán convertido en nitrógeno-14 al cabo de 5.700 años.

*Ah, vale. Y la mitad que falta tardará otros 5.700 años en desaparecer, ¿no?*

Pues no, *voz cursiva*. El periodo de semidesintegración es independiente de la cantidad de átomos que contenga una masa concreta, así que, durante los siguientes 5.700 años, la mitad de los átomos de carbono-14 que hay en esa mitad que quedaba se convertirán en nitrógeno-14. Y, tras otros 5.700 años, lo hará la mitad de esa nueva mitad. O sea, que la cantidad de átomos de carbono-14 se reducirá a la mitad cada 5.700 años hasta que la masa entera se haya convertido en nitrógeno-14.

Por tanto, el motivo por el que no podemos encontrar elementos con más de 92 protones en su núcleo en nuestro entorno es que estos tienen periodos de semidesintegración tan cortos que han pasado por miles o millones de «ciclos» de desintegración durante los 4.600 millones de años que han pasado desde que la Tierra se formó. Y, como el número de átomos de esos elementos se reducía a la mitad con cada ciclo, hace mucho tiempo que en nuestro planeta no queda ni rastro de ellos.

Uno de esos elementos es el berkelio, con 97 protones en su núcleo: su isótopo más estable es el berkelio-247, con un periodo de semidesintegración de solo 1.380 años, por lo que todo el berkelio que contenía la Tierra en el momento de su formación ha pasado al menos 3,33 millones de periodos de semidesintegración desde entonces y ya no queda ninguno de los átomos originales de este elemento en nuestro entorno.

Aun así, casi con total seguridad existen unos cuantos átomos de berkelio en nuestro planeta en cualquier momento dado. El motivo es que la Tierra contiene otros elementos inestables que tienen un número de protones similar al berkelio y cuyos átomos pueden convertirse en berkelio al deshacerse de alguna de sus partículas. Pero, como hemos visto, esta transformación es temporal porque esos pocos átomos de berkelio se convierten relativamente deprisa en otros elementos.

*Buf... Me apiado del pobre diablo al que le ha tocado encontrar esos átomos entre todas las rocas del mundo para contarlos.*

A ver, no hay una persona que se dedique a buscar esos átomos por el mundo y meterlos en una bolsa, *voz cursiva*. Es una suposición que me saco de la manga basándome en la naturaleza estadística de estos procesos.

Pero, bueno, como el berkelio es tan increíblemente escaso, no se puede extraer de los minerales como otros elementos químicos. Por tanto, el berkelio solo se puede producir de manera artificial bombardeando elementos pesados con otros átomos más ligeros... Aunque el proceso es un *follón*.

Imaginemos que necesitamos una muestra de berkelio-249. El proceso para producir átomos de este isótopo empieza con el bombardeo de una muestra de uranio-238 con neutrones. El objetivo es que algunos átomos de uranio-238 absorban un neutrón y se conviertan en uranio-239, que tiende a descomponerse en neptunio-239 y luego en plutonio-239 a través de la emisión de una partícula beta cada vez. Esos átomos de plutonio-239 seguirán absorbiendo neutrones, y, tras acumular cuatro y convertirse en plutonio-243, podrán emitir una partícula beta y se convertirán en átomos de americio-243, que, a su vez, se convertirán en americio-244 y luego en curio-244 tras la captura de un neutrón y la emisión de otra partícula beta. En cuanto los átomos de este isótopo absorban otros cinco neutrones, se convertirán en curio-249, que, por fin, se transformarán en berkelio-249 al emitir una partícula beta.

Por si esta cadena de transformaciones no fuera lo bastante enrevesada, hay que tener en cuenta que todos estos procesos tienen lugar al mismo tiempo dentro de la masa de uranio-238 irradiada con neutrones. O sea, que este procedimiento no origina un bloque macizo de berkelio-249, sino un amasijo de átomos de diferentes isótopos incrustados dentro de ese trozo de uranio que hay que separar y aislar químicamente. Y, para complicar aún más las cosas, la muestra de berkelio-249 obtenida se tiene que utilizar rápidamente porque este isótopo tiene un periodo de semidesintegración de solo 330 días, y la cantidad que contiene la muestra irá disminuyendo cada día que pase.

Además de ser un proceso largo y costoso, la cantidad de berkelio que se produce a través de este método es minúscula. Por ejemplo, en 2009, el laboratorio de Oak Ridge necesitó 250 días de irradiación de neutrones de una muestra de uranio-238 y 90 días de separación química para producir solo 22 miligramos de berkelio-249.

*Qué barbaridad. Entonces, teniendo en cuenta lo lento que es este proceso, imagino que esa muestra de berkelio debía de ser carísima, ¿no?*

Exactamente, *voz cursiva*. El precio aproximado del berkelio ronda los 185 dólares por microgramo, así que esos 22 miligramos costaron algo más de 4 millones de dólares. De hecho, solo se ha producido alrededor de un gramo de berkelio a lo largo de la historia, que, en términos económicos, equivaldría a unos 185 millones de dólares.

*¡¿Qué?! ¡¿Y quién está tan loco como para comprar un elemento que ronda casi los 200 millones de dólares por gramo?!*

Pues la gente que intenta descubrir los elementos aún más inestables que están en los límites de la tabla periódica, por ejemplo. De hecho, el Instituto Central de Investigaciones Nucleares, en Dubna (Rusia), adquirió esa misma muestra de 22 miligramos de berkelio-249 para bombardearla durante otros 150 días con núcleos de calcio-48. Durante la irradiación, unos pocos átomos de calcio, con 20 protones en su núcleo, se fusionaron con los de berkelio, con 97, dando lugar a los 6 primeros átomos de teneso que se han observado jamás,[8] el elemento que tiene 117 protones en su núcleo.

*¡Entonces, el secreto para ganar cantidades ingentes de dinero está en fabricar teneso, que será aún más caro que el berkelio!*

Más bien no, *voz cursiva:* los dos isótopos conocidos de este elemento tienen un periodo de semidesintegración de 22 y 51 milisegundos, por lo que cualquier muestra lo bastante grande como para observarla a simple vista que consiguieras producir desaparecería ante tus ojos en menos de un segundo. Y, durante el proceso, probablemente te irradiaría con una dosis letal de radiación.

En definitiva, el tiempo ha terminado demostrando que la transmutación que perseguían los antiguos alquimistas no era una fantasía. De hecho, ha resultado ser un proceso tan común que ocurría dentro de sus propios cuerpos sin que ellos lo supieran, mientras los átomos de potasio-40 y carbono-14 de su organismo se convertían en argón-40 y nitrógeno-14.

Eso sí, hay que decir que los métodos alquímicos iban muy mal encaminados, porque ellos intentaban convertir unos elementos en otros a través de reacciones químicas, pero, como hemos visto en los capítulos anteriores, estas reacciones solo modifican cómo están distribuidos los electrones alrededor de los átomos. Para conseguir lo que buscaban, los alquimistas tendrían que haber encontrado la manera de modificar la proporción de protones y neutrones de los núcleos atómicos... Algo imposible con la tecnología de aquella época.

De todas maneras, incluso aunque hubieran contado con aceleradores de partículas modernos, los alquimistas se hubieran llevado un chasco al darse cuenta de cómo de aparatoso y económicamente inviable es convertir el plomo en oro. De hecho, este dato no le habría venido mal al rey Enrique IV de Inglaterra, que, en 1403, aprobó una serie de leyes que prohibían la práctica de la alquimia por miedo a que la gente empezara a fabricar oro a mansalva y la moneda se devaluara.[9]

*Creo que tu advertencia llega seiscientos años tarde.*

Bueno, nunca se sabe qué clase de venazos extraños le pueden dar a un viajero del tiempo, ni qué libros se puede llegar a llevar al pasado. Por cierto, ya que estamos hablando del oro, ¿sabías que este metal es tan denso que una botella de un litro llena de oro pesaría unos 19,3 kilos?

*¡¿Qué?!*

Excelente pregunta, *voz cursiva*.

# CAPÍTULO
# 5

## Qué pesa más, ¿un kilo de plumas o un kilo de plomo?

Escribir un capítulo sobre la densidad es peligroso, porque, si se te hace pesado, no solo te parecerá aburrido, sino también irónico, así que voy a intentar que la lectura sea lo más ligera posible para evitar estas terribles consecuencias.

Seguro que durante tu infancia te han hecho alguna vez la puñetera pregunta de «qué pesa más, ¿un kilo de plumas o un kilo de plomo?». Me sorprende que, en pleno siglo XXI, aún haya gente que piense que los demás van a caer en una trampa dialéctica tan medieval, pero la cuestión es que todos nos hemos visto obligados a responder con pesadumbre: «Los dos pesan lo mismo, un kilo».

*Eso de intentar introducir capítulos con situaciones con las que el lector se puedan sentir familiarizado te está quedando cada vez más forzado.*

Bueno, *voz cursiva,* la cuestión es que es obvio que un kilo de los dos materiales pesa lo mismo. En realidad, lo interesante del asunto es que el kilo de plomo ocupa un volumen mucho menor que el de plumas porque este metal es muchísimo más denso. Para que te hagas una idea de lo denso que es el plomo, intenta recordar la sensación que te proporciona levantar una botella de un litro de agua y...

*¿Dulce o salada?*

De agua dulce; perdona por no especificar. La cuestión es que una botella de un litro llena de agua dulce pesa alrededor de un kilo, pe...

*¿Contando con el recipiente o sin él?*

Sin contarlo, *voz cursiva,* sin contarlo. El caso es que esa misma botella de un litro pesaría alrededor de 11,36 kilos si estuviera llena de plomo, pero solo ochocientos gramos si la rellenáramos con plumas de gallina compactadas para que no quede ni rastro de aire entre ellas.[1] Se trata de una diferencia enorme, claro, pero tampoco nos sorprende excesivamente porque todos hemos notado que los metales que nos rodean en nuestra vida cotidiana son mucho más densos que las sustancias que componen los cuerpos de los seres vivos. Además, la densidad del plomo tampoco dista demasiado de la de otros metales que todos hemos manipulado, como el hierro (8 kilos por litro) o el cobre (9 kilos por litro).

Ahora bien, existen otros elementos menos comunes que son mucho más densos que el plomo y que resultan más impactantes. Uno de ellos es el wolframio, un elemento tan denso que una botella de agua de un litro llena de este metal pesaría 19,25 kilos.

*¡¿Qué?! ¡¿Me quieres decir que esa botella de un litro de wolframio pesaría tanto como un niño de seis años?!*

Desconozco cuál es el peso medio de un niño de seis años, pero, sí, imagino que es posible.

En cualquier caso, aunque el wolframio tiene una densidad sorprendente, no es el elemento más denso de la tabla periódica: ese honor le corresponde al osmio, un metal que tiene una densidad de 22,6 kilos por litro.

*Ostras, ¿debería ir enviando una solicitud a la Real Academia Española para que cambien la expresión* más pesado que el plomo *por* más pesado que el osmio?

Sí, claro, empieza a gestionarlo.

*Ironía captada. Pero, oye, ¿qué es lo que hace que los diferentes elementos tengan densidades tan dispares?*

Interesante pregunta. Hablemos otra vez de átomos.

En el capítulo anterior hemos visto que lo que diferencia los átomos de un elemento de los de otro es el número de protones de su núcleo, y que, a su vez, cuanto mayor sea el número de protones que posea un átomo, más neutrones necesitará para mantenerlos confinados en el núcleo de manera indefinida. Lo que no había comentado aún es que la mayor parte de la masa de los átomos está concentrada en su núcleo, ya que tanto los protones como los neutrones son unas 2.000 veces más masivos que los electrones que dan vueltas a su alrededor. O sea, que cuanto mayor sea el número de protones y neutrones que contiene un átomo individual en su núcleo, mayor será su masa.

*¡Ah, vale! Entonces, cuanto más masivos sean los átomos individuales de un elemento, más denso será, ¿no?*

Qué va, *voz cursiva*. Si así fuera, cada elemento de la tabla periódica sería un poco más denso que el anterior, pero eso no es lo que observamos. Por ejemplo, aunque los átomos de oro contienen menos partículas en el núcleo que los de plomo y, por tanto, son más ligeros, el oro es mucho más denso que el plomo.

En realidad, existe un segundo factor que determina cuál es la densidad de un elemento: el diámetro de sus átomos. Ahora bien, aquí el asunto se complica un poco, porque esta magnitud no varía de manera proporcional con la masa del núcleo.

Me explico.

Por un lado, el tamaño de un átomo está definido por el diámetro de su capa más exterior de electrones. Por otro, como también he comentado, el número de electrones que rodean un átomo se incrementa junto con el de protones, y los electrones están distribuidos alrededor del núcleo atómico formando «capas», de modo que en cada una cabe una cantidad distinta de estas partículas (dos en la primera, ocho en la segunda y dieciocho en la tercera, por ejemplo). Por tanto, como un átomo no inaugura una capa nueva de electrones hasta que la anterior está completamente llena, esto significa que un aumento del número de protones que posee un átomo no tiene por qué suponer un incremento significativo de su diámetro.

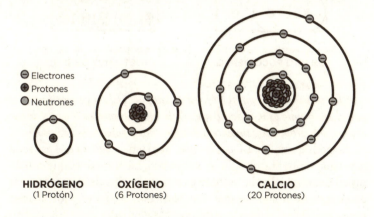

**HIDRÓGENO**
(1 Protón)

**OXÍGENO**
(6 Protones)

**CALCIO**
(20 Protones)

Por supuesto, el asunto es más complejo de lo que he comentado, pero, en cualquier caso, el resultado es que, a medida que avanzamos por la tabla periódica, los átomos individuales de cada elemento se vuelven cada vez más pesados porque contienen una mayor cantidad de protones y neutrones en su núcleo, pero su tamaño no se incrementa al mismo ritmo que su masa. Este dato es muy importante, porque la densidad de un elemento químico depende tanto de la masa como del diámetro de sus átomos, de manera que, cuanto más masivos sean sus núcleos y menor sea su diámetro, más densos serán, porque conseguirán concentrar una mayor cantidad de masa en el mismo espacio que un elemento con átomos más ligeros y grandes.

Pero, claro, como la masa de un átomo y su diámetro no se incrementan de forma proporcional, la densidad de los elementos no aumenta sin cesar a medida que avanzamos por la tabla periódica. En su lugar, los elementos más densos acaban siendo aquellos que tienen un núcleo más masivo *en proporción* a su diámetro.

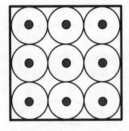 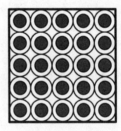

Átomos grandes con poca masa
**OBJETO POCO DENSO**

Átomos pequeños con mucha masa
**OBJETO MUY DENSO**

*¿En serio? ¿La respuesta era así de simple? ¿El único motivo por el que el wolframio es más denso que el aluminio es que los núcleos de sus átomos son proporcionalmente más pequeños y pesados?*

Se podría resumir así, *voz cursiva,* pero ten en cuenta que esa sería la versión «simplificada» de la explicación. La realidad es que es muy difícil definir cuál es la frontera exacta de la capa de electrones más externa de un átomo, porque estas partículas no son verdaderamente pequeñas bolitas rígidas que dan vueltas alrededor del núcleo como los planetas lo hacen en torno al Sol. En su lugar, el comportamiento de los electrones es estadístico, de modo que cada uno tiene cierta probabilidad de encontrarse a diferentes distancias del núcleo atómico en un momento dado, y todos juntos forman una especie de «nube» difusa de carga eléctrica a su alrededor.

*Estás hablando de la mecánica cuántica, ¿verdad?*

Exactamente, *voz cursiva*. No quiero complicar el libro hablando de algo tan poco intuitivo como la mecánica cuántica, pero creo que nos basta con saber que el comportamiento estadístico de los electrones provoca que las fronteras de los átomos individuales se vuelvan difusas y nos impide medir su diámetro exacto.

Ahora bien, aunque la mecánica cuántica nos impide medir directamente el diámetro de los átomos individuales, esta cifra se puede obtener de manera indirecta midiendo la distancia que separa los núcleos de los átomos cuando se enlazan entre ellos. Pero, claro, los diámetros obtenidos con este método varían según la forma en la que estén enlazados los átomos.

Por ejemplo, un átomo de wolframio unido a uno de otro elemento a través de un enlace covalente tendrá un diámetro mayor que si estuviera combinado con otros átomos de wolframio formando una masa metálica, dado que un enlace químico metálico suele permitir que los núcleos de los átomos se acerquen más entre sí. De hecho, los elementos más densos de la tabla periódica son metales, precisamente porque sus átomos están unidos por este tipo de enlace que permite que sus núcleos se acerquen mucho y, por tanto, que acumulen una mayor cantidad de masa en un mismo volum...

*Vale, vale, ya lo he captado. La relación entre la densidad de un elemento y el tamaño de sus átomos no es tan sencilla como parece.*

Gracias, *voz cursiva*. En definitiva, la densidad de un elemento está determinada principalmente por la masa y por el tamaño de los átomos, pero también influyen otros factores, como el tipo de enlace que los une o cómo están ordenados formando un sólido.

Antes he comentado que el osmio es el elemento más denso que existe, pero conviene tener presente que, como hemos visto en el capítulo anterior, solo unos 94 de los 118 elementos de la tabla periódica son lo bastante estables como para que los podamos encontrar en nuestro entorno en cantidades observables. Muchos de estos elementos son tan inestables que ni siquiera los hemos conseguido producir en cantidades lo bastante grandes como para medir su densidad de forma empírica, pero, aun así, es posible deducirla de forma teórica, porque se conocen las leyes que rigen el comportamiento de las partículas que componen los átomos.

Un caso que me parece especialmente llamativo es el hassio.

El hassio es un elemento tan inestable que su isótopo más longevo tiene un periodo de semidesintegración solo de diez segundos. Por tanto, aunque este elemento se puede producir de manera artificial, sus átomos odian tanto existir que es imposible sintetizar una muestra lo bastante grande y duradera como para que su densidad se pueda medir de forma directa. Ahora bien, en el caso hipotético de que consiguiéramos reunir suficientes átomos de hassio como para producir una masa maciza, los cálculos teóricos sugieren que el mazacote de metal resultante tendría la increíble densidad de 40,8 kilogramos por litro... Que es casi el doble que el osmio.

*¡Qué pasada! ¡Imagina intentar levantar una botella de un litro y notar la resistencia que ofrecen esos 40,8 kilos!*

Sí, sería una sensación rarísima, *voz cursiva*. Pero, si esa botella existiera, yo procuraría mantenerme lo más alejado posible de ella.

*¿Qué pasa? ¿Es que te daría miedo que alguien te retara a levantarla y no ser capaz?*

Bueno, es que al tratarse de un elemento tan inestable, esta botella llena de hassio sería extremadamente radiactiva. De hecho, aunque esta sea solo una suposición basada en otros elementos tremendamente inestables, como el astato, me atrevería a decir que incluso el calor generado por su radiación podría llegar a ser letal.

*Ah, bueno, entonces encerremos este experimento con llave en el mundo de las ideas. Pero ahora que lo comentas, me da rabia que no existan elementos aún más densos que el osmio que podamos manipular de forma segura. ¿No hay alguna manera de incrementar la densidad de un elemento de manera artificial para poder experimentar lo que se sentiría al intentar levantar un trozo de hassio?*

Técnicamente, sí, porque la densidad de las cosas suele aumentar cuando se someten a presiones tremendas. Por ejemplo, tanto la densidad global de nuestro planeta como la velocidad de propagación de las ondas sísmicas a través de su interior sugieren que el núcleo de la

Tierra está hecho principalmente de una aleación de hierro y níquel que tiene una densidad de entre doce y trece kilos por litro. Pero, curiosamente, esa misma aleación rondaría los siete u ocho kilos por litro si se encontrara sobre la superficie terrestre.

*¿Y cómo puede ser que un mismo material tenga densidades tan distintas en la superficie y en el núcleo?*

Porque el material que está en el núcleo soporta todo el peso de las capas externas del planeta, así que está sometido a una presión tremenda. Todo ese peso aplasta los átomos con tanta fuerza que comprime un poco las órbitas de sus electrones y reduce su volumen, pero, como la masa de esos átomos comprimidos sigue siendo la misma, el material que se encuentra en el núcleo terrestre acaba conteniendo una mayor cantidad de masa concentrada por unidad de volumen que si estuviera en la superficie, donde sus átomos ocuparían más espacio porque estarían «descomprimidos». De ahí que la mezcla de hierro y níquel del núcleo terrestre tenga una densidad superior a la que tendría aquí arriba.

Eso sí, *voz cursiva,* ten en cuenta que esa mayor densidad solo se mantendrá mientras el material esté sometido a una gran presión. O sea, que, si cogiéramos un trozo de la mezcla de hierro y níquel del núcleo y la trajéramos a la superficie, el diámetro de sus átomos aumentaría de nuevo y el material recuperaría su densidad normal.

Pero, bueno, como puedes imaginar, este incremento de densidad debido a la presión será aún mayor si la fuerza que actúa sobre el material es más intensa.

Usemos como referencia nuestra atmósfera. Al contrario que los átomos de un sólido, que están muy pegados unos con otros y fijos en su sitio, las moléculas de los diferentes gases que componen el aire que nos rodea están en constante movimiento y no paran de colisionar entre sí, aunque, de media, están separadas por una distancia de unos tres o cuatro nanómetros. Todo ese espacio vacío que hay entre las moléculas reduce mucho la cantidad de masa que se puede concentrar en un volumen determinado de la atmósfera, y, como resultado, el aire tiene una densidad muy baja que ronda los 1,24 gramos por litro al nivel del mar. Ahora bien, la presión puede hacer que esos gases tan ligeros se vuelvan más densos que cualquier metal que tenemos a nuestro alrededor. Por ejemplo, los átomos de hidrógeno y helio que se encuentran en el núcleo del Sol están tan pegados y comprimidos debido a la presión extrema a la que están sometidos que su densidad ronda los 150 kilogramos por litro.

*¡Qué locura! ¡Que el hidrógeno y el helio puedan ser casi ocho veces más densos que el wolframio cuando están bajo presión!*

Si estas cifras te sorprenden, no son nada comparadas con la densidad que alcanza la materia en otros cuerpos celestes, *voz cursiva*. Por ejemplo, cuando una estrella del tamaño del Sol agota su combustible, su núcleo inerte se empieza a comprimir bajo su propio peso hasta que su masa termina compactada en una esfera que tiene un tamaño similar al de un planeta rocoso como la Tierra. Estos objetos son a los que los astrónomos se refieren como *enanas blancas,* pero pese a su pequeño tamaño, estos cadáveres estelares pueden poseer una masa hasta un 33 % mayor que la del Sol, así que el material que los compone llega a alcanzar densidades de miles de toneladas por litro.

*Ostras, ni siquiera puedo imaginar una botella de un litro rellena con un material tan denso que pesara miles de toneladas. ¿Cómo puede ser que la materia de estos objetos sea tan densa?*

Por el mismo motivo por el que una mezcla de hierro y níquel es más densa en el núcleo terrestre que en la superficie: la intensa gravedad de una enana blanca genera tal presión sobre los átomos que la componen que las órbitas de los electrones que los rodean están extremadamente comprimidas. De hecho, la única fuerza que evita que una estrella enana blanca se comprima aún más es el llamado *principio de exclusión de Pauli,* otro fenómeno de la mecánica cuántica que impide que dos partículas con las mismas propiedades existan en el mismo estado en el mismo lugar.

Pero las cosas se pueden volver aún más extremas: si la masa del núcleo de una estrella moribunda supera las 1,33 masas solares, su gravedad se vuelve tan intensa que se sobrepone a esa fuerza repulsiva entre los electrones que impide que su materia se siga comprimiendo, y obtenemos unos objetos aún más pequeños y densos, denominados *estrellas de neutrones*. Para hacernos una idea de lo densos que son estos cadáveres estelares, una botella de agua de un litro repleta del material que compone las estrellas de neutrones pesaría unos 220 billones de toneladas... Sin contar la masa de la propia botella, claro.

*¿¿Pero qué me estás contando?! ¿¿Y eso cómo es posible?!*

Vale, creo que será mejor que me explique.

Hace unas páginas he comentado que casi toda la masa de un átomo está concentrada en su núcleo, porque la masa de los protones y los neutrones es muy superior a la de los electrones. De hecho, tanto los protones como los neutrones son tan masivos que la densidad del núcleo del átomo ronda esa cifra de 220 billones de toneladas por litro.

*¡Mientes! Si los núcleos de los átomos son tan densos, ¿por qué las cosas que nos rodean no tienen esa densidad tan abrumadora?*

Porque el tamaño de los núcleos atómicos es minúsculo en comparación con el átomo entero en condiciones normales, *voz cursiva*. Por ejemplo, el diámetro del núcleo de un átomo de uranio es 23.000 veces menor que el de su capa externa de electrones, mientras que el de uno de hidrógeno es 145.000 veces más pequeño.

*Humm... Entonces, ¿significa eso que los átomos de las ilustraciones de este libro no están a escala?*

Ni las de este libro ni las de ningún otro, porque un átomo representado con la escala correcta en un libro de texto no sería más que un círculo con un punto minúsculo en medio... Y, claro, una ilustración así no aclararía muchas cosas.

Pero, bueno, el caso es que, en condiciones normales, un núcleo atómico está separado de sus capas de electrones por una distancia tan grande que casi todo el volumen del átomo está ocupado por espacio vacío. Por ejemplo, el 99,9999999999996 % del volumen que contiene un átomo de hidrógeno está vacío.[2] O sea, que el motivo por el que la densidad de las cosas que nos rodean es tan baja, pese a que los núcleos atómicos tengan una masa tremenda, es que todo ese volumen vacío reduce la densidad global de cada átomo a unas cifras más manejables.

*A mí no me parece que los 22,6 kilos por litro del osmio sean «manejables», la verdad.*

Bueno, ya, me refiero a que las cosas que nos rodean tienen una densidad muy baja en comparación con la que tendrían si fueran un amasijo de protones y neutrones... Y eso nos lleva a las estrellas de neutrones.

La inmensa fuerza gravitatoria que compone estos objetos somete a los átomos que los conforman a una presión tan intensa que las órbitas de los electrones se acaban comprimiendo más allá del límite de exclusión de Pauli, y estas partículas se ven forzadas a unirse con los núcleos de los átomos, donde se combinan con los protones para formar más neutrones. Por tanto, las estrellas de neutrones no están compuestas por materia ordinaria, sino por una sopa de neutrones, como su nombre indica.

*¿Estás seguro de que la estructura de una estrella de neutrones es tan sencilla? ¿No te dejas nada?*

¡Vale!... Técnicamente, la superficie de una estrella de neutrones consiste en una mezcla de protones y neutrones, y la fracción de neutrones se va incrementando paulatinamente con la profundidad. Gracias por la puntualización, *voz cursiva*.

Lo importante es que el motivo por el que las estrellas de neutrones son tan densas es que no están compuestas por átomos ordinarios, sino por un montón de protones y neutrones apiñados. Al estar compuestas por las partículas en las que está concentrada la mayor parte de la masa del átomo, sin apenas espacio vacío entre ellas, la densidad de las estrellas de neutrones es similar a la de los núcleos atómicos.

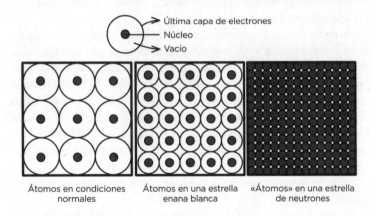

*O sea, que se podría decir que una estrella de neutrones es como un núcleo atómico gigante, ¿no?*

Imagino que sí, salvando muchísimo las distancias... Pero mejor no, *voz cursiva*. En cualquier caso, entiendo que una densidad de 220 billones de toneladas por litro es una densidad inconcebible, así que voy a intentar usar números más manejables para que podamos «ponerle cara» a esta cifra: una cucharadita de unos cinco mililitros de estrella de neutrones pesaría unos 500 millones de toneladas. Dicho de otra manera, el material contenido en esa cuchara solo pesaría un poco más que todos los hombres del mundo... Suponiendo que cada uno de ellos pesara tanto como el culturista Ronnie Coleman, ocho veces ganador de la competición de Míster Olympia.

*¿Qué? Pero ¿qué puñetera lógica absurda hay tras esta comparación?*

Pues que, según Google, Ronnie Coleman pesa 135 kilos, así que 500 millones de toneladas equivalen a unos 3.700 millones de Ronnie Coleman, que más o menos es la mitad de la población mundial en 2019. Pero, bueno, si quieres una comparación más directa, una cucharadita de estrella de neutrones pesaría tanto como 50.000 torres Eiffel.

*¡Guau! ¡Qué locura! ¡Me gustaría tener una de esas cucharas de estrella de neutrones, para ver qué se siente!*

¿En serio? ¿Ahora sí que te sorprendes? Pues si te digo la verdad, a mí me ha impactado más que una torre Eiffel equivalga a solo 74.000 Ronnie Coleman.

Ya que lo comentas, sé que la idea de intentar levantar una cucharita que pesa 500 millones de toneladas pude sonar muy emocionante, pero traer cinco mililitros de estrella de neutrones a la Tierra no sería muy buena idea, porque todo el mundo que se encontrara en un radio de varias decenas de kilómetros de esa cuchara moriría.

*¿Por qué? ¿Por la intensa gravedad de ese trocito de estrella de neutrones?*

Qué va, *voz cursiva*, por la explosión descomunal que produciría. Igual que la mezcla de hierro y níquel comprimida que hay en el núcleo de nuestro planeta recuperará su densidad original si la traemos a la superficie, esta sopa extremadamente densa de protones y neutrones solo puede existir en este estado ultracompacto mientras se encuentre sometida al campo gravitatorio de una estrella de neutrones, ya que solo su tremenda gravedad es capaz de sobreponerse a la fuerza repulsiva que intenta separar estas partículas a toda costa. Por tanto, en el momento en que un trozo de este material se saque del dominio del campo gravitatorio de la estrella de neutrones, la repulsión que actúa entre los protones y los neutrones que lo componen separaría estas partículas de manera inmediata con tanta fuerza que saldrían despedidas en todas las direcciones a entre el 10 % y el 20 % de la velocidad de la luz.

Por supuesto, la explosión resultante sería tremenda: esos 500 millones de toneladas de material concentrados en los cinco mililitros de estrella de neutrones que saldrían volando en todas direcciones a una fracción considerable de la velocidad de la luz arrasarían con todo lo que encontraran a su paso. De hecho, el astrofísico Rob Jeffries calculó que la expansión de solo cinco mililitros de este material liberaría tanta energía como 3.500 impactos como el del meteorito que extinguió a (o contribuyó a la extinción de) los dinosaurios.[3]

*Pues, nada, de repente se me han pasado las ganas de traer un trozo de estrella de neutrones a la Tierra. Pero, oye, ¿no existe ningún otro material aún más denso tirado por ahí, en el espacio?*

Es posible, *voz cursiva*, porque, como he comentado en el capítulo anterior, los protones y los neutrones están formados por partículas aún más pequeñas llamadas quarks. Siendo más concretos, los protones están formados por dos quarks «arriba» y uno «abajo», mientras que los neutrones están hechos de dos «abajo» y uno «arriba».

*¿Pero qué dices? ¿Qué significa eso de «arriba» y «abajo»?*

Nada en concreto, *voz cursiva*. Lo que pasa es que existen seis tipos distintos de quarks, y sus múltiples descubridores acabaron llamándolos *arriba, abajo, encanto, extraño, cima* y *fondo,* igual que también podrían haberlos llamado *uno, dos, tres, cuatro, cinco* y *seis* o *Jason, Kimberly, Zack, Trini, Billy* y *Tommy*.

*Espera, ¿esos no son los nombres de los Power Rangers de la primera temporada?*

Sí, sí, pero eso es irrelevante. Lo que quiero decir es que no debes dejar que los nombres raros de los quarks te distraigan, porque no tienen ninguna relevancia en el tema que nos ocupa.

Lo interesante es que, en principio, las leyes de la física predicen que podría existir una clase hipotética de objetos, las estrellas de quarks, que, como su nombre indica, estarían compuestos por un material tan comprimido que incluso los protones y los neutrones habrían dejado de existir como tales y se habrían convertido en una sopa muy densa de estas partículas subatómicas. En el interior de estas estrellas, incluso la pequeña separación que hay entre los quarks que componen los protones y los neutrones se vería reducida por la inconcebible presión, por lo que la densidad del material resultante sería entre dos y tres veces mayor que la de una estrella de neutrones «normal».

Y, en principio, este sería el material más denso que se puede encontrar tirado por el espacio.

Eso sí, me gustaría recalcar que las estrellas de quarks aún son objetos hipotéticos, y no se ha confirmado la existencia de ninguna hasta la fecha. Lo único que se ha encontrado son objetos que *podrían* ser estrellas de quarks.

Un ejemplo es 3C58, una supuesta estrella de neutrones que se pudo haber formado tras la explosión de una supernova que se observó desde la Tierra en el año 1181 y que se ha enfriado mucho más rápido de lo que cabría esperar si fuera una estrella de neutrones normal. Esta bajada de temperatura inusualmente rápida se podría explicar si parte del material que compone este objeto se hubiera convertido en una sopa de quarks, ya que, durante el proceso, la intensa presión habría convertido algunos de los quarks abajo en quarks extraños, un proceso que requiere energía. Por tanto, si una fracción de la energía de 3C58 se hubiera disipado convirtiendo parte de su masa en este tipo de materia ultracompacta, eso explicaría por qué esta estrella se habría enfriado más deprisa de lo normal.

Eso sí, me gustaría insistir en que no se ha podido confirmar que ninguna de las candidatas a estrella de quarks realmente lo sea, así que, de momento, siguen siendo un tipo de cuerpo celeste hipotético.

*¿Y hay algo más denso que una estrella de quarks?*

Existen otros tipos de objetos hipotéticos que podrían tener densidades aún mayores, como las estrellas de bosones o las estrellas electrodébiles, pero serían objetos hipotéticos aún más complejos que escapan a la temática de este capítulo.

*Captado, pero volvamos ya del espacio. Has mencionado elementos muy densos como el osmio, pero ¿esos elementos sirven para algo en nuestro día a día?*

Perdona, *voz cursiva*, me he vuelto a enredar.

Estos elementos superdensos son cruciales en ciertas aplicaciones, como por ejemplo la protección contra la radiación nuclear. Como hemos visto, esta radiación está hecha de pequeñas partículas que salen despedidas de los núcleos de los átomos y pueden dañar nuestras células cuando impactan contra ellas, pero, afortunadamente, estas partículas frenan en seco en cuanto chocan con algún otro átomo. Por tanto, si entre la fuente de radiación y nosotros interponemos un mazacote de un material muy denso o, lo que es lo mismo, que contiene muchísimos átomos concentrados en cada unidad de volumen, la probabilidad de que esas partículas choquen con alguno de ellos antes de llegar a nosotros será muy alta. Y, por supuesto, cuanto más denso sea el material en cuestión, mejor nos protegerá de la radiación.

Aunque hablaré en otros capítulos de la radiación electromagnética ionizante, una lógica similar se puede aplicar también a los rayos X o los rayos gamma. Este es el motivo por el que el plomo no solo se utiliza como revestimiento para bloquear las partículas que se emiten dentro de las plantas nucleares o en los dispositivos que contienen material radiactivo, sino también para recubrir las paredes de las máquinas de rayos X.

*¿Y por qué plomo? ¿Por qué no se utilizan materiales aún más densos que ofrecerían una protección contra la radiación aún mejor, como el wolframio o el osmio?*

Por una cuestión de coste, *voz cursiva*: el plomo es mucho más barato y ofrece una protección suficiente en la mayor parte de las aplicaciones, así que es una opción mucho más rentable. Ahora bien, a pesar de su mayor coste, el hecho de que el wolframio sea casi un 60 % más denso que el plomo permite que este elemento ofrezca la misma protección a la radiación en forma de piezas más finas. Este es el motivo por el que se suele recurrir al wolframio para fabricar dispositivos más compactos.

Para variar, el tema de la protección contra la radiación es más complejo de lo que parece, así que, si por cualquier motivo necesitas protegerte de la emisión radiactiva de algún elemento, pregunta a un experto. Y, si después de leer este capítulo se te ocurre la genial idea de utilizar un pedazo de estrella de neutrones para que su tremenda densidad bloquee cualquier rastro de radiación, te recuerdo que este material no es estable en nuestro planeta y que revienta violentamente en cuando se aleja del campo gravitatorio de estos objetos. Te estoy mirando a ti, *voz cursiva*.

*Por una vez que no instigo nada...*

Bueno... Por si acaso.

En cualquier caso, ahora sabemos por qué los sólidos y los líquidos que nos rodean tienen un amplio rango de densidades, pero no nos olvidemos de los gases: aunque la diferencia es tan pequeña que no lo podemos sentir en nuestro día a día, el aire que respiramos está compuesto por diferentes gases que tienen densidades distintas. Por tanto, dediquemos el siguiente capítulo a hablar de ese medio transparente que nos pasamos la vida inhalando sin que apenas nos demos cuenta.

## CAPÍTULO 6

### ¿Adónde van los globos de helio?

Si alguna vez has ido con niños a una feria, sabrás que solo es cuestión de tiempo hasta que acaben pidiendo que les compren uno de esos globos de helio que tienen forma de personaje de dibujos animados. Yo no tengo hijos, pero, como exniño, puedo comprender perfectamente esa fascinación: teniendo en cuenta que todos los objetos que me rodeaban en mi vida cotidiana tiraban de mis manos hacia abajo cuando las sujetaba, recuerdo que la sensación de que el globo tirara de mí hacia el cielo era muy desconcertante.

También es posible que hayas visto en primera persona cómo esa fascinación infantil termina en cuanto el contrapeso del globo se suelta y su silueta colorida empieza a ascender hacia el firmamento sin control, haciéndose cada vez más pequeña hasta que se pierde entre la oscuridad de la fría noche. Si ese es el caso, puede que el niño hubiera empezado a llorar desconsoladamente ante la pérdida del globo y que decidieras contarle alguna milonga para que se calmara, como por ejemplo que el globo se debía marchar para alegrarle el día a algún niño que estuviera triste en un lugar lejano del planeta. Si tu mente es especialmente retorcida, puede que incluso te bajaras una de esas aplicaciones que te avisan cuando va a pasar algún satélite por encima de tu zona y le soltaras al niño que esa luz que cruza el cielo entre las estrellas era el globo que había perdido, que ahora está en órbita alrededor del planeta.

Pues bien, solo te quería avisar de que voy a dedicar este capítulo a desenmascarar esta farsa y explicar la cruda realidad sobre el destino de los globos de feria a ese niño engañado. Es más, espero que le estés leyendo este capítulo a modo de cuento para dormir.

*¿Qué dices? Nadie en su sano juicio usaría un libro de divulgación científica como este como cuento para dormir.*

Por favor, *voz cursiva,* déjame ponerme dramático por una vez.

Para entender adónde van a parar los globos de feria, lo primero que hay que tener en cuenta es que están llenos de helio, el segundo elemento menos denso de la tabla periódica (después del hidrógeno). Para que te hagas una idea de lo baja que es la densidad de este gas, en condiciones normales, una botella de un litro llena de aire y otra de helio pesarían 1,24 gramos y 0,179 gramos, respectivamente.

*Sin contar el peso de la botella, ¿no?*

Efectivamente, *voz cursiva.*

*Estupendo, pues no hace falta que te enrolles. Los globos de helio escapan hacia arriba por el mismo motivo que el aceite flota en el agua: porque el helio es mucho menos denso que el aire.*

Bueno, sí... Pero ¿nunca te has preguntado cuál es el fenómeno concreto que provoca que las cosas ligeras floten sobre las más densas?

*No, porque ya lo sé: debido a su menor densidad, el volumen de aire que desplaza un globo de helio contiene una masa mayor que el globo en sí, así que el aire ejerce una fuerza sobre él en sentido contrario a su peso que empuja el globo hacia arriba.*

Cierto, pero no me estoy refiriendo a eso. Te estaba preguntando si sabes cuál es la causa fundamental de esa fuerza hacia arriba que hace que unas cosas floten sobre otras.

*Ah, vale, no. Pero no creo que eso sea muy importan...*

Pues el secreto está en la presión y en los átomos en movimiento de los gases, *voz cursiva.*

La presión es una magnitud que determina cuánta fuerza experimenta una superficie por cada unidad de área, de manera que, cuanto mayor sea la fuerza y menor sea la superficie sobre la que está aplicada, más alta será la presión generada. Este es el motivo por el que los clavos tienen un extremo puntiagudo que permite concentrar toda la fuerza en un punto muy pequeño, porque, si fuera amplio y plano, la fuerza transmitida por cada golpe del martillo se repartiría por un área mayor y sería mucho más difícil clavarlos.

Puedes observar cómo la presión varía con la cantidad de superficie de contacto con un experimento muy simple: coloca la punta de tu dedo índice entre las costillas de la persona que tengas más cerca y empuja con fuerza. Si, por lo que fuera, no te ves obligado a salir corriendo, puedes explicarle que estás haciendo un experimento sobre la presión y volver a empujarle las costillas con la misma fuerza, pero esta vez apoyando la palma de la mano entera. Cuando esa persona potencialmente desconocida se dé cuenta de que este segundo empujón no le hace daño y le aclares que eso se debe a que ahora la fuerza está repartida por una superficie más amplia y que, por tanto, la presión aplicada sobre sus costillas es menor, probablemente te dará las gracias por el dato y ese será el comienzo de una bonita amistad.

*Creo que será mejor que aclares que estás sugiriendo este experimento en broma, por si acaso.*

Tienes razón, *voz cursiva*. Mejor haz este «experimento» sobre tus propias costillas...

Otro ejemplo curioso es el famoso truco de las camas de clavos en las que se tumban los faquires. La punta de un clavo tiene una superficie muy pequeña, pero si se reparte el peso de una persona sobre suficientes clavos, la superficie de contacto total será tan grande que la presión que ejerce cada clavo individual no será lo bastante intensa como para atravesar la piel. O sea, que tumbarse sobre una cama de clavos no es ningún milagro, sino una simple cuestión física. Lo realmente milagroso sería que alguien se tumbara sobre una cama de tres o cuatro clavos, en lugar de cientos.

*Tampoco estaría de más que aclarases que no estás proponiendo la cama de clavos a modo de experimento.*

Sí, sí, esto era solo un dato interesante, y no recomiendo a nadie que lo intente replicar.

La cuestión es que la presión aparece allá donde hay alguna fuerza involucrada entre dos superficies que están en contacto, como la que ejercen las ruedas de los coches sobre el suelo o el canto de la mesa sobre mis antebrazos mientras escribo estas líneas. Ahora bien, la presión no solo aparece entre objetos sólidos... Y, de hecho, todo lo que se encuentra sobre la superficie de la Tierra está sometido a la presión permanente del peso del aire que tiene encima.

*Pero ¿qué dices? ¿Cómo va a aplastarte el aire? ¡Si no pesa nada!*

Es cierto que el aire tiene una densidad de solo 1,24 gramos por litro al nivel del mar, pero, por muy ligero que sea, hay que tener en cuenta que todos tenemos una capa de aire de centenares de kilómetros de grosor descansando sobre nuestras cabezas, así que la masa de todo ese gas no se puede despreciar. Ahora bien, también es cierto que la mayor parte de esa masa de aire que nos aplasta continuamente está concentrada cerca de la superficie terrestre porque la densidad de la atmósfera disminuye con la altura, como veremos en el siguiente capítulo.

A efectos prácticos, asumiendo que la densidad del aire se mantuviera constante, se podría considerar que todos tenemos una columna de gas de unos diez kilómetros de altura ejerciendo presión sobre toda la superficie de nuestra piel en todo momento. Como la piel de la persona media tiene un área total de unos dos metros cuadrados, eso significa que sobre cada uno de nosotros descansa el peso de unos 20.000 metros cúbicos de aire, con una masa total de unos 24.800 kilos (asumiendo que todo el aire de esa columna tiene una densidad de 1,24 gramos por litro).

*¡¿Qué dices?! ¡¿Y cómo puede existir vida en la Tierra?! ¡¿Cómo es que no estamos todos aplastados?!*

Bueno, porque la vida ha evolucionado en estas condiciones y se ha adaptado para soportar esta presión. Por ejemplo, las cavidades de nuestro cuerpo que son susceptibles de ser aplastadas (como los pulmones o el tracto digestivo) están llenas de aire que se encuentra a la misma presión que el de la atmósfera y que, al ejercer presión en dirección contraria a la del aire que nos rodea, impide que nuestros tejidos se hundan. Además, hay que tener en cuenta que esas casi veinticinco toneladas de aire están repartidas a través de toda la superficie de nuestro cuerpo, por lo que cada centímetro cúbico de nuestra piel soporta el peso alrededor de «solo» un kilo de aire.

En realidad, los organismos terrestres lo tenemos fácil en comparación con los que habitan en las profundidades de los océanos, porque el agua es casi mil veces más densa que el aire. Como resultado, una columna de agua de solo 10,3 metros de altura ejerce tanta presión sobre nuestro cuerpo como toda la atmósfera al nivel del mar, lo que significa que los animales que habitan en las partes más profundas de la fosa de las Marianas, sepultados bajo una capa de agua de casi once kilómetros de grosor, experimentan una presión 1.070 veces superior a la que notamos sobre la superficie.

*¡Es inconcebible!*

Bueno, no sé, comparada con las cifras que manejábamos en el capítulo anterior, esta no me parece tan alta como para que no se pueda concebir, pero, en cualquier caso, el hecho de que la presión de un fluido aumente con la profundidad es un dato importante para entender por qué las cosas flotan en el agua o en el aire.

Lo primero que hay que tener en cuenta es que un objeto solo flotará si el fluido sobre el que descansa lo empuja hacia arriba con una fuerza igual a la que su peso ejerce hacia abajo, algo que solo ocurre cuando la masa de fluido que desplaza el objeto a su alrededor es equivalente a la suya propia. Dicho de otra manera: un barco de cien toneladas flota porque la parte que está sumergida desplaza cien toneladas de agua a su alrededor. Y esas cien toneladas de agua son las que ejercen la resistencia necesaria para que el barco se pueda «apoyar» sobre el líquido sin hundirse.

Eso sí, un objeto solo podrá flotar si su densidad es menor que la del agua, porque, de lo contrario, la masa de agua que desplazará a su alrededor siempre será inferior a la suya propia y el líquido no podrá soportar su peso, así que se hundirá. Por eso, un barco flota y un mazacote de acero se hunde, aunque ambos estén hechos del mismo material: el barco contiene un montón de espacio lleno de aire que reduce su densidad global.

*Ya, bueno, el caso de los barcos es fácil de entender, porque el agua solo empuja su parte inferior, pero ¿qué pasa con los globos de helio, que están completamente rodeados de aire? ¿Por qué ascienden, si el aire los empuja desde todas las direcciones por igual?*

Buena pregunta, *voz cursiva*. Respondamos a esta pregunta con un ejemplo más familiar.

Si alguna vez has intentado meter una pelota bajo el agua, habrás notado que, aunque consigas sumergir todo su volumen por debajo de la superficie del líquido, el balón empuja tus manos hacia arriba con mucha fuerza. Y esto se hace raro a primera vista porque, como comenta la *voz cursiva,* el agua debería empujar la pelota con la misma fuerza desde todas las direcciones. El detalle importante que hay que tener en cuenta para entender esta situación es que, como he comentado, la presión se incrementa con la profundidad, de modo que la parte inferior de la pelota está sometida a una presión un poco mayor que la superior. Este desequilibrio resulta en una fuerza hacia arriba que es más intensa que la que empuja la pelota hacia abajo... Y, de hecho, esa fuerza hacia arriba es la que hace que los objetos menos densos que el agua asciendan a través de este líquido y contra la que tenemos que luchar para hundir el balón.

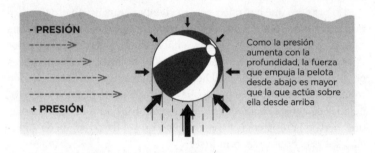

A nivel microscópico, esta fuerza ascendente aparece porque las moléculas del agua chocan con más fuerza con la parte inferior del balón que con la parte superior, ya que están sometidas a una presión más alta. O sea, que, de nuevo, nos encontramos ante un fenómeno que se puede explicar a través del simple movimiento de las moléculas.

Pues bien, resulta que el mismo principio que empuja hacia arriba una pelota que está sumergida en el agua se puede aplicar a los globos de helio y la atmósfera terrestre: como la parte superior del globo está sometida a una presión un poco menor que la inferior, las moléculas que impactan con él por la parte de abajo lo empujan hacia arriba y hacen que ascienda. Y, a su vez, esto solo es posible porque el volumen de aire que desplaza el globo de helio a su alrededor tiene una masa mayor que la del propio globo.

De hecho, la diferencia de densidad entre el helio y el aire se puede utilizar para levantar cargas del suelo. Si cogemos un globo con un volumen de un metro cúbico y lo llenamos de helio, dentro del globo solo habrá 160 gramos de gas, pero la masa del metro cúbico de aire que desplazará a su alrededor rondará los 1,24 kilos. Restando los 160 gramos del helio, eso significa que cada metro cúbico de este gas produce un empuje de 1,08 kilos en dirección al cielo que se puede utilizar para levantar cargas en el aire.

Por ejemplo, las enormes cámaras de los zepelines se suelen llenar con miles de metros cúbicos de helio que les permiten levantar cargas de varias toneladas, incluyendo la masa de su propia estructura. Ahora bien, la desventaja que tiene este método de volar es que el tamaño de los zepelines debe ser inmenso para poder albergar el volumen enorme de gas que necesitan para poder levantarse del suelo: el mayor dirigible que se ha construido jamás, el LZ-129 Hindenburg, medía 237 metros de longitud y albergaba 200.000 metros cúbicos de gas.[1] En comparación, los típicos aviones Boeing 737 o Airbus A320 que se usan con frecuencia en la aviación moderna de pasajeros tienen una longitud de entre 31 y 42 metros.

*Espera, el nombre de ese zepelín me suena... ¿El Hindenburg no es el dirigible que se incendió en 1937 mientras aterrizaba y donde murieron las 36 personas que viajaban a bordo?*

Efectivamente, *voz cursiva,* el famoso desastre del Hindenburg tuvo lugar porque, debido a la escasez del helio y su elevado coste, se decidió llenar el dirigible con hidrógeno, un gas que no solo es mucho más fácil de obtener que el helio, sino que, al tener una densidad aún menor (noventa gramos por metro cúbico), puede levantar una carga mayor por cada una unidad de volumen (1,15 kilos por cada metro cúbico de gas, frente a los 1,08 kilos del helio).

Pero, pese a estas grandes ventajas, el hidrógeno tiene el pequeño inconveniente de que es altamente inflamable, y, aunque no se conocen las causas exactas por las que el Hindenburg empezó a arder, una de las hipótesis es que el incendio empezó cuando una chispa producida por la electricidad estática prendió fuego a la gran masa de hidrógeno que contenía la aeronave. Hablaré de cómo se producen estas chispas de electricidad estática más adelante, pero, fuera cual fuera la causa original del incendio, no cabe duda de que todo ese hidrógeno no ayudó a que el Hindenburg dejara de arder.

Hoy en día no es frecuente ver zepelines, pero tanto el hidrógeno como el helio se siguen utilizando para llevar cargas a grandes altitudes a pequeña escala. Un ejemplo son los globos meteorológicos, que se elevan hacia el cielo cargados de instrumentos que registran cómo varían las propiedades del aire con la altura (como la temperatura, la presión y la humedad) y proporcionan esos datos a los meteorólogos para que puedan predecir cómo evolucionarán las condiciones climáticas de la zona.

En cualquier caso, por mucha tecnología que lleve un zepelín o un globo meteorológico a bordo, el principio que los ayuda a levantar el vuelo es el mismo que hace que los globos de feria se pierdan en el cielo: desplazan el aire más denso que los rodea y esa masa de gas genera un empuje ascendente sobre ellos gracias a la diferencia de presión que existe entre su parte superior e inferior.

*Captado, pero ya te has enrollado muchísimo, así que vamos al grano de una vez: ¿cuál es el destino final de los globos de helio? ¿Ascienden a través de la atmósfera sin parar, hasta que llegan al espacio?*

Más bien no, *voz cursiva*... Pero nos estamos acercando a la devastadora realidad.

Los globos se mantienen hinchados porque el gas que contienen está compuesto por trillones de moléculas que se mueven a gran velocidad y chocan incesantemente con las paredes interiores del globo, empujándolas hacia fuera. Pero, claro, al mismo tiempo, la atmósfera también está llena de moléculas que impactan todo el rato con la pared exterior del globo y producen una fuerza en la dirección opuesta que intenta comprimirlo. Por tanto, para que un globo se hinche, las moléculas de gas que hay en su interior tendrán que empujar las paredes del globo hacia fuera con más fuerza que el aire de la atmósfera, que intenta aplastarlas hacia dentro. O dicho de otra manera: la presión interior del globo tendrá que ser superior a la de la atmósfera que lo rodea.

Ahora bien, a medida que un globo de helio gana altitud, la presión del aire que lo rodea va disminuyendo porque la «columna» de atmósfera que tiene encima es cada vez menos gruesa y la cantidad de aire que descansa sobre él disminuye. Pero, claro, si ese globo se hinchó al nivel del mar, el helio de su interior conservará esa presión superior durante su ascenso. Como resultado, el globo se irá hinchando durante el ascenso porque la presión del helio de su interior será cada vez mayor respecto a la del gas que lo rodea.

**ALTA PRESIÓN DENTRO Y FUERA DEL GLOBO**

**ALTA PRESIÓN DENTRO Y BAJA PRESIÓN FUERA**

El triste final del globo de helio llegará cuando alcance una altitud de unos treinta o cuarenta kilómetros. Llegados a este punto, el globo se habrá hinchado tanto que el plástico ya no podrá aguantar más la tensión y reventará, igual que la agradable burbuja de mentiras en la que había vivido el niño al que engañaste hasta que le has leído estas líneas. Pero, ojo, que eso no es lo peor: es probable que el envoltorio de plástico acabe cayendo al mar, y, una vez allí, lo más seguro es que una o varias tortugas, posiblemente miembros de la misma familia feliz, lo engullan pensando que es una suculenta medusa... Sin sospechar que, en realidad, se trata de un arma mortífera teledirigida enviada por un niño que vive en un lugar lejano, diseñada para taponar sus estómagos y matarlas poco a poco de inanición.

«Por tanto, la moraleja de esta historia es que ese globo de helio con el que te habías encaprichado estaba destinado a dejar un reguero de muerte y destrucción a su paso. Ese es el macabro destino final de los globos de helio que te he estado ocultando durante todos estos años. Siento haberte mantenido parapetado en la trinchera de la ignorancia durante todos estos años, hijo mío.»

*Pero ¿qué dices? ¿Con quién se supone que estás hablando ahora?*

Perdona, *voz cursiva,* es que estoy asumiendo que realmente hay algún padre que le está leyendo estas líneas a su hijo y quería sonar lo más dramático posible. Pero, ahora en serio, es mejor dejar de soltar globos de helio al aire, que ya echamos suficiente basura a nuestro entorno como resultado de nuestra actividad diaria.

*Vale, vale, temía que por fin se te habían terminado de cruzar los cables del todo. En cualquier caso, me ha sorprendido que los globos de helio revienten y vuelvan a caer. Pensaba que ascendían hasta que se perdían en el espacio.*

Pues no, *voz cursiva*.

En primer lugar, se considera que la frontera del espacio empieza a los cien kilómetros de altitud, pero los globos de helio no llegan ni a la mitad del camino, porque la disminución de la presión atmosférica hace que revienten a una altitud de treinta o cuarenta kilómetros. De hecho, incluso aunque no reventaran, el gas que contienen los globos de helio se ha expandido tanto cuando alcanzan esta altitud que su densidad se vuelve tan baja como la del aire que los rodea, así que simplemente dejarían de ascender y se mantendrían a esta altura de manera indefinida.

Aun así, también hay que tener en cuenta que la atmósfera terrestre no termina de golpe, sino que va volviéndose menos densa de manera muy gradual hasta que da lugar al vacío interplanetario. Es más, esa «frontera», que se encuentra a cien kilómetros de altitud, la llamada *línea de Kármán*, simplemente representa la distancia de la superficie a partir de la que las aeronaves no son capaces de generar la sustentación necesaria para volar, ya que la densidad del aire es demasiado baja.[2] En realidad, incluso la Estación Espacial Internacional, que da vueltas alrededor de la Tierra a cuatrocientos kilómetros de altitud, tiene que dar pequeños acelerones de vez en cuando para recuperar la velocidad y la altitud perdidas por la fricción con la poca atmósfera que hay ahí arriba.

Pero, dejando esto a un lado, el motivo principal por el que un globo de helio no puede ascender hasta perderse en el espacio interplanetario es que tendría que moverse a los once kilómetros por segundo necesarios para escapar del dominio gravitatorio de nuestro planeta. Y, como puedes imaginar, esa velocidad está muy lejos del alcance de un simple globo.

Ahora bien, aunque el helio no pueda escapar al espacio encerrado dentro de un globo, sí que lo hace cuando se encuentra en forma de gas libre.

Me explico.

En el primer capítulo he comentado que, aunque no lo notemos, las moléculas que contiene el aire que nos rodea se mueven a una velocidad que depende de su temperatura. Hablaré con más detalle sobre las velocidades tremendas que alcanzan las moléculas de gas dentro de dos capítulos, pero, mientras tanto, para que te hagas una idea, a 20 °C y presión atmosférica, las moléculas individuales de nitrógeno atmosférico se mueven a una velocidad media de 464 metros por segundo... Más deprisa que una bala, literalmente.

Además, en ese capítulo también he comentado que las moléculas de gas están chocando constantemente entre ellas desde direcciones aleatorias. Por tanto, parte del motivo por el que los átomos de helio que hay sueltos en la atmósfera tienden a escapar al espacio es que, al ser tan ligeros, el resto de las moléculas más pesadas que hay en el aire los empujan y apartan de su camino cada vez que chocan con ellos. Como, además, el campo gravitatorio de la Tierra tiende a concentrar los gases más densos cerca de la superficie, los ligerísimos átomos de helio acaban siendo conducidos hasta una altura mayor por estas colisiones. De ahí que el helio «ascienda» a través de los gases más densos de la atmósfera: es puro *bullying* molecular.

Ahora bien, este detalle por sí solo no explica por qué los átomos de helio acaban escapando al espacio, ya que, una vez alcanzadas las capas altas de la atmósfera, necesitan moverse a unos once kilómetros por segundo en dirección opuesta a la superficie terrestre para poder escapar del campo gravitatorio de nuestro planeta y no regresar a la Tierra nunca más.

*Ya, claro, ¿y cómo puede un átomo alcanzar esa velocidad? ¿Es que tienen cohetitos camuflados entre sus electrones?*

Ojalá, *voz cursiva,* ojalá... Pero no: la velocidad de los átomos y las moléculas se incrementa cada vez que chocan con sus vecinas en el ángulo adecuado, pero también cuando absorben ciertas longitudes de onda de la radiación solar o cuando salen disparadas como producto de una reacción química, por poner un par de ejemplos. En el caso de los átomos de helio que se encuentran en las capas altas de la atmósfera, lo que les proporciona la velocidad y la dirección necesarias para escapar de las garras de la gravedad terrestre y perderse en el espacio son las colisiones con otras moléculas y la radiación solar.

Por tanto, aunque la historieta del globo que llega al espacio que habías intentado usar para consolar a ese niño era una sucia mentira, sí que es cierto que, tarde o temprano, el globo reventará, los átomos de helio que contiene acabarán abandonando el dominio gravitatorio de la Tierra y escapando al vacío interplanetario, donde serán arrastrados por el viento solar hasta el frío y desolador espacio interestelar. Una vez allí, esos átomos de helio podrán presenciar cómo las estrellas se van apagando y las galaxias se alejan hasta desaparecer de su vista con el paso de los miles de millones de años. Y, cuando la última estrella deje de brillar y la oscuridad perpetua se adueñe del universo, cada uno de esos trillones de átomos solitarios de helio que un día vivieron felizmente dentro de un globo maldecirán a aquel niño que lo soltó y los condenó al tormento de la soledad eterna.

*No entiendo esta fijación repentina por romper relaciones paternofiliales. Pero, bueno, eso es lo de menos, volvamos al alarmismo: ¡el gas de nuestra atmósfera está escapando al espacio! ¡Vamos a morir todos!*

No te preocupes, *voz cursiva,* que nuestra atmósfera solo está perdiendo hidrógeno y helio porque son los elementos más ligeros de la tabla periódica. Y, de todas maneras, la atmósfera terrestre solo pierde tres kilos de helio y cincuenta gramos de hidrógeno cada segundo.[3]

*¡Da igual! ¡Vale, el oxígeno que respiramos no está escapando al espacio, pero los feriantes están perdiendo el helio con el que dan de comer a sus hijos!*

Ahí sí que te doy la razón, *voz cursiva,* nos estamos quedando sin helio. Este dato es curioso si se tiene en cuenta que el helio es el segundo elemento más abundante del universo después del hidrógeno, pero es superescaso en la atmósfera terrestre precisamente porque tiende a ascender y escapar al espacio. Para que te hagas una idea de la poca cantidad de helio que hay en el aire que respiramos, de cada millón de partículas que contiene la atmósfera, casi 781.000 y 209.000 son moléculas de nitrógeno y oxígeno, respectivamente, pero solo 5 son átomos de helio.[4]

Como puedes imaginar, extraer helio a partir de la cantidad minúscula que flota en el aire no es viable, así que, actualmente, este gas se saca de los mismos depósitos subterráneos en los que se acumula el llamado gas natural, que es una mezcla de distintos hidrocarburos.

*¿Qué dices? ¿Cómo puede ser que un gas tan ligero que tiende a escapar al espacio se encuentre bajo nuestros pies?*

Porque la mayor parte del helio que utiliza nuestra sociedad se ha formado en depósitos subterráneos de minerales radiactivos a través de la descomposición de elementos inestables como el uranio o el torio. Esto se debe a que, como hemos visto hace dos capítulos, algunos átomos radiactivos intentan estabilizar su núcleo expulsando una partícula alfa, o, lo que es lo mismo, un grupo de dos protones y dos neutrones. ¿Y qué se obtiene cuando se unen un par de protones con otro de neutrones, *voz cursiva*?

*No estarás intentando colarme algún juego de palabras de cachondeo, ¿no?*

¡No! ¡Un núcleo de helio! El elemento que tiene dos protones y dos neutrones en su núcleo es el helio.

*Bueno, el helio-4, para ser más específicos.*

Gracias por especificar el isótopo, *voz cursiva*. El caso es que estos núcleos de helio que salen disparados de los átomos inestables absorben electrones de su entorno y se convierten en átomos de helio. Con el tiempo, estos átomos emitidos por los minerales radiactivos se van colando a través de las grietas que hay entre las rocas y se acumulan junto con otros gases hasta que alguien los encuentra y los extrae.

Pero, claro, el problema es que no todos los depósitos de gas natural contienen helio, y la cantidad que hay en nuestro planeta es muy limitada. Eso es un verdadero incordio, porque aunque los globos de feria pueden ser muy entretenidos, el helio tiene aplicaciones bastante más críticas. Por ejemplo, como este elemento alcanza los −270 °C cuando se encuentra en estado líquido, se utiliza para enfriar los potentes imanes de los aparatos de resonancia magnética y los aceleradores de partículas, o para hacer experimentos a temperaturas bajísimas. Además, el pequeño tamaño de los átomos de helio y su inactividad química permiten detectar incluso las fugas más pequeñas que pueda tener una estructura. Y, por supuesto, el helio es un gas muy importante para los buceadores, porque lo utilizan para sustituir el nitrógeno y mitigar los efectos que he comentado en el segundo capítulo. Aun así, las reservas de helio se siguen agotando y no existe ninguna otra sustancia que pueda sustituirlo en estas aplicaciones.

Pero, como yo no sé cuál es la solución a este problema, sigamos hablando de gases que escapan al espacio.

El campo gravitatorio de la Tierra es lo bastante intenso como para que los gases de su atmósfera no puedan escapar al espacio con facilidad, pero, en otros mundos más pequeños, las moléculas no necesitan moverse a velocidades tan altas para conseguirlo. Este detalle tan simple puede incrementar muchísimo el ritmo al que un planeta pierde su atmósfera y cambiar por completo el aspecto de su superficie, como ocurrió en Marte, donde los cauces de ríos secos y la evidencia mineral sugieren que hasta un tercio de su superficie pudo haber estado cubierta de agua en el pasado. Pero, por desgracia, ese periodo húmedo terminó rápido por el simple hecho de que Marte tiene la mitad del diámetro de la Tierra.

*¿Y qué tiene que ver el tamaño de Marte con la cantidad de agua de su superficie?*

Mucho, *voz cursiva*, porque el Sol emite constantemente una corriente de partículas cargadas en todas las direcciones llamada *viento solar*. Cuando estas partículas chocan con las moléculas de gas de las capas superiores de la atmósfera de algún planeta, son capaces de incrementar su velocidad lo suficiente como para que escapen al espacio y acelerar el ritmo al que ese mundo pierde su aire.

La Tierra posee un potente campo magnético que desvía la mayor parte de estas partículas y protege nuestra atmósfera, pero Marte no tuvo tanta suerte: debido a su menor tamaño, el interior del planeta rojo se enfrió mucho más deprisa, su núcleo metálico se solidificó por completo y su campo magnético desapareció. Y, sin ese escudo magnético protector, al viento solar le quedó vía libre para empezar a arrastrar su atmósfera al espacio poco a poco.

A medida que Marte perdía su gas, la densidad de su atmósfera y la presión sobre su superficie empezaron a bajar, lo que redujo la temperatura de ebullición del agua al nivel del mar y, por tanto, incrementó el ritmo al que evaporaban sus océanos. Cuando el vapor de agua alcanzaba las capas altas de la atmósfera, la radiación ultravioleta del Sol separaba sus moléculas en átomos de oxígeno e hidrógeno individuales. Y, claro, como la velocidad necesaria para escapar de la gravedad de este planeta es de solo cinco kilómetros por segundo,[5] esos átomos de hidrógeno tan ligeros podían escapar al espacio con facilidad y abandonar el planeta rojo para siempre, dejando atrás el oxígeno. De esta manera, el viento solar dispersó el hidrógeno marciano por el espacio y Marte se convirtió en el secarral cósmico que es hoy en día.

*Qué mal rollo... Pero seguro que la Tierra no se puede quedar sin océanos, ¿no?*

Seguro, *voz cursiva*, no te preocupes. Es cierto que las moléculas de agua son más ligeras que las del resto de gases que componen la atmósfera terrestre y que, por tanto, tienden a ascender a través de ella cuando este líquido se evapora, pero la temperatura del aire disminuye con la altura, y, tarde o temprano, el vapor de agua alcanza una altitud en la que hace suficiente frío como para que se vuelva a condensar, forme nubes y acabe cayendo de nuevo al suelo. Además, tenemos un excelente campo magnético que nos protege del viento solar.

*Uf, menos mal. Pero, oye, acabas de decir que la temperatura a la que hervía el agua sobre la superficie de Marte fue disminuyendo a medida que el planeta perdía su atmósfera. ¿Qué tiene que ver la atmósfera con la temperatura a la que hierve el agua?*

Buena observación, *voz cursiva*: lo que quería decir es que, como veremos en el siguiente capítulo, la temperatura no es el único factor que determina el ritmo al que se evapora un líquido.

# CAPÍTULO 7

## ¿Se puede hervir un huevo en la cima del Everest?

Un concepto que me dejó especialmente fascinado cuando era pequeño era el de *hielo seco*. ¿Cómo podía existir un tipo de hielo que se evapora sin pasar por un estado líquido y que siempre está a −78,5 °C? ¿Qué diablos le habían hecho al agua para que se comportara así? ¿De qué tipo de lago extraño la habían sacado? Más tarde me enteré de que el «hielo» puede estar hecho de muchas sustancias diferentes, no solo de agua. En realidad, puedes convertir en hielo cualquier líquido cotidiano que se te ocurra, como el aceite, el alcohol o la acetona, pero no solemos encontrar estas sustancias en estado sólido en nuestro día a día, porque se congelan a temperaturas muy bajas.

Pero, bueno, el caso es que luego me enteré de que ese hielo seco no está hecho de agua, sino de dióxido de carbono, el mismo gas que se emite al exhalar o durante la quema de combustibles fósiles que está cambiando el clima de nuestro planeta. El hecho de que el hielo seco esté compuesto por una sustancia distinta explicaba por qué es más ligero que el hielo de agua común, pero seguía sin entender por qué ese sólido se evaporaba directamente, sin pasar por un estado líquido... Pero, como era de esperar, ese misterio que me parecía tan extraterrestre se había resuelto hacía mucho tiempo.

*Ya estamos. ¿Y qué tiene que ver todo esto con el tema de hervir un huevo en el Everest?*

Mucho, *voz cursiva,* porque en el primer capítulo hemos visto que la *temperatura* es un reflejo de lo rápido que se mueven las moléculas de una sustancia y que ese movimiento afecta al estado en el que se encuentra, pero hay otro factor que a menudo se pasa por alto y que es igual de importante a la hora de determinar si una cosa se va a encontrar en estado sólido, líquido o gaseoso: la presión.

Y de eso vamos a hablar ahora, claro.

Nada más empezar el libro, hemos visto que los líquidos se están evaporando continuamente, porque, incluso aunque estén fríos, siempre contienen algunas moléculas que se mueven lo bastante rápido como para sobreponerse a las fuerzas intermoleculares que las mantienen a todas unidas y pueden salir a la atmósfera en forma de vapor. En este capítulo nos vamos a centrar en la ebullición, el fenómeno que ocurre cuando un líquido empieza a hervir porque ha alcanzado la temperatura de..., bueno, de ebullición.

*No entiendo, ¿qué diferencia hay entre un líquido que se evapora y otro que hierve?*

Los líquidos siempre se están evaporando, independientemente de que hayan empezado a hervir o no. En este sentido, lo único que diferencia un líquido caliente de uno frío es que el caliente se evapora a un ritmo mayor porque contiene un mayor número de moléculas que se mueven lo bastante deprisa como para escapar a la atmósfera. En cuanto el líquido alcanza la temperatura de ebullición, no solo se sigue evaporando, sino que, además, en su interior, empiezan a aparecer burbujas de vapor que ascienden hasta su superficie y la perturban.

*Vale, pero ¿por qué no se forman burbujas a temperaturas inferiores a la de ebullición?*

Gracias por preguntarlo, *voz cursiva,* porque aquí es donde entra en juego la presión.

Imaginemos una olla llena de agua que se encuentra al nivel del mar. Como he comentado en el capítulo anterior, el peso de la atmósfera ejerce una presión de alrededor de un kilo de fuerza por centímetro cuadrado sobre la superficie de cualquier cosa que se encuentre a esta altitud... Y eso incluye la superficie del agua que está en nuestra olla, claro.

Conociendo este dato, es fácil entender por qué las cosas no hierven hasta que alcanzan cierta temperatura: en un líquido solo se forman burbujas si la presión del vapor que contienen y que empuja sus paredes hacia fuera es superior a la que ejercen sobre ellas el propio líquido y la atmósfera, que intentan comprimirlas. Por tanto, el agua hierve a 100 °C al nivel del mar porque esa es la temperatura a la que las moléculas de vapor de agua chocan con las paredes interiores de las burbujas con la velocidad suficiente como para ejercer una presión contra ellas superior a la fuerza compresiva del líquido y de la atmósfera. A medida que nuevas moléculas se vayan incorporando a las burbujas, su tamaño irá incrementándose, acabarán ascendiendo hasta la superficie y el vapor que contenían escapará a la atmósfera.

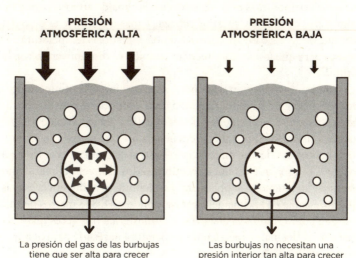

La presión del gas de las burbujas tiene que ser alta para crecer

Las burbujas no necesitan una presión interior tan alta para crecer

*¡Ah, vale! O sea, que no se pueden formar burbujas en un líquido que se encuentra a una temperatura inferior a la de ebullición porque sus moléculas se mueven demasiado despacio y no pueden sobreponerse a la presión del líquido y la atmósfera, ¿no?*

Exacto, *voz cursiva*. Dicho de otra manera, por debajo de la temperatura de ebullición, la presión exterior impide que las burbujas se «hinchen», y el líquido no hierve. Esta presión interna que las burbujas de un líquido deben superar para crecer, la llamada *presión de vapor,* es el concepto que nos ayudará a entender por qué cuesta más hervir un huevo en la cima del Everest.

Teniendo en cuenta lo que hemos comentado, es probable que hayas deducido que las moléculas de un líquido que están sometidas a una presión más baja no necesitan moverse tan deprisa para formar burbujas, porque la fuerza a la que se tienen que sobreponer es menor. Como la velocidad a la que se mueven las moléculas es un reflejo de su temperatura, eso significa que los líquidos que están sometidos a una presión inferior hierven a temperaturas más bajas.

Y, ahora sí, estamos listos para ver qué pasa cuando intentamos hervir un huevo en la cima del Everest.

La presión atmosférica disminuye con la altura, porque cuanto más ascendemos, más delgada se vuelve la capa de atmósfera que tenemos por encima de nuestras cabezas y más disminuye el peso del aire que descansa sobre nosotros. Como resultado, la temperatura necesaria para que los líquidos hiervan también va disminuyendo con la altitud.

Aun así, la reducción de la presión es casi imperceptible a altitudes relativamente bajas, porque esta cifra no disminuye de manera lineal. Un ejemplo es la ciudad de Denver (Colorado), donde el agua hierve a unos 95 °C porque se encuentra a 1.600 metros de altitud, pero no se trata de una diferencia lo bastante significativa respecto a los 100 °C a los que estamos acostumbrados al nivel del mar como para que la notemos a simple vista. En cambio, esta diferencia es más que apreciable en la cima del Everest, donde los 8.848 metros de altitud dan como resultado una presión atmosférica tres veces más baja que a nivel del mar, y reducen la temperatura necesaria para hervir el agua hasta los 71 °C.

Dado que la cima del Everest es una zona bastante transitada, me ha parecido que sería interesante averiguar a qué tipo de dificultades culinarias se tienen que enfrentar los alpinistas a estas altitudes a causa de la presión reducida. Por desgracia, la información que encontraba era muy dispersa o incluso contradictoria, así que, cuando llegué a un informe escrito por un tipo que había estado investigando cuál es la mejor temperatura para hervir los huevos (con gráficos y ecuaciones incluidos),[1] llegué a la conclusión de que lo mejor sería conocer la opinión de alguien que hubiera estado en el Everest. Después de enviar correos electrónicos a varias empresas que se dedican a guiar a los alpinistas hasta la cima, me pareció que el testimonio más completo era el de un señor llamado Russell Brice, de Himalayan Experience. Al preguntarle si se pueden cocinar cosas como huevos, pasta, café o té a esas alturas, me comentó lo siguiente:

- Se pueden cocinar huevos y pasta, pero se tarda el doble de tiempo debido a la menor temperatura de ebullición del agua.
- Los guías suelen llevar ollas de presión a estas expediciones, precisamente para poder cocinar más rápido y ahorrar tiempo.
- También es posible preparar té y café, pero tarda más tiempo y no sale tan caliente como a nivel del mar.

En este último apartado, Russell añadió que los alpinistas se acaban acostumbrando a beber directamente el té y el café recién hechos durante las múltiples semanas que pasan a gran altitud, y que, cuando vuelven a sus casas, se suelen quemar la boca con estas bebidas porque se han olvidado de que el té o el café recién hechos están mucho más calientes a nivel del mar. Como información adicional, también me comentó que en el Campamento 4, a 8.000 metros de altitud, puedes meter la mano en agua hirviendo durante un momento sin quemarte... Aunque debes sacarla rápido, por supuesto.

O sea, que parece que la menor temperatura de ebullición del agua no impide hervir huevos en el Everest y que el único inconveniente es que se tarda mucho más en cocinarlos.

*Bueno, a ver, a lo mejor la comida adopta una textura «cocinada» a esa altura. Pero ¿resulta seguro consumirla? ¿El agua a 71 °C del Everest está lo bastante caliente como para matar los patógenos de la comida?*

En principio sí, *voz cursiva*. Según el Center for Disease Control and Prevention, una temperatura de entre 55 °C y 70 °C aplicada durante un tiempo prolongado basta para esterilizar el agua,[2] así que, en principio, eso no supondría un problema en el Everest.

Y ahora que está aclarado el misterio del Everest, pasemos al misterio del hielo seco.

Si siguiéramos ascendiendo más allá de la cima del Everest, tanto la presión de la atmósfera que nos rodea como la temperatura a la que hierve el agua irían disminuyendo aún más. De hecho, esta tendencia continúa hasta que se alcanza una presión tan baja que no existe ninguna temperatura a la que el agua pueda permanecer en estado líquido, porque incluso las moléculas más lentas se estarán moviendo lo bastante rápido como para formar burbujas y hervir hasta evaporarse. Siendo más concretos, este punto se alcanza cuando la presión es inferior a 0,6 kilopascales (kPa), una cifra 168 veces inferior a los 101 kilopascales que experimentamos al nivel del mar.

Esto es precisamente a lo que me refería en el capítulo anterior cuando hablaba de la evaporación de los océanos de Marte: la atmósfera de este planeta es tan poco densa que la presión que ejerce sobre su superficie es un poco inferior a esta cifra, así que no puede albergar agua en estado líquido en la actualidad. Por tanto, si quisiéramos convertir Marte en un mundo más habitable, cubierto de ríos y lagos, tendríamos que verter grandes cantidades de gas en la atmósfera para que su densidad y la presión que ejerce sobre la superficie se incrementaran... Pero, teniendo en cuenta que el planeta rojo no tiene campo magnético y el Sol está arrastrando el gas de su atmósfera constantemente al espacio, la cosa está complicada.

En cualquier caso, el rango de temperaturas y presiones a las que cada sustancia permanece en un estado o en otro depende de sus propiedades químicas. A temperatura ambiente, el dióxido de carbono que compone el hielo seco solo puede permanecer en estado líquido bajo presiones 5,1 veces superiores a la de la atmósfera al nivel del mar. Por tanto, en cuanto las moléculas que componen la superficie de un bloque de dióxido de carbono sólido se calientan por encima de su punto de congelación a presión atmosférica (–78,5 °C), se mueven demasiado deprisa como para que las fuerzas que actúan entre ellas las puedan mantener retenidas en forma de líquido y salen despedidas a la atmósfera convertidas directamente en gas. Si, en cambio, la presión que actúa sobre esta sustancia es lo bastante alta, esa fuerza externa acercará suficiente las moléculas de dióxido entre ellas como para que su atracción les permita formar una masa líquida.

La baja temperatura del dióxido de carbono congelado y el hecho de que no forme charcos de líquido molestos mientras la termodinámica cumple su función es el motivo por el que esta sustancia se suele utilizar para refrigerar comida o sustancias médicas durante su transporte. Ahora bien, el dióxido de carbono gaseoso es más denso que el aire y tiende a hundirse en él. Por tanto, una gran cantidad de este gas en un lugar cerrado y sin ventilación puede resultar muy peligroso, porque, al hundirse, desplaza el oxígeno hacia alturas superiores y reduce la cantidad que está disponible para respirar a la altura de nuestras narices. De hecho, hay gente que ha muerto asfixiada mientras transportaba grandes cantidades de hielo seco en coche con las ventanas cerradas, así que anda con ojo si alguna vez tienes que manipular esta sustancia.[3]

Pero, bueno, en otra línea de asuntos más astronómicos y menos terribles, este fenómeno también es el motivo por el que los cuerpos celestes de nuestro sistema solar que no tienen atmósfera no están cubiertos de océanos: como su superficie está expuesta directamente al vacío del espacio, casi cualquier sustancia volátil líquida que se encuentre sobre ella terminará hirviendo y evaporándose (y las moléculas más lentas que no se conviertan en vapor se congelarán). De ahí que los dos únicos mundos conocidos que tienen ríos, lagos y océanos sean la Tierra y Titán, un satélite de Saturno que también tiene una atmósfera lo bastante densa como para que la presión sobre su superficie permita la existencia de grandes masas de líquido.

*¡Ostras! ¿Eso significa que también hay vida en Titán? ¿Puedo ir a nadar con los peces de este satélite mientras la majestuosa figura de Saturno me observa desde el cielo?*

No nos emocionemos, *voz cursiva*, porque lo más probable es que no haya vida en Titán. Además, tampoco te recomendaría que nadaras en sus lagos, porque, aunque es cierto que la presión sobre la superficie de este satélite es un poco mayor que la de la Tierra al nivel del mar, su temperatura ronda los −179 °C.

*¿Y cómo puede ser que Titán tenga ríos y lagos? ¿Por qué no se ha congelado toda esa agua?*

Es que el agua que hay sobre la superficie de Titán está congeladísima, efectivamente. Los ríos y los lagos líquidos de este satélite no contienen agua, sino que están hechos de nitrógeno y metano, dos sustancias que permanecen en estado líquido a estas temperaturas criogénicas. Y, si alguna vez has visto uno de esos vídeos en los que meten flores o frutas en nitrógeno líquido y luego las dejan caer al suelo, entenderás por qué no sería muy buena idea nadar en los lagos de Titán, *voz cursiva*.

De todas maneras, hasta ahora hemos visto que los líquidos se evaporan a temperaturas menores cuando su presión es muy baja, pero esta lógica también funciona al revés: cuanto mayor sea la presión a la que está sometido un líquido, más alta será la temperatura que necesitará para empezar a hervir.

De hecho, si has prestado atención, recordarás que el bueno de Russell me comentó que lleva ollas de presión al Everest para poder cocinar más deprisa y ahorrar tiempo. El motivo por el que se ve obligado a hacer esto es que, como sabrás, la temperatura de un líquido deja de incrementarse en cuanto empieza a hervir a una presión determinada, por mucha caña que le des al fogón. O sea, que si estás en el Everest, te tienes que hacer a la idea de que tu agua nunca va a alcanzar una temperatura superior a los 71 °C.

Y ahí es donde entran las ollas de presión, que están hechas para que el vapor de agua se acumule en su interior e incremente la presión en el recipiente, haciendo que el líquido que contienen tenga que alcanzar una temperatura mayor para poder producir burbujas (o hervir, que es lo mismo). De hecho, una olla de presión permite calentar el agua a 121 °C, en lugar de los 100 °C habituales a nivel del mar, acelerando así el proceso de cocción de algunas recetas que llevarían mucho tiempo en condiciones de presión normales... Algo que resulta especialmente útil a grandes altitudes.

Curiosamente, este mismo problema culinario al que se enfrentan los alpinistas que van al Everest ya fue descrito por Charles Darwin en el capítulo XV de su libro *El viaje del Beagle,* de 1839:[4]

> Ahora estábamos en la república de Mendoza. La elevación no debía de ser inferior a 3.400 metros [...]. En el lugar donde dormíamos, el agua necesariamente hervía a una temperatura menor que en un país menos elevado, debido a la presión atmosférica reducida [...]. Por tanto, las patatas estaban casi tan duras como siempre después de permanecer varias horas en el agua hirviendo. La olla se dejó al fuego toda la noche, y a la mañana siguiente se hirvió otra vez, pero las patatas seguían sin estar cocinadas.

Pero, bueno, dejando las patatas de Darwin de lado, también hay que tener en cuenta que la presión no solo afecta a la evaporación de los líquidos, sino también a la temperatura a la que un sólido se convierte en líquido, porque, como hemos visto, un sólido se funde cuando sus moléculas vibran tan rápido que sus enlaces dejan de ser capaces de mantenerlas unidas, y la estructura rígida que forman se desmorona. Ahora bien, si aplicamos presión sobre un sólido, la fuerza compresiva ayuda a mantener las moléculas bien pegadas unas con otras, lo que les permite soportar vibraciones mucho más intensas sin desmoronarse. Como la velocidad a la que vibran las moléculas es un resultado directo de su temperatura, eso significa que un sólido sometido a presión podrá soportar temperaturas mayores sin convertirse en un líquido.

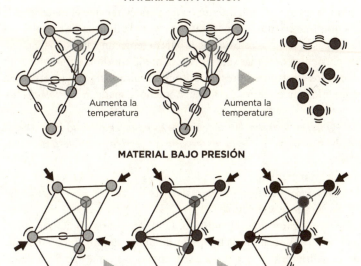

Este fenómeno se puede observar con claridad en la mezcla de hierro y níquel que compone el núcleo interno de la Tierra, que se fundiría a unos 1.500 °C a presión atmosférica. Pero, como el peso de las capas externas de nuestro planeta somete el núcleo interno a presiones de más de tres millones de atmósferas, la aleación metálica que lo compone permanece en estado sólido pese a que se encuentra a 5.000 °C o 6.000 °C.

*Bah, ¿y a quién le importa lo que haga el hierro a esas temperaturas y presiones, si no nos las encontramos en nuestra vida diaria?*

A todo el mundo, *voz cursiva,* porque este fenómeno proporciona a la Tierra el campo magnético que nos protege del viento solar.

Hay que tener en cuenta que el núcleo interno sólido del planeta está rodeado de una capa compuesta por la misma mezcla de hierro y níquel, pero que se encuentra en estado líquido. ¿Y por qué este «núcleo externo» es líquido, aunque su composición sea la misma que la del interno? Pues porque, aunque su temperatura es de «solo» entre 2.700 °C y 4.200 °C, la presión que actúa sobre él a esa profundidad no es lo bastante intensa como para evitar que el material que lo compone se funda. De hecho, esa mezcla líquida de metales calientes es la responsable de que la Tierra tenga un campo magnético: las partículas cargadas que hay en el metal fundido en movimiento (como los electrones libres o los átomos ionizados) generan el campo magnético terrestre gracias a un fenómeno llamado *inducción electromagnética*.

*¿Quieres decir que la existencia de este núcleo externo líquido es lo que ha hecho que la Tierra no termine convertida en un desierto, como Marte?*

En gran medida.

*Pues retiro mi pregunta cínica anterior.*

Se agradece, *voz cursiva*.

Antes de terminar el capítulo, también quería comentar que el juego entre la presión y la temperatura puede dar lugar a un fenómeno muy interesante que no experimentamos en nuestro día a día: el llamado *punto triple,* una combinación de presión y temperatura en la que una sustancia se puede encontrar tanto en estado sólido, como líquido o gaseoso. Por ejemplo, si se reducen la presión y la temperatura de un recipiente cerrado que contiene agua hasta 0,6112 kilopascales y 0,01 °C, las moléculas de agua empezarán a hervir, condensarse y solidificarse de manera simultánea. Como resultado, mientras esté sometido a esa combinación de presión y temperatura, el líquido pasará por bruscos cambios de fase en los que se congelará, licuará y evaporará todo el rato. Y, si no te lo crees, en las «Notas» dejo el enlace a un vídeo en el que podrás observar este curioso fenómeno.[5]

*Ostras, qué cosa más extraña. Pero ¿este fenómeno sirve para algo o es solo una curiosidad?*

Pues sirve para calibrar termómetros de manera muy precisa, por ejemplo.

*Bah, qué ganas de complicarse la vida. Si basta con tomar como referencia el punto al que el agua se congela y se evapora.*

Pues ahí te equivocas, *voz cursiva,* porque, como hemos visto, la temperatura a la que hierve el agua varía en función de la presión a la que esté sometida, así que dos termómetros calibrados a alturas distintas darían mediciones diferentes. De hecho, la temperatura a la que hierve el agua puede variar ligeramente incluso entre dos lugares que se encuentran a la misma altitud, porque la presión atmosférica cambia constantemente según las condiciones meteorológicas: si una masa de aire caliente cercano a la superficie asciende, la presión atmosférica en la región disminuye, mientras que una masa de aire descendente hace que la presión sobre ella aumente. Estos cambios de presión son pequeños, pero pueden producir ligeras variaciones en la temperatura de evaporación del agua que impedirían calibrar un termómetro de manera precisa. Y eso sin tener en cuenta otros factores, como la humedad del ambiente. En cambio, el punto triple de una sustancia siempre se produce con la misma combinación exacta de presión y temperatura, de modo que se puede replicar en distintas partes del planeta y siempre se obtendrán los mismos resultados.

*Vaya, qué curioso. ¿No te parece fascinante que, en el fondo, este tipo de fenómenos no sea más que una manifestación macroscópica de un montón de moléculas indecisas que no saben si unirse, separarse o rebotar cuando chocan entre ellas?*

Me lo parece, *voz cursiva,* me lo parece. De hecho, aprovechemos que estamos hablando del movimiento de las moléculas para explicar cuál es el origen de otro curioso fenómeno cotidiano: el sonido.

*Uf... ¿Y qué se supone que tiene de curioso el sonido?*

Mucho más de lo que piensas.

# CAPÍTULO
# 8

### ¿Qué pasa cuando un avión alcanza la velocidad del sonido? ¿Y por qué los globos de helio nos ponen la voz aguda?

Una cosa que siempre me ha parecido un poco molesta de los fuegos artificiales es que, si los ves desde lejos, el sonido del estallido de la explosión se oye unos segundos después de que aparezcan todas las chispas brillantes y coloridas. Sé que es una manía muy tonta, porque las leyes de la física funcionan así y no puedo hacer nada para evitarlo, pero, aun así, ese desfase entre la imagen y el sonido me mata un poco por dentro cada vez que la veo. Si no sabes de lo que estoy hablando porque nunca has visto un espectáculo de fuegos artificiales, no te preocupes, porque seguro que has experimentado este mismo retraso entre imagen y sonido durante una tormenta: a no ser que un rayo caiga delante de tus narices, el sonido del trueno que producen estas descargas también tarda unos segundos en llegar hasta nuestros oídos.

*¿Y qué pasa con quienes nunca hemos visto fuegos artificiales ni tormentas? ¿Nos quedamos sin empatizar con esta introducción tan ilustrativa?*

Buena observación, *voz cursiva*. Veamos... ¿Estabas en la región rusa de Cheliábinsk el 15 de febrero de 2013 por la mañana?

*Afirmativo.*

Entonces también experimentaste este fenómeno a las 9.20 horas de la mañana, cuando un meteoro de veinte metros de diámetro cruzó el cielo y reventó en el aire. Es más, apostaría a que el atronador sonido de la explosión llegó hasta ti unos segundos después del estallido, mientras mirabas la inmensa estela de polvo que dejó el meteoro a su paso.

*¡Ah, sí! ¡Ya lo recuerdo! ¡Fue espeluznante!*

Pues ahí lo tienes, *voz cursiva*. Si algún lector pertenece a esa pequeña minoría que no estaba en Cheliábinsk en ese momento, en las «Notas» dejo el enlace a un vídeo que grabó alguien que presenció el suceso para que se haga una idea de la magnitud del sonido de la explosión.[1]

Pero bueno, el caso es que todo el mundo sabe que la causa de este desfase entre la imagen y el sonido es que la luz se propaga por el espacio a casi 300.000 kilómetros por segundo, casi 900.000 veces más deprisa que el sonido, que lo hace a «solo» 343 metros por segundo en condiciones normales. O sea, que si algo produce un estruendo a una distancia de un kilómetro, por poner una cifra, la luz del evento llegará a nuestros ojos de manera casi instantánea, pero el sonido tardará tres segundos en alcanzar nuestras orejas.

*Sí, sí, eso ya lo había oído. Lo que yo quiero saber es por qué el sonido no se mueve más deprisa a través del aire. ¿Es que hay algo que le impide propagarse más deprisa?*

Sí, se lo impide el propio aire. Me explico.

En primer lugar, lo que interpretamos como sonido no es más que una sucesión de frentes de aire a alta y baja presión producidos por movimientos repentinos en el aire. Por ejemplo, el sonido de la explosión de un petardo es resultado del rápido empuje que los gases calientes en expansión producen sobre el aire que los rodea, pero estos frentes de alta y baja presión también se generan cuando el aire se comprime entre las superficies de nuestras dos manos cuando damos una palmada o incluso cuando se mueven las cuerdas vocales de tu vecino que se acaba de aficionar al canto gregoriano.

*No sé... A mí esto de los frentes de alta y baja presión no me acaba de convencer.*

Entiendo que el concepto puede resultar desconcertante porque puede ser difícil de imaginar, pero esos frentes de alta y baja presión se pueden visualizar como si fueran olas en el mar: igual que las olas son sucesiones de crestas altas seguidas de depresiones más bajas, las ondas del sonido están compuestas por frentes de aire que se encuentran a una presión mayor, seguidos de otros en los que el gas tiene una presión más baja. Si sirve como refuerzo adicional para la analogía, el aire de los frentes de alta presión es un poco más denso porque las moléculas que contienen están más juntas que en los de baja presión, donde la densidad es más baja.

El caso es que, cuando las ondas del sonido inciden sobre un objeto, los frentes de alta presión empujan la superficie y los de baja presión que llegan a continuación permiten que esta vuelva a su posición original. Este empuje que va y viene de las ondas sonoras es el motivo por el que los sonidos muy intensos son capaces de hacer que las cosas vibren y, además, de que podamos oírlos: los frentes de alta presión empujan nuestro tímpano hacia dentro y los de baja presión lo vuelven a «estirar» hacia fuera, produciendo un movimiento oscilatorio que nuestro cerebro traduce como sonido.

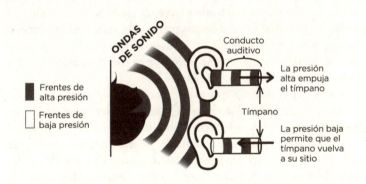

*A ver si lo he entendido. ¿Eso significa que, cuando hablamos, las moléculas de aire que hay en nuestros pulmones salen disparadas por nuestra boca y forman esos frentes de presión que llegan hasta los oídos de los demás?*

No exactamente, *voz cursiva*. Volviendo a la analogía de antes, las olas del mar no están formadas por masas de agua que se mueven de un lado a otro. Ese movimiento ondulatorio es el resultado de que las moléculas del agua se están moviendo verticalmente de arriba abajo y transmitiendo ese movimiento a sus vecinas, pero ninguna de ellas se desplaza hacia delante o hacia atrás. De la misma manera, el movimiento de nuestras cuerdas vocales sacude las moléculas de aire con las que están en contacto, y esas moléculas empujan a sus vecinas, que, a su vez, dan un empujón a las siguientes. O sea, que nuestras cuerdas vocales generan una cadena de empujones moleculares que empieza en nuestra laringe, se propagan por el aire hasta salir por nuestra boca, y luego recorren la atmósfera hasta que llegan a los oídos de nuestro interlocutor y menean sus tímpanos, transmitiéndole así nuestra voz.

*Dicho así, el proceso de hablar y de escuchar da un poco de repelús.*

Cierto, pero daría mucho más si no hubiera aire de por medio.

Aun así, si te sigue resultando difícil concebir esos empujones entre moléculas de los que está hecho el sonido, creo que visualizar una fila de fichas de dominó te puede ayudar: en cuanto tumbas la primera ficha, esa perturbación va avanzando a través de la fila a medida que cada una tumba la siguiente, pero las fichas en sí no se mueven de su sitio. Lo que se está moviendo a través de la fila no son las fichas en sí, sino la perturbación que hemos provocado al tumbar la primera. Pues en la transmisión de sonido a través del aire y en los empujones entre moléculas pasa lo mismo, solo que en tres dimensiones... Y a través de trillones de «fichas», claro.

Y ahora que sabemos que el ruido no es más que una cadena de empujones entre moléculas de aire, es fácil entender por qué los sonidos se propagan a una velocidad limitada: el movimiento producido por esos empujones no se transmite de manera instantánea entre las moléculas de los gases. De hecho, cuanto más masivas sean las moléculas de un gas, mayor será su inercia y más tiempo tardará cada una en empezar a moverse y colisionar con la siguiente de la cadena, así que la perturbación se propagará más despacio a través de ellas... Y la velocidad a la que se transmite el sonido será menor, claro.

Por tanto, la razón por la que el sonido solo se puede propagar a 343 metros por segundo en nuestra atmósfera en condiciones normales es que los empujones entre las moléculas de los diferentes gases que contiene solo permiten que se transmita a ese ritmo concreto, dada su masa.

*Espera; entonces, ¿significa eso que el sonido se desplaza a una velocidad distinta a través de los gases que tienen moléculas más ligeras o pesadas?*

Exactamente, *voz cursiva*. De hecho, hay que tener en cuenta que el aire de nuestra atmósfera es una mezcla de distintos gases con masas moleculares diferentes. Si nuestra atmósfera estuviera hecha de nitrógeno puro, el sonido se propagaría a través de ella un poco más deprisa, a 349 metros por segundo. En cambio, si la atmósfera solo contuviera oxígeno, la velocidad del sonido sería de solo 326 metros por segundo. Esto se debe a que las moléculas de oxígeno son un poco más masivas que las de nitrógeno, y, por tanto, a las perturbaciones que produce el sonido les cuesta un poco más moverlas, lo que se traduce en una velocidad de propagación un poco menor. Es más, si la atmósfera estuviera compuesta solo por dióxido de carbono, cuyas moléculas son aún más masivas que las del oxígeno, el sonido se transmitiría aún más despacio, a 267 metros por segundo.[2]

Siguiendo esta misma lógica, como el hidrógeno y el helio son los dos gases más ligeros, el sonido se propaga a través de ellos a toda leche, a 1.270 y 1.000 metros por segundo, respectivamente. Y en este dato reside el secreto para entender por qué el helio nos pone la voz aguda.

En primer lugar, hemos visto que lo que nuestro cerebro interpreta como sonido no es más que la vibración de nuestros tímpanos provocada por la sucesión de ondas de alta y baja presión que componen el sonido. Ahora bien, ese sonido nos parecerá más agudo o grave en función de la «frecuencia» a la que el sonido haga vibrar nuestros tímpanos, o, lo que es lo mismo, la cantidad de veces que oscilen cada segundo: las frecuencias más altas hacen que nuestros tímpanos vibren muchísimas veces por segundo, y nuestro tímpano las interpreta como tonos agudos, mientras que las más bajas...

*... producen pocas oscilaciones por segundo y se corresponden con los sonidos graves. Captado. No te líes, por favor.*

Vale, vale, lo importante es que nuestro cerebro traduce las frecuencias altas como tonos agudos y las bajas como sonidos graves. Para ser más concreto, los tonos más graves que puede escuchar un humano medio tienen una frecuencia de unos 20 hercios (Hz), mientras que los más agudos rondan los 20.000 hercios.

*Espera, espera, ¿qué es eso de los hercios?*

No te preocupes, *voz cursiva,* solo es una unidad que representa la cantidad de oscilaciones por segundo. Dicho de otra manera, los seres humanos podemos escuchar sonidos cuyas ondas rondan entre las 20 y las 20.000 oscilaciones por segundo.

Sabiendo esto, como podrás imaginar, el motivo por el que cada persona tiene un tono de voz diferente es que las cuerdas vocales de cada uno producen una serie de frecuencias diferentes al vibrar.[3] En general, unas cuerdas vocales más largas y gruesas vibran más despacio y producen frecuencias más bajas, o, lo que es lo mismo, sonidos más graves, mientras que unas cortas y finas tienden a vibrar más deprisa y producir frecuencias más altas que se corresponden con sonidos más agudos.

*Ah, vale; así pues, creo que ya puedo resolver el misterio de este capítulo: nuestras voces suenan más agudas cuando aspiramos el helio porque este gas tan ligero permite que nuestras cuerdas vocales vibren más rápido y produzcan sonidos más agudos, ¿no?*

Lamento decirte que no, *voz cursiva*, porque el tipo de gas que contienen nuestras laringes no afecta mucho a la velocidad a la que vibran las cuerdas vocales. De hecho, aunque la explicación que me acabas de dar se oye con frecuencia, es incorrecta, como explica el físico y compositor Joe Wolfe.[4]

El movimiento de nuestras cuerdas vocales no produce una sola frecuencia cuando hablamos, sino que genera una mezcla de muchos tonos graves y agudos diferentes. Por suerte, no todos esos tonos salen por la boca con el mismo volumen, porque algunos se amplifican mientras recorren la laringe, y otros se vuelven más débiles. Las frecuencias concretas del sonido que se amplifican o reducen durante este proceso dependen de cuál sea la longitud y el diámetro de la laringe, así como del gas del que esté inundada en ese momento. Este último dato es muy importante, porque, al ser un gas mucho más ligero, las perturbaciones de nuestra voz se propagan mucho más deprisa a través del helio. Como resultado, nuestra laringe tiende a facilitar la amplificación de las frecuencias más altas cuando está llena de helio o, lo que es lo mismo, las tonalidades más agudas.

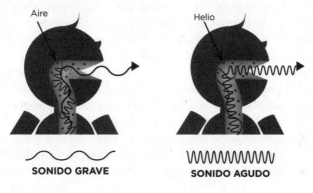

O sea, que no es que el helio modifique las frecuencias que producen nuestras cuerdas vocales, sino que simplemente saca a relucir los tonos más agudos que producimos en nuestro día a día y que no solemos escuchar, porque no se transmiten con facilidad a través de la mezcla de gases más pesados que compone el aire de nuestra atmósfera.

*Creo que lo entiendo. Pero si los gases más ligeros propician la propagación de los tonos más agudos de nuestra voz, ¿significa eso que los gases más pesados hacen que nuestra voz suene más grave?*

Así es, *voz cursiva;* los gases más densos propician la propagación de las frecuencias más bajas en nuestra laringe, o, lo que es lo mismo, de los tonos más graves. Por tanto, si inhalamos un gas como el hexafluoruro de azufre, que es cinco veces más denso que el aire y tiene una velocidad del sonido de solo 134 metros por segundo, nuestra voz sonará mucho más grave.

*¡Qué curioso! ¿Y este gas también se vende en las ferias?*

No lo creo, *voz cursiva,* porque es bastante caro y no creo que a los niños les haga especial gracia tener un globo tan pesado que lo vayas arrastrando por el suelo atado a una cuerda (a menos que tenga forma de perro, imagino). De todas maneras, si te interesa este fenómeno, en YouTube puedes encontrar un montón de vídeos en los que salen famosos aspirando este gas y hablando con la voz cambiada.

En cualquier caso, la masa de las moléculas no es el único parámetro que determina la velocidad a la que el sonido se propaga a través de un gas, sino que también influye su temperatura: si les gritamos a dos masas del mismo gas que se encuentran a temperaturas diferentes, el sonido se propagará más despacio por la que está más fría y más deprisa a través de la que está caliente. Este fenómeno ocurre porque la velocidad de las moléculas aumenta con la temperatura, por lo que, cuanto más caliente está un gas, más fuerte chocan sus moléculas y, como resultado, mayor es la velocidad a la que se transmite el movimiento entre ellas.

*¿Estás insinuando que nuestra voz suena más grave cuando hace frío?*

Debería, *voz cursiva,* aunque tal vez el efecto es demasiado sutil en el rango de temperaturas en el que nos movemos los humanos en nuestro día a día como para que podamos notar la diferencia. De hecho, la velocidad del sonido debería oscilar desde 300 hasta 360 metros por segundo entre los –50 °C que se alcanzan en algunos lugares de Siberia en invierno y los 50 °C que se registran de vez en cuando en muchos desiertos del planeta. ¿Notaríamos esa diferencia en nuestras voces si voláramos de un lugar a otro? Dejaré que los lectores que tienen avión privado hagan el experimento. Y, si me quieren pasar a recoger por el camino, no pondré ninguna objeción.

En cualquier caso, aunque no encuentro datos sobre la influencia exacta de la temperatura ambiental sobre el tono de voz de las personas, lo que sí es cierto es que los músicos que tocan instrumentos de viento tienen que afinarlos en función de la temperatura a la que esté el aire en ese momento,[5] porque los instrumentos sonarán un poco más graves de lo normal si hace mucho frío y el sonido que emiten será ligeramente más agudo si hace mucho calor.

Si no me crees, puedes poner a prueba este fenómeno con un sencillo experimento: llena un recipiente con agua fría y otro con agua caliente y sumerge la parte inferior de una botella en cada recipiente. A continuación, sopla en su interior, como si fuera una flauta de pan. El aire de la botella que está sumergida en agua fría estará a menor temperatura, así que el sonido resultante debería sonar más grave. En cambio, la botella sumergida en agua caliente sonará más aguda. Para apreciar mejor la diferencia, también puedes soplar a través de una tercera botella que no esté sumergida en ninguno de los recipientes, que sonará con un tono intermedio.

---

*Ostras, es verdad, qué curioso que la temperatura influya así en el tono del sonido. Pero ¿y la presión? ¿Acaso eso no afecta a la velocidad del sonido? ¿El viejo Russell de Himalayan Experience no te comentó si a la gente se le pone voz de pito en la cima del Everest?*

Pues parece que no, *voz cursiva*, porque, aunque las moléculas de un gas que está sometido a una mayor presión están más cerca unas de otras, lo que reduce el tiempo que transcurre entre un choque y el siguiente, la perturbación tiene que propagarse a través de una cantidad de moléculas mayor para llegar a su destino, por lo que los dos fenómenos se contrarrestan, y la velocidad a la que se transmite el sonido a través de él no varía. Como resultado, la velocidad a la que se desplaza el sonido a través de un gas depende principalmente de su composición y su temperatura.

O sea, que la velocidad del sonido probablemente es algo menor en la cima del Everest y las voces de los escaladores suenan un poco más agudas que en condiciones normales, pero porque hace un frío de narices, no porque la presión sea más baja.

*Entendido. Pero, oye, todo este rollo de la velocidad del sonido está relacionado con esos aviones que se mueven tan deprisa, ¿no?*

Buena pregunta, *voz cursiva*. Es posible que alguna vez hayas escuchado el estruendo que produce un avión cuando supera la «barrera del sonido», un fenómeno que tiene lugar cuando un objeto se mueve a través de un medio a una velocidad mayor que las propias perturbaciones que componen el sonido. En condiciones normales, un avión se mueve a la velocidad del sonido a través del aire cuando se desplaza a 343 metros por segundo (o 1.234 kilómetros por hora). Ahora bien, también es probable que en alguna película hayas oído hablar de aviones que se desplazan a mach 1 o mach 2. Esto es simplemente una manera de expresar velocidades superiores a las del sonido de una manera más corta: se usa mach 1 cuando un avión se mueve a la velocidad del sonido, mach 2 si va al doble de esa velocidad (686 metros por segundo o 2.468 kilómetros por hora), mach 3 sería el triple (1.029 metros por segundo o 3.702 kilómetros por hora), y, bueno, ya puedes imaginar cómo progresa el asunto a medida que la velocidad aumenta.

En cualquier caso, lo primero que llama la atención cuando un avión supera la velocidad del sonido es que el ruido que produce llega hasta nuestras orejas *después* de que hayamos visto el avión pasar, ya que el sonido se mueve más despacio que el propio vehículo. Pero superar la velocidad del sonido tiene implicaciones físicas que van mucho más allá que esta simple curiosidad.

Como el aire es un fluido, los objetos que se mueven a través de la atmósfera desplazan las moléculas de gas con las que entran en contacto y provocan que el aire fluya a su alrededor. Pero, ojo, porque los gases que nos rodean también tienen masa, así que la resistencia que ejercen al paso de cualquier objeto se incrementa cuanto mayor es su velocidad. Y, como habrás notado si te gusta sacar la mano por la ventanilla del coche, el empuje del aire se va volviendo cada vez menos agradable a medida que el vehículo acelera.

Las cosas se complican aún más cuando un avión supera la velocidad del sonido, porque, llegado a este punto, se está moviendo a una velocidad superior a la que las moléculas con las que entra en contacto pueden apartarse de su camino y transmitir el movimiento a sus vecinas. Esto significa que las moléculas de gas con las que interacciona el fuselaje de un avión supersónico se van «apilando» frente a él... O, dicho de otra manera: cuando un objeto se mueve a velocidades supersónicas a través de la atmósfera, el aire se comprime sobre su superficie.

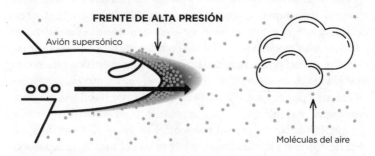

Esta compresión del aire provoca un efecto curioso, porque, como habrás notado si alguna vez has hinchado manualmente la rueda de una bicicleta, el aire se calienta cuando se comprime. Por tanto, si un avión se mueve a una velocidad superior a la del sonido, esas regiones del fuselaje sobre las que se acumula el gas comprimido se van a calentar. Por ejemplo, en un informe del ejército americano de 1985 se estudió la temperatura que alcanzaba el fuselaje de los aviones de combate B-52A y F-105D durante el vuelo supersónico, y se midieron temperaturas en el rango de los 55 °C a los 124 °C cuando volaban a entre mach 1,35 y mach 2,08.[6] Por otro lado, el Lockheed SR-71 Blackbird es el avión tripulado más rápido que funciona con un motor a reacción alimentado por aire, y es capaz de acelerar hasta mach 3,1. A estas velocidades, el aire se comprime tanto frente al avión que el cristal de la cabina alcanza temperaturas de más de 300 °C.[7]

*¿Me estás diciendo que, si sacara la mano por la ventanilla de un avión supersónico, la corriente de aire me quemaría la mano, en lugar de refrescármela?*

Imagino que sí, *voz cursiva*... Siempre y cuando tu brazo mantuviera la integridad estructural durante el tiempo suficiente.

El comportamiento del aire a velocidades supersónicas es un poco distinto al que estamos acostumbrados y creo que un buen ejemplo de ello es el caso de Brian Udell, un piloto de caza que estaba haciendo maniobras de entrenamiento por la noche cuando, durante un giro, perdió el control de su avión y tanto él como su copiloto se vieron obligados a abandonar la nave. Pero había un problema: el avión se estaba moviendo a unos 1.300 kilómetros por hora en el momento de la eyección, así que, cuando Udell y su copiloto salieron despedidos, se estaban moviendo literalmente más rápido que una bala a través de la atmósfera.

Aunque Udell no recuerda qué ocurrió en el momento exacto de la eyección y su cuerpo rompió la barrera del sonido, el impacto repentino con la corriente de aire a alta presión fue tan intenso que le arrancó el casco, los auriculares, los guantes y el reloj. Además, la cartera y la botella de agua que guardaba en sus bolsillos atravesaron la tela de sus pantalones sin siquiera abrir las cremalleras, la camiseta que llevaba debajo de su traje de vuelo acabó hecha jirones y los cordones de sus zapatos se habían incrustado en el cuero. Pero, más importante aún, el impacto supersónico del aire también dislocó casi todas las articulaciones de sus brazos y piernas, además de hincharle la cara y deformarle los labios.

Pese a todo, Brian Udell sobrevivió a este incidente, pero, por desgracia, su copiloto no tuvo tanta suerte y falleció en el acto tras la eyección.[8] O sea, que la próxima vez que saques la mano por la ventanilla del coche para hacer la ola aprovechando esa brisa tan agradable, recuerda que ese mismo aire que repta suavemente por tu piel te podría romper el brazo si el coche pudiera acelerar unos cuantos cientos de kilómetros por hora más.

*No quitaré el ojo del cuentakilómetros del conductor a partir de ahora. Gracias.*

De nada, *voz cursiva*. Eso sí, si te ha sorprendido que existan aviones que triplican la velocidad del sonido, la velocidad de los meteoritos te va a impactar aún más.

El vecindario de la Tierra está lleno de trozos de roca y metal de tamaños muy variados que también dan vueltas alrededor del Sol. De vez en cuando, alguno de estos mazacotes pasa demasiado cerca de nuestro planeta y se precipita a través de nuestra atmósfera a una velocidad que ronda entre los 35 y los 72 kilómetros por segundo.[9] No, no es ningún error: estamos hablando de *kilómetros por segundo*. Aplicando la misma lógica que a los aviones, esto equivaldría a velocidades entre mach 105 y mach 210. Teniendo en cuenta que el fuselaje de un avión que vuela a mach 3 se calienta hasta los 300 °C, no es de extrañar que la superficie de estos objetos alcance temperaturas de 1.700 °C mientras atraviesan la atmósfera.[10]

*¿Solo 1.700 °C? Esperaba mucho más de algo que se mueve a mach 210, la verdad.*

Bueno, es que hay que tener en cuenta que la densidad de las capas altas de la atmósfera es mucho menor y que el meteorito va frenando durante su caída hacia la superficie, donde el aire es más denso. En cualquier caso, la cuestión es que estos objetos se calientan tanto durante su entrada en la atmósfera que su capa más superficial se funde y la fuerte corriente de aire arranca trozos de material líquido (un proceso llamado *ablación*). Este es el motivo por el que los meteoritos suelen tener un tono oscuro y ese acabado liso tan peculiar cuando llegan al suelo.

*Mira, no te lo tomes a mal, pero creo que últimamente te estás obsesionando demasiado con el tema de los meteoritos, y no eres consciente de que la mayor parte de tus lectores seguramente nunca han visto uno, así que no saben de lo que estás hablando.*

Tienes razón, *voz cursiva,* mejor remito a los lectores interesados en este tema a mi canal de YouTube, donde tengo varios vídeos colgados sobre mi colección de meteoritos y mi experiencia buscando estos esquivos objetos.

En cualquier caso, hasta ahora hemos estado hablando de cómo se transmite el sonido a través de los gases, pero, en realidad, estas perturbaciones se pueden propagar a través de cualquier estado de la materia. Por ejemplo, el sonido se mueve a través del agua a casi 1.500 metros por segundo en condiciones normales, una velocidad 4,3 veces mayor que en el aire. Esto se debe a que, al encontrarse en estado líquido, las moléculas de agua están mucho más cerca unas de otras y el movimiento se puede transmitir entre ellas mucho más deprisa. Eso sí, igual que ocurre con el aire, la velocidad a la que se mueve el sonido a través del agua depende de las características del líquido, como su temperatura, su presión o su salinidad.

Y, en los océanos, esto da lugar a un fenómeno curioso.

La temperatura del agua tiende a disminuir con la profundidad, pero, al contrario que la presión, que aumenta de forma constante, la temperatura no baja de manera lineal, sino que se reduce rápidamente durante los primeros mil metros de profundidad y luego permanece más o menos uniforme hasta el fondo del océano. Como resultado de la combinación de estos dos factores, la velocidad a la que se propaga el sonido en los océanos desciende con la profundidad durante los primeros mil metros, pero, a partir de este punto, vuelve a aumentar. Esto significa que existe una capa del océano en la que la velocidad del sonido es más lenta y que está «ensandwichada» entre dos capas de agua donde el sonido se transmite más deprisa, un detalle que resulta muy útil, ya que las ondas de sonido que se emiten en esta capa tienden a mantenerse confinadas en ella porque «rebotan» contra las otras dos capas que la rodean. Por tanto, como la intensidad de las ondas sonoras permanece focalizada en el interior de esta capa, en lugar de disiparse en todas las direcciones de forma esférica, el sonido es capaz de recorrer distancias mucho mayores a través de ella.

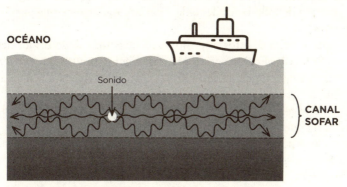

Las ondas de sonido rebotan y avanzan en la dirección horizontal, en lugar de perderse hacia la superficie o las profundidades

Esta región del océano en la que el sonido se transmite con más facilidad se llama *canal SOFAR*, un término que supuestamente es una abreviatura de *Sound Fixing and Ranging Channel* (alguien debería explicar de una vez a los americanos cómo funciona esto de las siglas). De hecho, el descubrimiento de este canal dio lugar a una historia muy interesante que explicó en una de sus conferencias el profesor Richard A. Muller, de la Universidad de California en Berkeley.[11]

Durante la Segunda Guerra Mundial, al ejército americano le interesaba rescatar lo antes posible a sus pilotos abatidos que acababan flotando en medio del océano, porque, de lo contrario, el enemigo podría encontrarlos antes e intentar sonsacar información valiosa. Pero, claro, esos pilotos no podían pedir ayuda por radio porque el enemigo podría interceptar la señal y descubrir su posición, así que, para resolver este problema, el ejército estadounidense desarrolló las *bombas* SOFAR, unos pequeños recipientes metálicos vacíos que se hundían en el agua cuando el piloto accidentado los soltaba y que estaban diseñados para implosionar cuando estaban sometidos a la presión que correspondía a una profundidad de unos mil metros, aproximadamente donde se encuentra el canal SOFAR. El sonido de la implosión viajaba centenares o miles de kilómetros a través de este canal hasta alcanzar alguno de los micrófonos que el ejército instaló en diferentes puntos de la costa, y, midiendo cuánto tiempo había tardado el sonido en llegar a cada estación, podían triangular la posición del piloto accidentado y enviar rápidamente una misión de rescate.

Ante el éxito de estos dispositivos, el inventor y descubridor del canal SOFAR, el oceanógrafo Maurice Ewing, sugirió que tal vez existía una capa similar en la atmósfera... Y resultó que también tenía razón.

En este caso, la temperatura del aire va disminuyendo con la altitud hasta que se alcanza la región que ocupa la capa de ozono, donde vuelve a aumentar porque las moléculas de esta sustancia son capaces de absorber la radiación ultravioleta del Sol de manera eficiente, al contrario que el oxígeno o el nitrógeno.[12] Por tanto, nos volvemos a encontrar en una situación en la que existe una capa de aire frío en la que las ondas del sonido se propagan más despacio, «ensandwichado» entre dos capas de aire caliente en las que la velocidad del sonido es mayor. E, igual que ocurre en el océano, el sonido puede cubrir distancias mucho mayores a través de esta especie de canal aéreo.

En una época en la que aún no existían los satélites espía, este descubrimiento les venía de perlas a los americanos, porque les permitía vigilar si la Unión Soviética había conseguido desarrollar una bomba nuclear: bastaba con colocar unos cuantos micrófonos en este canal aéreo y esperar a escuchar el sonido de la explosión. Incluso podían triangular su posición y averiguar en qué lugar estaban haciendo las pruebas. Este es el motivo por el que, en los dos años posteriores a la Segunda Guerra Mundial, el ejército estadounidense mantuvo globos aerostáticos de decenas de metros de diámetro cargados de micrófonos suspendidos en este canal aéreo natural a todas horas, escuchando pacientemente cualquier señal de una detonación lejana.

Ahora bien, la parte realmente curiosa y absurda de esta historia ocurrió en 1947, cuando uno de esos globos cayó cerca del pueblo de Roswell (Nuevo México). Al principio, los responsables del campo aéreo local que recuperaron el objeto junto con un habitante del pueblo dijeron a la prensa que lo que había caído era un «disco volador» de forma hexagonal, en referencia al aspecto que tenían algunos de los instrumentos que colgaban del globo. Pero, por supuesto, los responsables del proyecto no querían que los rusos se enteraran de que habían descubierto una manera de monitorizar sus pruebas nucleares de manera remota, así que decidieron quitarle hierro al asunto con un nuevo anuncio, afirmando que el objeto recuperado no era más que un simple globo meteorológico. Aun así, al público no le convenció esa explicación y la gente se quedó con la idea del «disco volador», e interpretó que se trataba de un verdadero platillo volante... Algo que tampoco le venía mal al gobierno americano, porque lo ayudaba a mantener ocultas sus verdaderas intenciones.

Con los años, los ufólogos fueron alimentando esta paranoia del platillo volante, se publicaron libros en los que los autores inventaban historias cada vez más descabelladas sobre la relación de este incidente con los extraterrestres, y Roswell se acabó convirtiendo en un lugar de culto para los creyentes en el fenómeno ovni. De hecho, hoy en día parte del pueblo subsiste gracias al *merchandising* alienígena.

*¿Y ya está? ¿Esa era la historia interesante?*

Bueno, sí... No sé, a mí me lo parece. Sea como sea, la cuestión es que las escuchas del canal aéreo SOFAR no duraron mucho, porque el ejército americano se dio cuenta de que era mucho más fácil detectar las pruebas nucleares soviéticas a través del suelo.

*Pero ¿qué dices? ¿Cómo vas a poder escuchar el sonido a través de un sólido?*

Como lo oyes, *voz cursiva*. El sonido no solo se propaga a través de los sólidos, sino que lo hace aún más rápido que en los líquidos y los gases porque, como los átomos y moléculas de la materia que se encuentra en este estado están fijos en su sitio y unidos por enlaces mucho más «rígidos», transmiten cualquier vibración a sus vecinos a gran velocidad. Por poner un ejemplo, el sonido se propaga a través del hierro a una velocidad de 5.120 metros por segundo. Esto significa que, si nos encontráramos en un extremo de una viga de hierro de un kilómetro de longitud e intentáramos darle un golpe con un martillo, pero, sin querer, nos golpeáramos la mano, el sonido del golpe se transmitiría a través de la barra hasta el otro extremo en menos de 0,2 segundos, pero nuestro grito de dolor tardaría tres segundos en llegar al mismo sitio.

Teniendo esto en cuenta, lo que los americanos notaron es que las violentas vibraciones que produce la explosión de una bomba atómica en el suelo se transmiten a través del cuerpo rocoso del planeta, de la misma manera que el golpe de un martillo se transmite a través de una barra de metal. Por tanto, si se reparten suficientes sismómetros por la superficie terrestre, se podrá utilizar el tiempo que han tardado las vibraciones producidas por la explosión en alcanzar cada uno de ellos para calcular dónde ha tenido lugar la prueba nuclear.

*Vaya, qué pena que estos fenómenos tan interesantes acaben utilizándose con fines bélicos...*

Bueno, *voz cursiva*, ten en cuenta que este mismo fenómeno también tiene aplicaciones científicas: como el sonido se propaga a velocidades distintas a través de diferentes sustancias sólidas, podemos deducir la composición de un material a partir del tiempo que tarda el sonido en pasar a través de él... Y ese es el motivo por el que conocemos la composición aproximada y la estructura del interior de la Tierra, pese a que no podemos observarlo directamente.

En este caso, se aprovechan las ondas sísmicas producidas por un evento violento, como un terremoto, para medir cuánto tiempo tardan en alcanzar diferentes puntos del planeta. A continuación, esos datos se recopilan y se utilizan para calcular a qué velocidad se han propagado las ondas mientras pasaban a través del planeta... Y eso permite a los científicos deducir qué tipo de materiales han estado atravesando durante su camino por el interior de la Tierra.

*Qué curioso. Nunca hubiera pensado que un fenómeno tan simple como la velocidad del sonido pudiera dar tanto juego. Pensaba que era un concepto que estaba limitado a los aviones supersónicos.*

Pues ya ves, incluso los fenómenos más dispares que ocurren a nuestro alrededor en nuestro día a día están más estrechamente relacionados de lo que parece, *voz cursiva*. Pero, mira, podemos aprovechar que has sacado el tema de la aviación para hablar sobre aviones en el siguiente capítulo.

*Sí, por favor, que hay un detalle que me molesta mucho cada vez que cojo un vuelo.*

# CAPÍTULO
# 9

## ¿Podemos llegar antes a donde sea si viajamos contra la rotación de la Tierra?

*¿Sabes qué es lo que más me molesta de las compañías aéreas?*

Dime, *voz cursiva*.

*Que son muy poco eficientes. No entiendo por qué diablos se empeñan en mandar vuelos hacia el este, en la dirección en la que rota la Tierra.*

Creo que no te sigo.

*¡Pues que no tiene sentido volar en esa dirección, porque la rotación de la Tierra está alejando tu destino durante el trayecto! ¡Es mejor volar en dirección contraria a la rotación del planeta y dejar que el giro de la Tierra te acerque el lugar al que te diriges!*

¿Pero qué demonios me estás contan...? Espera un momento, no habrás estado entrando otra vez en esos foros en los que la gente cree que la Tierra es plana, ¿verdad?

*Es posible que haya pasado una hora o dos leyéndolos, sí. ¿Algún problema, cabeza globo?*

Tal vez ese no sea el lugar más indicado para aprender algo de física. Para entender por qué no llegamos antes a nuestro destino viajando en dirección contraria a la rotación del planeta, hablemos del movimiento relativo.

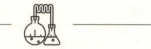

Imaginemos por un momento que estamos en un tren que... No, espera; si tú, lector o lectora, piensas como la *voz cursiva*, es mejor que hagas este experimento en la vida real: sube a bordo de un tren, espera a que deje de acelerar, ponte en medio del pasillo y pega un salto cuando te encuentres en un tramo recto. ¿Has notado algo raro, además de las miradas extrañadas del resto de los pasajeros?

*Creo que hablo en nombre de los lectores que han llevado a cabo el experimento cuando digo que no sé a qué puñetas te refieres con «algo raro». La sensación de saltar en un tren es la misma que en tierra firme.*

Exactamente, *voz cursiva*. Si das un salto vertical dentro de un tren que se mueve a velocidad constante, volverás a caer sobre el mismo punto desde el que habías despegado, que es lo mismo que ocurre cuando saltas en el suelo. De hecho, aunque eso es precisamente lo que cabría esperar, es posible que haya gente a la que este dato no le encaje porque, al fin y al cabo, el tren se está moviendo hacia delante a decenas de kilómetros por hora. Por tanto, si damos un salto en su interior, *da la impresión* de que el tren debería seguir avanzando mientras estamos en el aire, y de que acabaríamos cayendo al suelo, más cerca de la parte trasera del vehículo que cuando habíamos despegado, ¿no?

*Sí, claro, es que esa es la lógica que yo quería defender...*

¡Pues claro que no, maldita sea! ¡¿En qué cabeza cabe eso?! ¡¿Cómo puede alguien decir que la Tierra no es una esfera que rota sobre su propio eje, argumentando que, si lo fuera, el planeta rotaría bajo nuestros pies cuando damos un salto y caeríamos en un punto distinto?! ¡Un simple salto en el pasillo de un puñetero tren demuestra que esta idea no tiene ni pies ni cabeza!

*Ostras, calma, Ciencia de Sofá. No sabía que esto te afectaba tanto.*

---

Perdona, *voz cursiva*... Son demasiados años aguantando los comentarios condescendientes de determinados grupos de gente adulta que en pleno siglo XXI siguen insistiendo en que la Tierra es plana.

Pero, bueno, como bien sabe la gente que no está cegada por sus ganas de creer en cosas absurdas, el motivo por el que caemos en el mismo sitio si pegamos un salto en un tren en movimiento es que nuestro cuerpo se está desplazando a la misma velocidad y en la misma dirección que el vehículo. De hecho, tanto desde nuestro punto de vista como desde el del resto de los pasajeros, que están en la misma situación, parecerá que simplemente hemos dado un salto vertical en medio del pasillo mientras el resto del planeta se movía alrededor del tren más allá de las ventanas. Ahora bien, en esta misma situación, una persona que esté quieta junto a las vías observará algo distinto: desde su punto de vista, tanto nosotros como el tren nos estamos moviendo hacia delante a la misma velocidad, y, en cuanto peguemos el salto, seguiremos avanzando, trazando una parábola en el aire. Ojo, que esta persona también nos verá caer sobre el mismo punto del pasillo en el que habíamos despegado, pero su percepción de lo que ocurre durante el salto será distinta a la nuestra.

Pues bien, esta misma lógica se aplica a la superficie de la Tierra: por muy alto que saltemos, siempre volveremos a caer sobre el mismo punto desde el que habíamos despegado porque estamos moviéndonos a la misma velocidad que el suelo que tenemos bajo nuestros pies. Y menos mal que es así, porque, de lo contrario, cualquier persona a la que se le ocurriera dar un salto en el ecuador saldría disparada hacia atrás a una velocidad de centenares de kilómetros por hora.

*Pues sí, menos mal, porq... Espera, ¡¿qué?!*

Tal cual, *voz cursiva*. Como habrás notado, nuestro planeta *esférico* completa una vuelta sobre su propio eje de rotación una vez cada veinticuatro horas. Pero, claro, al ser una *esfera*, no todos los puntos de su superficie recorren la misma distancia alrededor del eje de rotación mientras completan esa vuelta: una persona que se encuentre sobre el ecuador trazará un círculo de 40.000 kilómetros de circunferencia cada día, pero el que trazan el resto de los terrícolas se va haciendo más pequeño cuanto más cerca están de los polos. Esto significa que nuestra latitud determina la velocidad a la que nos movemos alrededor del eje de rotación de la Tierra, de forma que, en el ecuador, la gente recorre 40.000 kilómetros cada veinticuatro horas, lo que se traduce en una velocidad de 1.667 kilómetros por hora alrededor del eje de rotación. En cambio, una persona que se encuentre en Madrid se estará moviendo alrededor de ese eje a «solo» 1.280 kilómetros por hora porque no llega a recorrer 31.000 kilómetros cada día.

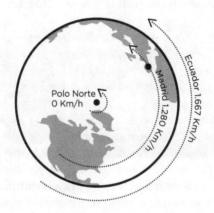

*O sea, que si una persona pegara un salto en el ecuador mirando hacia el este, ¿saldría disparada hacia atrás a 1.667 kilómetros por hora?*

Solo si el mundo funcionara como dicen los terraplanistas y no existiera el movimiento relativo, *voz cursiva*. Pero, como digo, afortunadamente nos movemos alrededor del eje de rotación terrestre a la misma velocidad que la superficie y mantenemos esa inercia incluso durante la fase aérea de un salto, así que siempre despegamos y caemos sobre el mismo punto. Por supuesto, un observador externo que se encontrara en el espacio y que no rotara junto con la Tierra nos vería trazar una parábola a través del aire durante el salto, pero, de nuevo, también nos vería caer sobre el mismo punto desde el que habíamos despegado.

*Entiendo, pero ¿el hecho de caer en el mismo punto no debería depender de la dirección en la que saltas? O sea, si pegas un salto en dirección contraria a la rotación de la Tierra, ¿no deberías sobreponerte hasta cierto punto al movimiento del suelo y llegar más lejos, aunque solo sea un poco?*

Pues no, *voz cursiva*: incluso aunque saltes en dirección contraria a la rotación de la Tierra, tanto tu cuerpo como el suelo sobre el que te has impulsado al despegar se estaban moviendo a toda velocidad en el sentido opuesto, por lo que esa inercia te seguirá acompañando durante tu trayecto por el aire y caerás a la misma distancia respecto al punto de partida que si el planeta estuviera completamente quieto. Por tanto, a efectos prácticos, dar un salto sobre un objeto que se está desplazando a la misma velocidad (constante) que tú es equivalente a saltar sobre una superficie estacionaria, porque el resultado siempre será el mismo, sin importar la dirección hacia la que te dirijas.

De hecho, si no me crees, puedes volver a montarte en el tren y dar un salto en el pasillo en dirección contraria a su movimiento en cuanto alcance su velocidad de crucero. Si te fijas, verás que la distancia que consigues cubrir será exactamente la misma que si saltas hacia delante. Incluso puedes repetir el experimento en cualquier otro medio de transporte, como un barco o un avión. Además, si luego sales a la calle y pegas un salto en tierra firme, notarás que la distancia que logras cubrir sigue siendo la misma.

---

*Vale, vale, ya he podido comprobar que lo que comentas es cierto. Cambia de tema, por favor, que ya me he gastado suficiente dinero en billetes de diferentes medios de transporte.*

Perdona; el caso es que viajar en sentido contrario a la rotación de la Tierra no hará que lleguemos antes a nuestro destino por el simple hecho de que, aunque el movimiento de la Tierra acerca nuestro destino en nuestra dirección, también nos arrastra a nosotros en dirección opuesta en la misma medida.

*Bueno, a ver, entiendo que eso explique por qué no llegaremos antes a nuestro destino si nos movemos en contra de la rotación del planeta en coche o en barco, pero no veo por qué esa misma lógica afecta a los aviones. Al fin y al cabo, el suelo no tiene ninguna influencia sobre el avión mientras está en el aire.*

Ahí te equivocas, *voz cursiva*. Las cosas que no están en contacto directo con el suelo también se ven afectadas por la rotación terrestre, porque la superficie de la Tierra arrastra consigo el aire que está en contacto con ella mientras el planeta rota, y, a su vez, la atmósfera arrastra los aviones que vuelan a través de ella, independientemente de la dirección en la que estén volando. O sea, que si estás volando en dirección contraria a la rotación de la Tierra pensando que has hackeado la naturaleza, tengo malas noticias para ti: la superficie terrestre te sigue arrastrando en dirección opuesta a tu destino, igual que a un coche o un barco, solo que lo hace indirectamente a través del aire que arrastra.

Ahora bien, aunque la idea de que deberíamos llegar antes a nuestro destino a bordo de un avión que viaja hacia el oeste es completamente errónea, la rotación de la Tierra sí puede acortar o alargar los vuelos de una forma aún más indirecta.

He comentado que la velocidad a la que cada punto de la superficie terrestre se mueve alrededor del eje de rotación depende de su latitud, y que el suelo arrastra consigo la atmósfera mientras gira alrededor de ese eje, lo que significa que la velocidad a la que el aire se mueve alrededor del eje de rotación del planeta es diferente en cada latitud. Además, como la atmósfera no es una masa rígida, solo el aire que está en contacto directo con el suelo es capaz de seguirle el ritmo a la superficie, así que el gas que se encuentra a mayor altitud siempre queda ligeramente rezagado respecto a la rotación del planeta. Y, por último, como la velocidad de la superficie terrestre es mucho mayor en las regiones ecuatoriales que en las polares, el aire de la atmósfera se queda rezagado en una medida distinta sobre cada latitud del planeta. Como resultado de la interacción entre estos diferentes movimientos de todas esas masas de gas y del hecho de que el aire también tiende a circular de norte a sur y viceversa debido a la diferencia de temperatura que existe entre el ecuador y los polos, la atmósfera de nuestro planeta está dividida en varias «franjas» en las que el aire tiene la tendencia a circular en una dirección determinada, según la latitud.

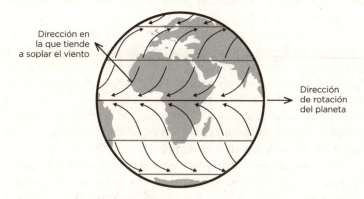

Estas corrientes de aire que soplan en una dirección preferencial en cada latitud del planeta son los llamados *vientos alisios*, y los seres humanos las hemos estado aprovechando desde la antigüedad: los capitanes de los barcos de vela no podían limitarse a seguir el camino más corto entre dos puntos, porque, al no tener motores, dependían completamente del viento, así que, en su lugar, tenían que seguir las rutas que les proporcionaran una mayor probabilidad de que el viento propulsara sus navíos durante todo el camino.

Un ejemplo curioso que refleja cuánto dependía la gente de estos vientos en el pasado es el de Fernando de Magallanes, que, en 1521, usó los vientos que soplan hacia el oeste para cruzar el océano Pacífico partiendo desde la costa oeste americana. Su expedición descubrió las islas Marianas y las Filipinas, pero, para poder establecer una ruta comercial entre estos lugares y América Central, los marineros tendrían que encontrar otra ruta en la que el viento soplara en dirección contraria y les permitiera cruzar el Pacífico en la dirección opuesta. Esta ruta no se encontró hasta 1565, cuando a Alonso de Arellano y Andrés de Urdaneta se les ocurrió que, tal vez, los vientos del Pacífico también se movían formando un «remolino» alrededor del océano, como los del Atlántico, así que navegaron hacia el norte hasta pasar de largo la costa de Japón, y, efectivamente, allí encontraron esos vientos que soplaban en dirección este.

Y, de la misma manera que estas corrientes de aire posibilitaron el establecimiento de una ruta comercial entre Manila y Acapulco, los vientos alisios también nos permiten regresar al asunto de los aviones.

A diferencia de un barco, un avión no depende de la dirección del viento para moverse, porque tiene un sistema de propulsión propio, pero, aun así, el viento es capaz de alargar o acortar la duración de un vuelo porque, si un avión se adentra en una masa de aire en movimiento que lo arrastre en su misma dirección, la velocidad del avión respecto al suelo aumentará y llegará antes a su destino. De la misma manera, si se mueve en contra del viento, su velocidad respecto a la superficie será menor y el vuelo durará más.

Teniendo en cuenta que el aire tiende a moverse en una dirección preferente en cada latitud del planeta, esto significa que la duración de un vuelo puede cambiar en función del sentido en el que un avión se esté moviendo, incluso aunque la ruta sea la misma. Por ejemplo, un viaje de Nueva York a Londres suele durar alrededor de una hora menos que uno de Londres a Nueva York porque, en esta latitud, los aviones tienen el viento a favor cuando viajan de América a Europa, pero en contra cuando van en la dirección opuesta. O sea, que el vuelo de Londres a Nueva York dura más tiempo, pese a que el avión se esté desplazando en contra de la dirección de rotación del planeta. Y esto es así porque lo que verdaderamente influye en la duración de un vuelo es la dirección en la que sopla el viento dominante en esa latitud concreta, no el sentido en el que la Tierra esté rotando por debajo del avión.

*Bueno, pero la dirección de esos vientos es un resultado directo de la rotación del planeta, así que, técnicamente, la rotación del planeta sí que afecta a la duración de los vuelos.*

Sí, vale, técnicamente, sí... Pero de manera muy indirecta.

*Interpretaré eso como que me has dado la razón. Por cierto, antes has mencionado el efecto Coriolis, y ese nombre me suena de algo. Ese es el mismo fenómeno que hace que el agua que se va por el desagüe gire en una dirección diferente en cada hemisferio, ¿verdad?*

Qué va, *voz cursiva*. Lo que comentas es un mito bastante extendido, pero, aunque es cierto que el efecto Coriolis influye en la dirección en la que giran las grandes tormentas, no afecta a la dirección en la que da vueltas el agua de nuestros retretes. Y el motivo es muy sencillo: son demasiado pequeños.

Me explico.

La dirección de giro de una masa de gas solo se verá afectada por el efecto Coriolis si cada punto de esa misma masa se mueve a una velocidad distinta en la misma dirección, que es precisamente lo que ocurre en nuestra atmósfera, donde el aire que está más cerca del ecuador se mueve más rápido alrededor del eje de rotación del planeta que el de las regiones polares. Por ejemplo, imaginemos un sistema de tormentas que se extendiera desde el ecuador hasta el sur de Europa. En este caso, las nubes que se encuentran sobre la región ecuatorial estarían siendo arrastradas hacia el este por la rotación terrestre a 1.667 kilómetros por hora, pero las que están al norte se moverían a unos 1.200 kilómetros por hora. Como las nubes que hay más al norte se mueven más despacio, irán quedando cada vez más rezagadas respecto a las que están en el ecuador, y, poco a poco, la tormenta irá tomando una forma espiral que rotará en sentido contrario a las agujas del reloj.

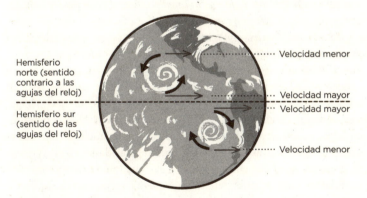

De hecho, este es el motivo por el que todas las grandes tormentas rotan en sentido contrario a las agujas del reloj en el hemisferio norte. En el hemisferio sur, en cambio, las tormentas «giran» en el sentido de las agujas del reloj porque, aunque las nubes que están más al sur también quedan rezagadas respecto a las del ecuador, el sistema está orientado en la dirección opuesta.

*¡Déjate de polos y ecuadores! ¡Lo que acabas de explicar apoya la idea de que el efecto Coriolis hace que el agua del retrete gire en sentido opuesto en cada hemisferio!*

Que no, *voz cursiva*, que hemos visto que el efecto Coriolis solo se manifiesta cuando las distintas partes de una masa fluida se mueven a velocidades distintas, algo que únicamente ocurre en nuestro planeta cuando esa masa es tan grande que abarca varias latitudes, como en el caso de la atmósfera. En cambio, el agua que hay en una bañera, un retrete o una pila de baño ocupa tan poco espacio que todos sus puntos se encuentran sobre la misma latitud y no hay diferencias significativas entre la velocidad a la que cada uno de sus extremos se mueve alrededor del eje de rotación del planeta. Y, como todos los puntos de estas pequeñas masas de agua cotidianas se mueven a la misma velocidad y en el mismo sentido en torno al eje de rotación terrestre, en su interior no aparecen movimientos espirales en ninguna dirección particular debido al efecto Coriolis.

*Ya, claro. ¿Y qué hay de esos vídeos que están grabados en el ecuador en los que alguien demuestra cómo el agua gira en direcciones opuestas en función del lado de la línea ecuatorial en la que se encuentren? ¿Me vas a decir que son falsos?*

Pues sí, *voz cursiva*, me temo que sí. Este tipo de «experimentos» suelen ser una atracción en la que un guía cobra dinero a los turistas por demostrarles cómo el agua gira en direcciones opuestas en cada hemisferio. El problema es que el efecto Coriolis no se manifiesta en nuestro día a día debido al fenómeno que acabo de comentar. De hecho, la dirección en la que gira el agua mientras se drena está determinada por otros factores que tienen una influencia mucho mayor que el efecto Coriolis a estas escalas, como las irregularidades en el recipiente, el ángulo en el que entra el agua en él o cualquier otro movimiento residual en una dirección determinada que tenga la masa de líquido al ser vertida. O sea, que lo que realmente hace la gente que aparece en esos vídeos es modificar la manera en la que meten el agua en el recipiente según el lado de la línea del ecuador en el que se encuentren, y así alteran la dirección de giro del agua bajo la premisa de que están enseñando un fenómeno natural interesante. Pero, en el fondo, es un engaño, incluso aunque la persona que lo lleva a cabo no sea consciente de ello y no tenga malas intenciones.

*Pues vaya... Primero me dices que la rotación del planeta no afecta directamente a la duración de los vuelos y ahora resulta que tampoco afecta a la dirección en la que gira el agua del váter. Mi vida es una mentira.*

Bueno, si te consuela, aunque es cierto que el efecto Coriolis no va a hacer que el agua de tus desagües gire en una dirección preferente, su influencia se puede observar en escalas muy pequeñas... Pero solo bajo condiciones experimentales muy controladas.

*¿Y crees que podría replicar esas condiciones en mi casa?*

Claro, *voz cursiva,* te animo tanto a ti como a los lectores a poner a prueba este experimento, aunque sea un poco aparatoso.

En 1962 y 1965 se llevaron a cabo varios experimentos en Cambridge y en Sídney con el objetivo de comprobar si los efectos de la fuerza de Coriolis se podían observar a pequeña escala.[1] El método consistía en llenar barreños circulares de 1,80 metros de diámetro con una capa de unos quince centímetros de agua, quitarles el tapón del fondo y observar la dirección en la que giraba el remolino resultante. Si el efecto Coriolis tenía algún efecto a esta escala, su influencia sería tan minúscula que cualquier otra perturbación mínima iba a arruinar los resultados, así que, para eliminar cualquier fuente de error, los investigadores tomaron precauciones como introducir el agua en los barreños en dirección contraria a la que debería provocar el efecto Coriolis en su hemisferio correspondiente, mantener la temperatura del agua lo más uniforme posible para evitar que se formaran corrientes de convección, cubrir los recipientes para que ni la más mínima brisa perturbara la superficie del líquido y dejar que el agua se asentara durante veinticuatro horas para que cualquier movimiento interno que conservara el líquido se disipara.

Siguiendo esta rigurosa metodología antes de quitar los tapones a los barreños, los investigadores notaron que los remolinos que se formaban durante el drenaje del recipiente siempre seguían la dirección que cabría esperar debido a la influencia del efecto Coriolis: en el hemisferio sur giraban en el sentido de las agujas del reloj, mientras que en el hemisferio norte lo hacían en sentido contrario. Eso sí, hay que tener en cuenta que ese movimiento rotatorio producido en una masa pequeña de agua por la rotación de la Tierra es imperceptible en condiciones normales, y que estos investigadores lo pudieron observar porque el remolino que se formaba durante el drenaje lo «amplificaba».

---

*Vale, ya me has confundido. Entonces, ¿en qué quedamos? ¿El efecto Coriolis tiene alguna influencia a pequeña escala o no?*

Perdona, *voz cursiva*. La respuesta a esa pregunta sería que la fuerza de Coriolis sí que puede producir movimientos minúsculos en el agua a pequeña escala, pero solo se pueden observar bajo unas condiciones experimentales muy controladas... Unas condiciones que no se dan en un retrete o una bañera normales, donde la influencia del resto de las fuerzas que actúan sobre ellos es muchísimo mayor.

Ahora bien, aunque la rotación de nuestro planeta no logre que el agua de los retretes gire en una dirección distinta en cada hemisferio, sí que produce un efecto mucho más interesante: si nos movemos en dirección contraria a la rotación de la Tierra, nuestro peso disminuye.

*Pero ¿qué me estás contando? ¿Cómo es posible que lo del efecto Coriolis y el agua del retrete sea mentira, pero esto no?*

Por una cuestión de física pura y dura, *voz cursiva*. Hablemos del efecto Eötvös.

Todos conocemos a alguien que conduce como si viviera atrapado en una persecución de película de Hollywood y hace cosas como salir de las rotondas por el carril de dentro o no frenar ante un semáforo en rojo hasta que se encuentra justo debajo de él, aunque lo haya visto con un kilómetro de antelación. No entraré a valorar si a esta gente deberían quitarle el carné de conducir, pero, si uno de estos kamikazes te ha llevado alguna vez en coche, seguro que habrás experimentado lo que se siente al coger una curva cerrada muy deprisa. De repente, una fuerza misteriosa te empuja hacia el exterior de la curva y te aplasta contra la puerta o contra el ocupante, que queda «ensandwichado» entre tú y ella.

Esta fuerza es la llamada *fuerza centrífuga*... O *centrípeta,* para los tiquismiquis. Bueno, en realidad, ni siquiera es una fuerza real, pero... Mira, da igual; la cuestión es que ese movimiento circular produce la «impresión» de que una fuerza nos está empujando en dirección opuesta a la del giro, y también aparece en otros ámbitos, más allá de la conducción temeraria. Un buen ejemplo son las montañas rusas, en las que la fuerza centrífuga nos empuja en muchas direcciones diferentes a lo largo del recorrido: en las curvas a la izquierda notamos un empuje hacia la derecha, en las curvas a la derecha lo sentimos hacia la izquierda, y, cuando el vagón entra en un tirabuzón y estamos boca abajo, la fuerza centrífuga mantiene nuestros culos pegados al asiento porque nos empuja hacia arriba.

Pues bien, aunque no seamos conscientes de ello en nuestro día a día, la rotación del planeta también ejerce una fuerza centrífuga constante sobre nuestros cuerpos.

*Espera, espera... ¿Me quieres decir que, mientras la Tierra rota, hay una fuerza que nos empuja en dirección contraria a la superficie terrestre?*

Así es, *voz cursiva.*

*¿Y por qué no salimos todos volando al espacio?*

Porque la magnitud de esa fuerza es muchísimo menor que la de la gravedad que nos mantiene pegados al suelo.

La intensidad de la fuerza centrífuga que experimenta un objeto depende tanto de su velocidad como del radio de la curva que traza por el espacio. En el caso de nuestro planeta, la gente que vive en las regiones ecuatoriales se está moviendo a la vertiginosa velocidad de 1.667 kilómetros por hora, pero hay que tener en cuenta que el círculo que describen alrededor del eje de rotación de la Tierra tiene una descomunal circunferencia de 40.000 kilómetros. Como resultado, el empuje «hacia fuera» que recibe alguien que se encuentra en el ecuador debido a la fuerza centrífuga solo representa alrededor del 0,33 % de la que ejerce la gravedad sobre la misma persona «hacia abajo». O sea, que la fuerza centrífuga no es lo bastante intensa como para hacer que la gente salga disparada al espacio, ni de lejos.

Ahora bien, como la magnitud de esta fuerza depende tanto del radio de la curva que sigue como de la velocidad a la que se mueve alrededor del eje de rotación, eso significa que la fuerza centrífuga que experimentamos puede aumentar o disminuir si la velocidad a la que nos movemos alrededor del eje de rotación de nuestro planeta varía. Y, a su vez, si la magnitud de esta fuerza que actúa sobre nosotros en dirección contraria a la gravedad aumenta o disminuye, también lo hará nuestro peso, que no es más que la fuerza que ejerce nuestro cuerpo contra el suelo.

*¿Me quieres decir que nuestro peso cambia si nos movemos entre el este y el oeste, porque estas trayectorias hacen que varíe la velocidad a la que nos movemos respecto al eje de rotación de la Tierra?*

Exactamente, *voz cursiva*. Por ejemplo, si nos montamos en un avión en el ecuador y nos empezamos a desplazar en la misma dirección en la que rota la Tierra (el este) a 800 kilómetros por hora, nuestra velocidad total alrededor del eje de rotación en ese sentido se incrementará de 1.667 kilómetros por hora hasta 2.467 kilómetros por hora. Como resultado, la magnitud de la aceleración centrífuga que experimentamos aumentará, nos «empujará» hacia arriba con más fuerza, y nuestro peso disminuirá un poco. Pero, en cambio, si el mismo avión se mueve a la misma velocidad en el sentido opuesto a la rotación del planeta, esta vez nuestro peso se incrementará porque la velocidad a la que estaremos dando vueltas respecto al eje de rotación habrá disminuido a 867 kilómetros por hora y la fuerza centrífuga que nos empuja hacia arriba será menor.

Hay que tener en cuenta que el cambio de peso que experimentamos debido a estas variaciones de la fuerza centrífuga es minúsculo. Pongamos el caso de una persona de 80 kilos que se encuentra parada sobre uno de los polos del planeta. Asumiendo que la Tierra fuera una esfera perfecta y que su interior tuviera una composición uniforme, esa misma persona pesaría el equivalente a 270 gramos menos si se encontrara sobre el ecuador del planeta debido a la mayor fuerza centrífuga que experimentaría en esta latitud. En cambio, si esa persona que se encuentra sobre el ecuador subiera a bordo de un avión y empezara a volar hacia el oeste a 800 kilómetros por hora, la fuerza centrífuga que actúa sobre ella disminuiría un poco y su peso se incrementaría en unos 200 gramos, así que, dentro de ese avión, solo pesaría 70 gramos menos que sobre uno de los polos del planeta. En cambio, si la persona volara hacia el este, su báscula marcaría un peso 500 gramos menor que en los polos, debido al incremento de la fuerza centrífuga que la empuja hacia arriba.

Por tanto, incluso en el caso más ideal, la fuerza centrífuga solo puede provocar variaciones de nuestro peso de unas pocas decenas o centenares de gramos...; una magnitud comparable a la que experimentamos entre un lugar y otro del planeta por el mero hecho de que su campo gravitatorio no es uniforme en toda su superficie. Si tienes más interés por este último dato, hay un artículo de mi blog en las «Notas» en el que trato este tema.[2]

*Pues nada, una vez más, la realidad me decepciona. No sabes cuánto me gustaría que la Tierra rotara lo bastante deprisa como para que la fuerza centrífuga compensara la gravedad y todos pudiéramos flotar por el aire como si estuviéramos en la Estación Espacial Internacional.*

No creo que un mundo así fuera un lugar agradable, *voz cursiva*.

*¿Por qué no iba a serlo? ¡Sería superdivertido!*

Porque la velocidad de rotación necesaria para que eso ocurra pondría en peligro la integridad del propio planeta. Para que te hagas una idea, la superficie del ecuador tendría que moverse a casi 30.000 kilómetros por hora alrededor del eje de rotación para «anular» el peso de la gente que vive sobre ella. O, dicho de otra manera, la Tierra tendría que completar una vuelta sobre su propio eje cada ochenta minutos, aproximadamente.

*Bueno, ¿y qué? Es cierto que el día y la noche se acortarían y durarían cuarenta minutos cada uno, pero seguro que los seres humanos se podrían adaptar fácilmente.*

La reducción de la duración del día y de la noche no es lo que más me preocuparía en este escenario, *voz cursiva*.

Obviando el caos que reinaría en la atmósfera y los océanos debido a la magnitud del efecto Coriolis que generaría esa velocidad de rotación demencial, hay que tener en cuenta que la fuerza centrífuga no solo afecta a las cosas que están sobre la superficie de un planeta, sino también al planeta en sí, dado que, al moverse mucho más deprisa alrededor del eje de rotación, el material que compone la región ecuatorial de un planeta experimenta un «empuje hacia fuera» mayor que los polos. Como resultado, el material del ecuador se «abomba» en dirección al espacio, y el planeta entero se deforma, haciendo que los polos se «achaten».

Esfera rotatoria                Esfera achatada por los polos

Esta deformación producida por la fuerza centrífuga es la razón por la que el diámetro polar de la Tierra es 42 kilómetros menor que su diámetro ecuatorial, pero existen otros cuerpos celestes que están aún más «aplastados». Por ejemplo, la próxima vez que veas una foto de Saturno, fíjate bien en su contorno y notarás que este planeta no es una esfera perfecta, ya que su diámetro ecuatorial es un 10 % mayor que su diámetro polar. Un caso aún más llamativo es Haumea, un planeta enano con un periodo de rotación de solo cuatro horas y un diámetro ecuatorial (unos 2.300 kilómetros) que dobla su diámetro polar (1.000 kilómetros).

Por supuesto, las estrellas tampoco se libran de este fenómeno, y el ejemplo más extremo que se conoce es el de Achernar, una estrella con una masa siete veces superior a la del Sol. El material de la superficie del ecuador de esta estrella se mueve alrededor de su eje de rotación a 250 kilómetros por segundo, lo que provoca que su diámetro ecuatorial sea un 56 % mayor que el polar. Por tanto, si existiera un planeta con vida dando vueltas alrededor de esta estrella, sus habitantes no verían siempre un disco brillante en el cielo, sino un óvalo que cambiaría de forma con el tiempo, dependiendo de cómo estuviera orientada la órbita del planeta en ese momento.

*Vale, vale, ya imagino adónde quieres llegar: la Tierra se volvería más ovalada si rotara tan deprisa como para contrarrestar su atracción gravitatoria sobre la superficie. Tampoco me parece un problema como para echarse las manos a la cabeza, la verdad. Es más, así la gente que se empeña en encontrar el punto medio en cualquier debate podría decir que la Tierra no es redonda ni plana, sino que tiene una forma intermedia.*

La situación es aún más grave de lo que piensas, *voz cursiva*: si la Tierra completara una rotación cada ochenta minutos, la fuerza centrífuga contrarrestaría nuestro peso, sí, pero también empujaría el material del ecuador hacia fuera con tanta intensidad que la propia roca que compone el manto del planeta se terminaría desmenuzando y saliendo despedida al espacio. O sea, que, en este escenario que parece tan inocente a primera vista, la Tierra acabaría convertida en un disco de escombros en expansión... Y, aunque no soy biólogo, estoy casi seguro de que esta no es una situación a la que la vida se pueda adaptar con facilidad, *voz cursiva*.

*¡Retiro mi deseo! ¡No quiero que la Tierra rote más! ¡Por favor, que alguien la pare en seco!*

Lamento informarte de que eso tampoco sería muy buena idea, porque, como habrás notado si alguna vez has estado de pie en medio del pasillo de un tren que se mueve a velocidad constante, si el vehículo frena en seco, la inercia que llevan los cuerpos de sus ocupantes en la misma velocidad y dirección en la que se mueve el tren hace que salgan despedidos hacia delante. De la misma manera, si la rotación del planeta se detuviera en seco, tanto nosotros como todo lo que nos rodea seguiríamos desplazándonos a cualquiera que fuera la velocidad a la que se estaba moviendo el suelo que teníamos bajo nuestros pies en ese momento: la gente que se encontrara sobre el ecuador terrestre saldría disparada hacia el este a una velocidad de 1.667 kilómetros por hora, mientras que alguien que estuviera en Madrid sería propulsado a unos 1.280 kilómetros por hora.

*Qué horror... Entonces, si la Tierra frenara en seco, todo el mundo se estamparía contra la estructura más cercana a velocidades comparables a la de una bala, ¿no?*

Bueno, no exactamente, porque la mayor parte de las estructuras serían arrancadas del suelo por su propia inercia junto con vehículos, árboles o pedazos de montañas en el momento en que la Tierra se detuviera. Además, la atmósfera también seguiría moviéndose sobre la superficie recién detenida, produciendo vientos supersónicos en las regiones ecuatoriales y corrientes de aire con velocidades «solo» varios cientos de kilómetros por hora en latitudes más altas. O sea que, en esta situación, estrellarnos contra una pared sería la menor de nuestras preocupaciones en comparación con el huracán de escombros en el que se convertiría cualquier ciudad de tamaño medio... O de escombros *supersónicos,* en el caso de la gente que viviera en latitudes inferiores a 42,5 grados.

Tampoco podemos olvidar que, si la rotación de la Tierra se detuviera en seco, el agua de los océanos se seguiría moviendo hacia el este, produciendo olas gigantescas que en la costa oeste devastarían todas las tierras emergidas del planeta. Teniendo todo esto en cuenta, parece que los únicos lugares seguros en este escenario serían las regiones polares, donde la superficie terrestre se mueve alrededor del eje de rotación del planeta a velocidades mucho menores.

*OK, OK. Entonces retiro también lo último que he dicho. Que la Tierra siga rotando a la velocidad de siempre, por fav...*

Espera, espera, que este escenario tendría una ventaja que tal vez no has considerado, *voz cursiva*: en cuanto la Tierra dejara de rotar, la fuerza centrífuga que actúa sobre el ecuador desaparecería y nuestro planeta recuperaría su forma esférica casi perfecta.

*No tengo suficiente trastorno obsesivo-compulsivo como para que la idea me convenza. Me quedo con la Tierra rotatoria y ligeramente achatada por los polos, gracias.*

Buena decisión, *voz cursiva*. Pero bueno, aunque, por suerte, no nos tenemos que preocupar por salir despedidos a la velocidad del sonido en un futuro cercano porque nadie va a detener la Tierra en seco, nuestros cuerpos sí que pueden llegar a alcanzar grandes velocidades si nos caemos desde un punto lo bastante alto.

# CAPÍTULO
# 10

## ¿Por qué las hormigas no se hacen daño al estrellarse contra el suelo?

A la hora de percibir el peligro, los seres humanos a menudo no usamos la lógica. Por ejemplo, la probabilidad de morir en un accidente de coche ronda el 0,0167 % por cada 16.000 kilómetros conducidos,[1] mientras que la probabilidad de sufrir el mismo destino en un accidente de avión a lo largo de toda una vida ronda el 0,01 %, y la de que no se abra un paracaídas durante un salto es del 0,0007 %. Sin embargo, mucha gente preferiría conducir 16.000 kilómetros en coche en lugar de subirse a un avión o tirarse en paracaídas una única vez (en este último grupo me incluyo). No sé qué produce exactamente esa impresión desmesurada de riesgo que generan ciertas actividades, pero, en el caso de los aviones y el paracaidismo, estoy convencido de que la idea de precipitarse sin control desde el cielo hacia una muerte asegurada no ayuda mucho a percibirlo de manera objetiva. Y, por supuesto, tampoco ayuda demasiado que los seres humanos seamos tan vulnerables a los impactos con el suelo que la mayor parte de las caídas que se producen a diez metros de altura resultan mortales.

Como ser humano que tiene suficiente vértigo como para que le ponga bastante nervioso estar relativamente cerca del borde de un acantilado o en un balcón alto con una barandilla incómodamente baja, la verdad es que toda esta información hace que me plantee si no habría sido mejor nacer siendo un insecto.

*Vaya, ese giro sí que no me lo esperaba. No sé cómo puñetas has llegado a esa conclusión, pero creo que estás siendo innecesariamente dramático.*

Tienes razón, *voz cursiva,* me he dejado llevar por el vértigo. En realidad, este paripé era una excusa para explicar que existen animales que, al contrario que nosotros, se pueden precipitar desde cualquier altura y vivir para contarlo porque son prácticamente inmunes a las caídas. Y eso lo consiguen gracias a una serie de características anatómicas básicas que incrementan drásticamente sus probabilidades de sobrevivir a una caída.

Mejor me explico.

Los diez metros que resultarían letales para un ser humano no representan prácticamente ningún peligro para un gato, pero aún menos para los insectos, que pueden caer desde cualquier altura y marcharse tan campantes tras el impacto. Parte del secreto, en este caso, está en la masa: los animales pequeños y ligeros son capaces de sobrevivir a caídas desde alturas mucho mayores que los grandes y pesados porque tienen una masa mucho menor, así que golpean el suelo con menos fuerza.

*Seguro que los lectores están encantados de haber gastado dinero en este libro para que les des datos tan reveladores como este.*

A ver, sé que es un detalle muy obvio a primera vista, pero lo que quiero decir es que la masa de un cuerpo cambia muchísimo a la mínima que su tamaño varía un poco, que es algo que normalmente no tenemos en cuenta. Por ejemplo, imaginemos que tenemos un cubo que mide un metro de lado. Cada cara de ese cubo tendrá una superficie de un metro cuadrado y su volumen será de un metro cúbico. Hasta ahí no hay problema. Pero, ojo, atentos a esta jugada: si doblamos la longitud de cada lado del cubo, ahora la superficie de cada una de sus caras será de 4 metros cuadrados (2 metros × 2 metros) y su volumen será de 8 metros cúbicos (2 metros × 2 metros × 2 metros). Si volvemos a doblar el tamaño de cada lado del cubo, alcanzando los 4 metros, entonces la superficie de cada cara alcanzará los 16 metros cuadrados y su volumen será de 64 metros cúbicos.

Como puedes ver, la superficie del cubo se multiplica por cuatro y su volumen aumenta ocho veces cada vez que doblamos el tamaño de sus lados. Esto se debe a que la superficie de un cuerpo aumenta de manera cuadrática con su tamaño, mientras que el volumen lo hace de manera cúbica. Y, aunque esto puede parecer un detalle sin importancia, significa que, si nuestra altura fuera diez veces menor, la

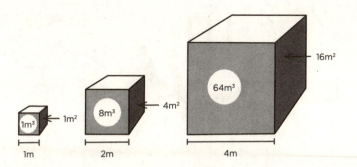

superficie de nuestro cuerpo se reduciría cien veces y nuestra masa sería mil veces más baja.

Esta disminución drástica de la masa con el tamaño permite a los animales pequeños sobrevivir a caídas desde una altura mayor por dos motivos.

Por un lado, la carga que puede resistir un hueso o la fuerza que puede ejercer un músculo depende de su sección, o, lo que es lo mismo, de lo grueso que es. A su vez, la sección de estas partes del cuerpo varía según el cuadrado del tamaño, igual que su superficie, pero, como hemos visto, la masa de un animal se incrementa con el tamaño de forma cúbica. Es decir, que la carga que experimentan los huesos y los músculos de los animales más pequeños no solo es mucho menor que la que soportan los de un animal grande, sino que, además, el esfuerzo proporcional al que estarán sometidos será más bajo, así que tienen una mayor probabilidad de salir ilesos.

El otro factor importante que determina la gravedad de un impacto es la velocidad terminal, la velocidad máxima que es capaz de alcanzar cualquier cuerpo mientras cae a través de un fluido. Y, en este aspecto, los animales pequeños también salen ganando porq...

*Espera, espera... ¿Cómo que hay una velocidad máxima a la que puede caer cualquier cosa?*

Como lo oyes, *voz cursiva,* un cuerpo en caída libre alcanza la velocidad terminal cuando su rozamiento con el aire ejerce suficiente fuerza sobre él «hacia arriba» como para compensar su peso. Cuando un objeto que está en caída libre alcanza esta velocidad, estas dos fuerzas se equilibran, su velocidad deja de incrementarse y continúa cayendo a un ritmo constante.

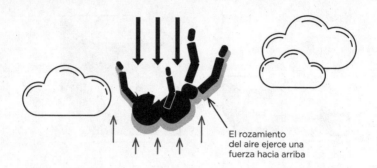

El rozamiento del aire ejerce una fuerza hacia arriba

La velocidad máxima que puede alcanzar un cuerpo durante una caída depende de su forma, su masa, su superficie y la densidad del medio que lo rodea, pero, como todos los seres vivos del planeta caen a través del mismo fluido, el aire, la velocidad que alcanza cada organismo está determinada exclusivamente por sus características físicas propias. Y, por supuesto, cuanto mejor adaptado esté el cuerpo de ese organismo para reducir lo máximo posible su velocidad terminal, más suave será su impacto contra el suelo y más probabilidades tendrá de sobrevivir.

Dos de los factores principales que determinan a qué velocidad máxima caerá un animal son su masa y la superficie de su piel. La primera regula la fuerza con la que cae, mientras que la segunda establece la cantidad de área que está en contacto con el aire durante la caída y, por tanto, la magnitud del rozamiento que lo empuja en dirección contraria.

Pero, ojo, porque, como he comentado, la masa y la superficie son dos factores que varían a un ritmo distinto con el tamaño. Volviendo al ejemplo que he usado hace un momento, un humano miniaturizado que fuera diez veces más pequeño sería unas mil veces menos masivo, pero su piel tendría una superficie solo cien veces menor que la nuestra. Por tanto, en relación con su peso, este humano diminuto tendría una superficie de contacto con el aire diez veces mayor, así que, proporcionalmente, experimentaría una fuerza de rozamiento mayor durante una caída y alcanzaría una velocidad máxima mucho más baja que nosotros.

O sea, que los animales pequeños sobreviven con más facilidad a las caídas no solo porque sus músculos y sus huesos son proporcionalmente más resistentes, sino que, además, el esfuerzo que tienen que soportar durante el impacto también es muchísimo menor, porque chocan con el suelo a una velocidad más baja. Por supuesto, existen otros factores que contribuyen a la supervivencia de un animal tras una caída, como la postura que adopta al caer, su forma o la densidad de su pelaje, pero el tamaño y la masa son los más fáciles de evaluar a simple vista.

*Vale, vale, ha quedado claro, pero creo que hablo en nombre de los lectores si te digo que te dejes de teoría y que hables de las velocidades terminales de diferentes organismos, que el tema suena interesante.*

Sí, creo que será lo mejor. Para que te hagas una idea de cómo influyen todos estos factores en la velocidad máxima a la que puede caer un cuerpo, los seres humanos tenemos una velocidad terminal de unos 195 kilómetros por hora, pero, en comparación, la de los gatos es de solo de 97 kilómetros por hora, gracias a su menor tamaño y su denso pelaje, que incrementa la fricción con el aire.

El caso concreto de los gatos es interesante porque estos animales tienen la ventaja adicional de que son capaces de adoptar la posición de «caer de pie» durante los treinta primeros centímetros de caída debido a la gran flexibilidad de su columna vertebral, una postura que incrementa aún más sus probabilidades de sobrevivir a una caída. Ahora bien, hay que tener en cuenta que los gatos no caen literalmente «de pie» cuando se precipitan desde grandes alturas. En su lugar, lo que hacen es relajar su cuerpo y estirar las patas para caer al suelo dando una especie de planchazo que reparte la fuerza del impacto por una superficie mucho mayor. Eso sí, incluso aunque un gato pueda sobrevivir a una gran caída aparentemente ileso, también es cierto que el impacto en esta postura le puede producir lesiones internas graves que no se manifiestan en el momento.

De hecho, es probable que hayas oído hablar alguna vez de ese mito que dice que la gravedad de las heridas que sufren los gatos al caer se incrementa con la altura hasta el equivalente a una séptima planta y que, de ahí hacia arriba, la probabilidad de que un gato muera a causa del impacto disminuye. En teoría, la explicación a este fenómeno tan poco intuitivo sería que los gatos no adoptan su posición de caída hasta que alcanzan la velocidad terminal, una cifra que adquieren cuando han caído una distancia de unos 37 metros. Por tanto, la mortalidad de los gatos debería aumentar con la altura hasta alcanzar la distancia a la que les da tiempo a adoptar su «posición de seguridad». Sin embargo, aunque se trata de un dato persistente, el estudio de 1987 que llegó a esta conclusión tenía un problema: estaba basado en las lesiones observadas en 132 gatos que habían llegado a una consulta veterinaria tras *sobrevivir* a caídas desde alturas mayores. Es decir, que sus autores estaban ignorando un montón de posibles casos de gatos que no habrían llegado a acudir al veterinario porque no habían sobrevivido a la caída, pese a que se produjera desde alturas similares a las de los demás. Es más, un estudio de 2003 analizó otros 119 casos, y concluyó que los gatos tienden a experimentar lesiones más graves cuanto mayor es la altura desde la que caen,[2] como cabría esperar.

En cualquier caso, los organismos aún más pequeños que los gatos toleran las caídas aún mejor. Por ejemplo, un ratón tendría más probabilidades de sobrevivir a una caída desde una gran altura que un gato porque su velocidad terminal es aún más baja. No he conseguido encontrar datos exactos, pero sí intentos de conseguir una cifra aproximada basándose en simplificaciones bastante ingenieriles, como suponer que el ratón es esférico o que es un ser humano en miniatura. Sea como sea, estas estimaciones sugieren que la velocidad máxima que puede alcanzar un ratón durante una caída rondaría entre los 5,4 y los 10,8 kilómetros por hora.

*O sea, que estás sugiriendo a los lectores que lancen ratones por el balcón para medirlo por su cuenta, a modo de experimento, porque no les va a pasar nada.*

Por supuesto que no, *voz cursiva*. Los animales pequeños tienen una mayor *probabilidad* de sobrevivir a alturas mayores, pero eso no significa que no exista la posibilidad de que caigan en mala postura y el impacto los deje «muñecos».

Por ejemplo, hace unos años tuve un hámster que tenía la mala costumbre de escalar la mosquitera de la puerta de la terraza. Y digo que esa costumbre era mala porque, aunque sabía subir sin problemas, no era capaz de bajar. Por tanto, si dejaba el hámster suelto por casa, tenía que estar un poco pendiente de él y recogerlo cuando lo veía ahí arriba enganchado, porque, de lo contrario, simplemente se dejaba caer y se pegaba un leñazo contra el suelo (algo que probablemente pasó muchas veces cuando yo estaba despistado). Total, que un día salí de casa y se me olvidó meter al hámster en la jaula, y, cuando volví, lo encontré muerto junto al marco de la puerta. O sea, que, al final, pese a que la probabilidad de un animal tan pequeño de sobrevivir a una caída tan baja como esa era elevada, siempre existe la posibilidad de que se dé un mal golpe... Así que no te dediques a tirar ratones por la ventana para medir su velocidad terminal, por favor.

*Espera, espera. ¿El hámster del que hablas no será el mismo hámster que usabas como ejemplo en el libro* El universo en una taza de café[3] *para hablar de la teoría de la relatividad?*

Efectivamente, *voz cursiva,* ese fue el triste desenlace de *Coliflor.* Pero, al menos, murió de una manera que me ha permitido inmortalizarlo en un ejemplo de este libro.

*¿Y qué fue de* Comandante, *el otro hámster del ejemplo de la relatividad?*

Se escapó y nunca supe nada más de él, pero dejemos de hablar de mamíferos y pasemos a los insectos, porque la mayor parte de los bichos tienen velocidades terminales tan bajas y masas tan minúsculas que son capaces de sobrevivir a una caída desde cualquier altura.

Para empezar, aunque no he podido encontrar una referencia académica seria, parece que las hormigas caen a una velocidad máxima de solo 6,4 kilómetros por hora (lo que me hace sospechar que la anterior aproximación de los ratones está bastante desencaminada). Por otro lado, en otro estudio sobre la velocidad terminal de las arañas durante el «vuelo arácnido» (cuando flotan por el aire agarradas a un trozo de tela) se midieron velocidades de entre uno y seis kilómetros por hora, dependiendo de la longitud del hilo que arrastraban.[4] Por tanto, al tener una velocidad máxima de caída y una masa tan bajas, no existe una altura desde la que un insecto pueda caer y le resulte letal.

*¿Cómo que no? Y si dejáramos caer los bichos desde la Estación Espacial Internacional, a cuatrocientos kilómetros de altura, ¿no arderían como meteoritos mientras atraviesan la atmósfera y morirían?*

Pues no creo que llegaran a caer tan deprisa como para arder, *voz cursiva,* pero gracias por sacar el tema, porque mucha gente piensa que los meteoritos llegan al suelo prácticamente incandescentes, pero lo cierto es que muchos están muy fríos al tacto cuando impactan con la superficie. Esto ocurre porque, aunque los meteoritos se calientan muchísimo mientras entran en la atmósfera a decenas de kilómetros por segundo, el aire los frena rápidamente hasta su velocidad terminal, que es de unos pocos cientos de kilómetros por hora. Por tanto, los meteoritos suelen recorrer el tramo final de su caída a una velocidad relativamente baja que permite que el aire frío de las capas altas de la atmósfera reduzca su temperatura.

Por supuesto, eso no significa que todos los meteoritos lleguen fríos al suelo. Las oportunidades de medir la temperatura de un meteorito recién caído son poco frecuentes, porque la probabilidad de que uno caiga cerca de alguien es muy baja, pero, aun así, en la base de datos de The Meteoritical Society hay algunos ejemplos interesantes:[5]

- Breitscheid (Alemania), 1956. Se encuentra un meteorito de 1,5 kilos que rompió varias ramas antes de tocar el suelo. Los testigos dijeron que seguía caliente media hora después de recogerlo.
- Haverö (Finlandia), 1971. Un meteorito de 1,54 kilos atraviesa las tejas de hormigón del tejado del almacén de una granja. La familia dijo que la roca que encontró estaba «cálida, pero no caliente».
- Górlovka (Ucrania), 1974. Un meteorito de 3,6 kilos cae a unos 20 metros de un grupo de residentes, dejando un agujero de 25 centímetros de diámetro y diez de profundidad. Tras su recogida inmediata, notaron que estaba frío.
- Acapulco (México), 1976. Un meteorito de 1,9 kilos deja un cráter de 30 centímetros de profundidad. Los testigos dijeron que estaba frío cuando lo recuperaron, quince minutos después del impacto.
- Jalisco (México), 2007. Un hombre oyó un estruendo en la parte trasera de su casa a las 3.00 horas, y encontró una piedra de 1,36 kilos que estaba caliente al tacto. Usó esa piedra como tope para la puerta durante cuatro años hasta que, en 2011, la vendió después de darse cuenta de lo que era mientras veía un documental sobre meteoritos.
- Pernambuco (Brasil), 2013. Un meteorito de 1,55 kilos cae a menos de un metro de un hombre a las 15.00 horas. Al tocarlo, una de sus caras estaba caliente y la otra fría.

*No digo que estos datos no sean interesantes, pero ¿qué se supone que querías demostrar con estas anécdotas?*

Pues que, a menos que alguna fuerza externa lo impida, cualquier objeto en caída libre a través de la atmósfera tenderá a la velocidad terminal, sin importar si su velocidad inicial es superior o inferior a esta cifra. Además, para variar, quería aprovechar la ocasión para colar el tema de los meteoritos.

Volviendo a los seres vivos, es posible que muchos lectores envidien ahora mismo a esos organismos pequeños que tienen una velocidad terminal tan baja que son prácticamente inmunes a las caídas, pero tal vez te consuele saber que, pese a que la de los seres humanos es bastante elevada, se puede sobrevivir a una caída desde una altura tremenda si se dan las condiciones adecuadas.

Es probable que el caso más famoso sea el de Vesna Vulović, la persona que ostenta el récord de supervivencia a una caída desde mayor altura, con 10.160 metros. Vesna trabajaba como azafata de vuelo cuando, el 26 de enero 1972, una maleta explotó en la bodega del avión y la aeronave se precipitó contra el suelo. Contra toda probabilidad, la mujer sobrevivió al incidente, pero sufrió lesiones graves (una fractura en el cráneo con hemorragia cerebral, otra fractura de pelvis, tres vértebras rotas, así como las piernas y varias costillas) que la mantuvieron varios días en coma y cinco meses ingresada en el hospital. El traumatismo fue tal que Vesna no era capaz de recordar nada de lo que ocurrió durante el incidente o las semanas posteriores: su último recuerdo antes del incidente era el embarque del avión y el siguiente era una visita de sus padres al hospital, un mes después. De hecho, parece que dos semanas después del incidente, los médicos le enseñaron una noticia del periódico sobre lo ocurrido y ella simplemente se desmayó.[6]

*¡Ostras, qué barbaridad! ¿Y cómo puede alguien sobrevivir a una caída así?*

Buena pregunta, *voz cursiva*, porque resulta que existe una página web llamada The Free Fall Research Page[7] que se dedica a recopilar y verificar todas las historias de caídas y supervivencias. Gracias a esas historias y a un interesante artículo de Popular Mechanics[8] se puede ver que las caídas de la mayor parte de la gente que se ha precipitado desde alturas extremas y ha vivido para contarlo tienen varias características en común.

Por un lado, si acabamos de estar involucrados en un accidente aéreo y nos estamos precipitando hacia el suelo a toda leche, lo ideal es caer agarrado a algún objeto que reduzca tu velocidad terminal durante la caída o que incluso amortigüe el golpe. Además, también conviene intentar no chocar directamente contra el suelo rígido, sino caer sobre un terreno que alargue nuestro tiempo de impacto, como por ejemplo una gruesa capa de nieve, un bosque o un pantano cubierto de maleza. Si el terreno sobre el que aterrizamos encima está inclinado, aún mejor, porque el choque no será tan brusco si resbalamos por una pendiente.

Teniendo todo esto en cuenta, la caída de Vesna Vulović no podía haber sido más perfecta, dada la gravedad de la situación: cayó atrapada dentro de una sección rota del avión (incrustada entre su asiento, un carrito del cáterin y el cuerpo de otro miembro de la tripulación, y el armatoste cayó sobre una pendiente cubierta de nieve por la que se deslizó hasta que se detuvo.

Otro caso similar es el de Juliane Koepcke, que tenía diecisiete años en 1971, cuando el avión en el que viajaba fue destruido por un rayo a 3,2 kilómetros de altura mientras sobrevolaba Perú. Juliane tuvo la suerte de caer sobre la jungla de espaldas, aún abrochada a su asiento. Gracias a esa amortiguación, sobrevivió al impacto únicamente con la clavícula rota y un ojo hinchado. Aun así, su situación no era fácil, ni mucho menos: para encontrar ayuda, tuvo que seguir el cauce de un riachuelo durante nueve días hasta que llegó a un campamento de leñadores que le llevaron a un hospital. En las «Notas» dejo una entrevista (en inglés) a Juliane que me pareció muy interesante.[9]

Pero, por lo que respecta a caídas extremas «a cuerpo desnudo», un caso especialmente afortunado fue el de Alan Magee, un piloto de un bombardero B-17 que se vio obligado a saltar de su avión durante la Segunda Guerra Mundial, pese a que su paracaídas estaba dañado. El aviador rápidamente quedó inconsciente debido a la baja concentración de oxígeno que había a esa altitud, pero tuvo la suerte de caer sobre el techo de cristal de la estación de tren de Saint Nazaire, en Francia. El impacto contra un techo de cristal no debió de ser agradable, pero, al romperse, el cristal amortiguó la caída lo suficiente como para que Alan tocara el suelo a una velocidad que no resultó letal.[10]

*¡O sea, que hay esperanza! ¡Sobrevivir a una caída extrema es posible!*

Bueno, sí, es posible, pero ten en cuenta que es extremadamente improbable. Para que te hagas una idea, de las 118.934 personas que murieron en los 15.463 accidentes de avión mortales que tuvieron lugar entre 1940 y 2008, solo 157 sobrevivieron.

*Ah, vaya... ¿Y qué debería hacer para incrementar mis escuetas probabilidades de sobrevivir si alguna vez me encontrara en esa situación?*

Poca cosa, *voz cursiva*. Si no consiguiéramos agarrarnos a un objeto grande y con mucha superficie o mantenernos abrochados en nuestro asiento, entonces nos encontraríamos en el siguiente escenario.

En primer lugar, lo más probable es que nos desmayáramos durante los primeros segundos de la caída debido a la falta de oxígeno, pero seguramente recuperaríamos la consciencia en cuanto descendiéramos hasta los seis o siete kilómetros de altura. Una vez lúcidos, lo primero que tendríamos que hacer sería estirar los brazos y las piernas para aumentar nuestra superficie de contacto con el aire y reducir la velocidad terminal. Esta ligera reducción de la velocidad solo servirá para ganar un poco de tiempo para maniobrar; no creas que esta posición de «planchazo» es lo que te salvará del impacto. Una vez adoptada esta postura, tocará buscar un terreno blando o en pendiente y dirigirse hacia él. Lo ideal sería una gruesa capa de nieve o un camión lleno de cojines, pero si no tuviéramos estas opciones a nuestra disposición, deberíamos intentar dirigirnos hacia un bosque o unos matorrales.

Como habrás notado, este proceso requeriría maniobrar por el aire usando nuestro propio cuerpo. Si nunca has hecho paracaidismo antes y no tienes ninguna experiencia en este campo, como yo mismo, pocos consejos te pueden ayudar. Tocará improvisar un curso acelerado y autoimpartido sobre la marcha.

*Captado. ¿Y si intentara caer en el agua para amortiguar la caída aún más?*

Ni de broma, *voz cursiva*. Chocar con el agua a estas velocidades es como impactar contra un suelo de cemento, pero si no quedara más remedio que caer en el agua, es mejor hacerlo en posición «de palillo» para romper la tensión superficial del líquido con el menor punto de contacto posible. A lo mejor algún saltador de trampolín profesional está leyendo estas líneas y estará pensando que sus probabilidades de sobrevivir aumentarían si se zambullera en el agua de cabeza, como en las competiciones, pero eso lo dejo a su criterio. Él sabrá lo que es mejor.

Ahora bien, si no consigues alcanzar un terreno blando, tengo malas noticias: no he encontrado ningún caso en el que alguien haya sobrevivido a una caída impactando directamente contra el suelo rígido. Hay gente que sugiere que, en este escenario, lo mejor es caer de puntillas, echarse hacia delante y empezar a rodar en cuanto tocas el suelo. O hacer más o menos lo mismo, pero dejándose caer hacia el lado. El problema, creo yo, es que debe de ser un poco complicado coordinar todos esos movimientos cuando tus pies acaban de tocar el suelo, pero el resto de tu cuerpo sigue moviéndose a doscientos kilómetros por hora.

*Uf, menudo percal... No me extraña que se inventaran los paracaídas.*

Pues, mira, de hecho, los paracaídas reducen drásticamente nuestra velocidad terminal porque incrementan muchísimo la superficie de contacto con el aire, lo que se traduce en un gran aumento de la fricción y en una fuerza «hacia arriba» mucho mayor.

Curiosamente, en la naturaleza se pueden encontrar ejemplos de organismos a los que la evolución ha dotado de estrategias similares a la del paracaídas para reducir su velocidad terminal. Un ejemplo son las semillas de la sámara, cuyas «alas» aplanadas incrementan su superficie de contacto con el aire y hacen que roten mientras caen, reduciendo su velocidad de caída y proporcionándole más tiempo al viento para que las aleje del árbol.[11] Sinceramente, para una planta, me parece una alternativa mucho más elegante para esparcir tus semillas que la estrategia de atraer a algún animal para que se las coma y las cague bien lejos de ti.

En cualquier caso, durante estas páginas he estado hablando de estrategias para reducir nuestra velocidad terminal, pero lo cierto es que, si queremos, también podemos incrementarla. Es más, la velocidad terminal humana de 195 kilómetros hora que he mencionado antes se corresponde con la que alcanza una persona si está cayendo de cara al suelo y con los brazos estirados, pero, si esa misma persona cae de cabeza, con los brazos pegados al cuerpo y en una posición completamente vertical, puede alcanzar velocidades de entre 240 y 290 kilómetros por hora.

Este incremento de velocidad que tiene lugar cuando cambiamos la postura en la que caemos ocurre por dos motivos.

Por un lado, la fricción con la atmósfera disminuye cuando pegamos los brazos al cuerpo y juntamos las piernas por el simple hecho de que nuestra superficie de contacto con el aire se reduce. Pero, además, esta postura nos permite caer más deprisa porque es más aerodinámica, lo que significa que perturba menos el aire mientras lo atraviesa, y la presión del gas que nos rodea se mantiene más o menos uniforme. En cambio, un objeto poco aerodinámico desplaza el aire de manera más caótica, formando frente a él una región donde la presión es muy alta y otra tras él donde es muy baja.[12] Este desequilibrio da como resultado una fuerza que actúa en dirección contraria a la caída del objeto que reduce su velocidad, y que será más intensa cuanto mayor fuera la diferencia entre la presión del aire en cada uno de sus extremos.

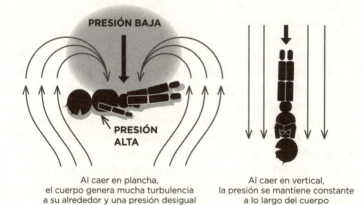

Al caer en plancha, el cuerpo genera mucha turbulencia a su alrededor y una presión desigual

Al caer en vertical, la presión se mantiene constante a lo largo del cuerpo

Teniendo esto en cuenta, no es de extrañar que existan trajes que permiten que la persona que lo lleva puesto supere con creces la velocidad terminal humana normal durante una caída libre. Según *Guinness World Records,* el récord en 2019 lo ostenta Henrik Raimer, que en 2016 alcanzó los 601,26 kilómetros por hora en caída libre tras saltar desde una altura de 4.000 metros con uno de estos trajes,[13] pero el récord absoluto de velocidad de caída libre lo tiene Felix Baumgartner, el tipo que saltó desde una altura de 39 kilómetros en 2012 y alcanzó una velocidad de 1.357 kilómetros por hora, convirtiéndose en el primer ser humano en superar la velocidad del sonido sin un vehículo que...

*¡Eh! ¡Para el carro! ¿Cómo que rompió la barrera del sonido? ¿No habíamos quedado en que la velocidad terminal era de 195 kilómetros por hora y lo máximo que se ha alcanzado con trajes especiales es 601,26 kilómetros por hora?*

Ojo, *voz cursiva*, porque las velocidades que mencionas se alcanzaron en saltos desde altitudes bajas, donde la densidad del aire es más alta. Baumgartner pudo alcanzar estas velocidades tremendas precisamente porque, a 39 kilómetros de altitud, la densidad del aire es muy baja y apenas producía fricción sobre su cuerpo. Pero, igual que un meteorito, su velocidad fue disminuyendo durante el descenso a medida que la densidad del aire que lo rodeaba se incrementaba.

*Ah, comprendo. Pero si la densidad del aire afecta a la velocidad terminal, ¿significa eso que la velocidad máxima a la que caeríamos en otros planetas sería distinta?*

Efectivamente, *voz cursiva*.

Nuestra velocidad terminal cambia entre un mundo y otro en función tanto de su atmósfera como de la intensidad de su gravedad. Por ejemplo, la gravedad sobre la superficie de Titán es siete veces menos intensa que en la Tierra, porque el diámetro de este satélite de Saturno es 2,5 veces menor que el de nuestro planeta. Como, además, la densidad de su atmósfera es unas 4,4 veces superior al nivel del mar, se puede calcular que la velocidad máxima de caída de un ser humano en la atmósfera de Titán debería rondar los 32 kilómetros por hora, en lugar de los 195 kilómetros por hora que alcanzamos en la Tierra.

*¡Ostras! ¿Y por qué no nos vamos todos a vivir a Titán y nos volvemos inmunes a las caídas?*

Bueno, supongo que a nadie le hace especial ilusión vivir en un mundo donde la temperatura ronda los −180 °C, la atmósfera no contiene oxígeno y los únicos lagos que cubren su superficie están hechos de nitrógeno y metano líquidos.

*Ah, sí, cierto. Se me había olvidado.*

Sea como sea, la disminución de velocidad terminal en Titán proviene principalmente del hecho de que la gravedad sobre la superficie de este satélite es menor que en la Tierra. En cambio, en el planeta

Venus ocurre lo opuesto: su atmósfera es tan espesa que el aire, al nivel del mar, tiene una densidad de 65 kilogramos por metro cúbico, una cifra seiscientas veces superior a la de la atmósfera terrestre. Como resultado, pese a que la gravedad venusiana es muy parecida a la de la Tierra porque los dos planetas tienen un tamaño y una densidad similares, la velocidad terminal de un ser humano en Venus sería de solo veinticinco kilómetros por hora, aún más baja que en Titán.

*No me quiero hacer ilusiones otra vez, pero ¿existiría la posibilidad de mudarnos a Venus si no queremos experimentar nunca más el dolor de una caída?*

Depende, *voz cursiva*. ¿Te gustaría vivir en un mundo donde la temperatura media ronda los 460 ºC, la presión del aire en la superficie es tan alta que nos chafaría al instante y, para rematarlo, llueve ácido sulfúrico?

*A ver, para gustos, colores, pero a mí ese panorama no me llama demasiado la atención. ¿Y qué hay de Marte, el único otro planeta que parece medianamente habitable en este endemoniado sistema solar?*

Pues resulta que la gravedad de Marte es casi tres veces menor que la de la Tierra, pero su atmósfera es prácticamente inexistente, así que los objetos que caen a través de ella apenas experimentan rozamiento. Es más, la densidad del aire marciano al nivel del mar es solo de 0,02 kilos por metro cúbico, unas 62 veces menor que en la Tierra. Como resultado, la velocidad terminal de Marte ronda los 940 kilómetros por hora... Así que te puedes dar unos buenos leñazos en el planeta rojo.

*¡Uf! ¿Es que no hay un puñetero planeta rocoso en el que la gente con vértigo pueda vivir tranquila o qué?*

Bueno, Marte no sería una opción tan mala, porque, debido a su menor gravedad, la velocidad de nuestra caída tardaría más tiempo en incrementarse que en la Tierra. De hecho, para alcanzar la velocidad terminal en la atmósfera marciana tendrías que precipitarte desde unos 9,3 kilómetros. Extrapolando a alturas menores, si cayeras desde diez metros sobre la superficie de Marte, tocarías el suelo a una velocidad de solo 31 kilómetros por hora. En cambio, en la Tierra, una caída desde la misma altura daría como resultado un impacto a 50 kilómetros por hora.

*Bah... Tampoco me parece una reducción tan grande como para justificar una mudanza a un planeta diferente.*

Estoy de acuerdo, *voz cursiva*. Quedarse en la Tierra y mantenerse alejado de los acantilados me parece una opción más práctica que irse a Marte a vivir, sobre todo teniendo en cuenta los detalles que voy a comentar en el último capítulo.

De todas maneras, existe otra solución mucho más segura que nos permite protegernos de cualquier caída y que aún no hemos considerado: eliminar el suelo de la ecuación. ¿Y qué mejor manera de conseguirlo que excavar un agujero de punta a punta del planeta?

# CAPÍTULO
# 11

## ¿Qué pasaría si nos tiráramos por un agujero excavado a través de la Tierra?

A menos que nacieras y crecieras en China, es posible que en algún momento de tu infancia intentaras «cavar un agujero tan profundo» que llegara hasta allí. Sin embargo, solo se puede llegar hasta China cavando un túnel en línea recta si se parte desde Chile y Argentina, porque son los únicos países que se encuentran en el punto diametralmente opuesto del planeta, o, lo que es lo mismo, en sus antípodas. Por tanto, me veo obligado a informarte de que, a menos que pasaras la infancia en uno de estos dos países, todo el esfuerzo que dedicaste a ampliar ese agujero con la ilusión de que te condujera hasta el Lejano Oriente fue en vano.

*Bueno, no creo que ningún niño en su sano juicio piense de verdad que conseguirá llegar hasta China haciendo un aguj...*

Es más, también quiero añadir que el océano Pacífico es tan inmenso que la mayor parte de los agujeros que se excavaran desde tierra firme en línea recta acabarían en el fondo del mar en el otro extremo del planeta, así que, si tus fantasías infantiles se hubieran cumplido y hubieras conseguido atravesar la Tierra, tu túnel se habría inundado en el momento que lo terminaras y probablemente hubieras muerto ahogado.

*¡Basta ya! ¿No ves que nadie se ha planteado seriamente hacer un túnel que atraviese el plane...?*

Ahora bien, los que hemos pasado la infancia en España tenemos la suerte de que en nuestras antípodas no haya un punto aleatorio del océano Pacífico, sino las islas de Nueva Zelanda. Esto significa que, si algún intrépido niño consigue excavar un agujero lo bastante profundo como para cruzar el planeta en línea recta, su túnel no terminará en medio del mar, sino en la superficie de estas islas... Y entonces podrá montar un puesto junto a la entrada del agujero y cobrar un dineral a la gente que quiere llegar rápidamente a Nueva Zelanda tirándose a través de él.

*Voy a obviar esta extraña introducción para decir que siempre he querido viajar a Nueva Zelanda, así que la idea del túnel que nos permite llegar muy rápido a este país sin necesidad de coger aviones me ha gustado. ¿Cuándo empezamos a cavar?*

¡Ah!, ¿es que me estabas tomando en serio? Pues lo siento, *voz cursiva,* pero no tengo ni idea, porque no existe ninguna tecnología que permita hacer un agujero de tales proporciones... Ni sé cuándo va a existir.

El agujero más profundo que se ha excavado hasta la fecha es el llamado *pozo superprofundo de Kola,* en Rusia, con unos impresionantes 12,26 kilómetros de profundidad y unos menos impactantes 23 centímetros de diámetro. Pero, claro, si comparamos esta profundidad con los 12.756 kilómetros de diámetro de nuestro planeta, podemos ver que aún nos queda mucho que avanzar para atravesarlo de punta a punta. Para dar una idea de la diferencia de escala de la que estamos hablando, si la Tierra midiera un metro de diámetro, este agujero tendría una profundidad de solo 0,96 milímetros, y un diámetro de 0,018 micrómetros.

*Qué decepción, para variar.*

No te rayes, *voz cursiva:* aunque no podamos construir un túnel que atraviese la Tierra, al menos podemos fantasear imaginando lo que experimentaríamos si ese inmenso agujero existiera y nos lanzáramos a través de él.

*¡Bah!... ¿Y qué? ¡La imaginación no se puede comparar con lo que probablemente sería la experiencia más emocionante que podrías vivir jamás!*

Bueno, ojo, porque la experiencia podría ser la más maravillosa o la más horrible de tu vida, dependiendo de la dirección en la que estuviera excavado el túnel.

Vayamos por partes.

Imaginemos un túnel recto que une los dos polos terrestres pasando por el centro del planeta, que hemos evacuado todo el aire del conducto y que saltamos en posición de palillo por la apertura del Polo Norte. Y, de paso, supongamos también que la Tierra es una esfera perfecta y su densidad es uniforme por todo su volumen. Como es de esperar, lo primero que notaremos será cómo la gravedad nos empieza a acelerar a través del agujero y que nuestra velocidad se vuelve cada vez mayor... Pero las cosas se pondrán interesantes a medida que avancemos por el túnel.

En la superficie estamos acostumbrados a que la Tierra tire de nosotros hacia abajo porque toda la masa del planeta está bajo nuestros pies, pero si estás *dentro* de la Tierra, esa misma masa está esparcida a tu alrededor y su gravedad tira de ti desde todas las direcciones. Por tanto, durante nuestra caída a través del túnel, la cantidad de masa que tenemos por encima de nuestras cabezas irá aumentando respecto a la que hay bajo nuestros pies, así que cada vez notaremos un tirón gravitatorio más intenso hacia «arriba».

*¡Y la gravedad nos partirá por la mitad! ¡No!*

Ah, no, no, para nada. Lo único que ocurrirá es que la aceleración de nuestra caída irá disminuyendo a medida que nos acerquemos al núcleo, porque la masa creciente que quedará por encima de nosotros tirará de nuestros cuerpos con una fuerza cada vez mayor. Dicho de otra manera: nuestra velocidad seguirá aumentando hasta llegar al centro de la Tierra, pero lo hará a un ritmo cada vez menor a medida que nos acercamos a él.

El centro exacto del planeta es un punto importante, porque se trata de un lugar en el que tendríamos la misma cantidad de masa tirando de nosotros desde todas las direcciones. Esto significa que el tirón gravitatorio que recibimos desde cualquier dirección se anularía con la fuerza que tira de nosotros en la dirección contraria, y experimentaríamos unas condiciones de «ingravidez» que nos permitirían flotar libremente por la parte central del túnel... Si no fuera porque nos estaríamos moviendo a 28.000 kilómetros por hora cuando alcanzáramos este punto, claro.[1]

Pero en cuanto pasemos de largo el centro del planeta, nos encontraremos en la situación opuesta: ahora tendremos más masa tirando de nosotros en dirección contraria a nuestra caída que a favor, de modo que la gravedad empezará a reducir nuestra velocidad. Lo curioso es que, técnicamente, ahora estaríamos *cayendo* hacia la superficie del punto opuesto del planeta, y la gravedad no conseguiría frenarnos por completo hasta el momento justo en que asomemos la cabeza en el otro lado del mundo.

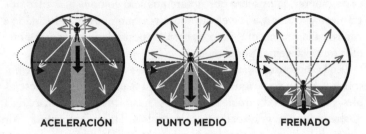

**ACELERACIÓN**    **PUNTO MEDIO**    **FRENADO**

Llegados a este punto, pasará una de dos cosas: si nos da tiempo a agarrarnos a algo, podremos salir a la superficie y nuestro viaje habrá terminado, pero, si por cualquier motivo no lográramos salir del agujero a tiempo, volveríamos a caer hacia el centro del planeta y a repetir el proceso una y otra vez hasta que alguna persona amable que se encontrara en uno de los extremos del túnel nos ayudase a salir.

En total, tardaríamos 42 minutos en llegar al otro extremo de este túnel excavado a través de la Tierra si la densidad de nuestro planeta fuera uniforme por todo su volumen, pero, como no lo es, la cifra real acabaría rondando los 38 minutos.[2]

*¡Qué pasada! ¡Pues llenemos la Tierra de agujeros para que podamos viajar a cualquier parte del mundo en menos de una hora!*

No tan rápido, *voz cursiva,* porque hay un par de fenómenos que te pueden estropear los planes: el rozamiento del aire y nuestro viejo amigo el efecto Coriolis.

Por un lado, el motivo por el que podemos saltar por un lado del planeta y salir por el otro en caída libre es que cada kilómetro por hora que ganamos durante la caída hasta el centro de la Tierra lo perdemos durante el ascenso hacia el extremo opuesto. Dicho de otra manera, durante la caída hacia el núcleo terrestre alcanzas exactamente la velocidad que necesitas para llegar a la salida del túnel, así que, si por cualquier motivo fueras un poco más despacio, la gravedad del planeta te frenaría por completo mucho antes de alcanzar la superficie y volverías a caer hacia el núcleo, donde terminarías atrapado tras pasarlo de largo unas cuantas veces.

*¡Ya lo entiendo! ¡Si el túnel no estuviera perfectamente evacuado de aire, el rozamiento con el gas nos impediría acelerar hasta los 28.000 kilómetros por hora necesarios para alcanzar el extremo opuesto del túnel!*

Exacto, *voz cursiva*. La densidad del aire que nos rodearía a lo largo del túnel variaría con la profundidad, pero, como este parámetro depende tanto de la presión del gas como de su temperatura, es difícil estimar cómo evolucionaría nuestra velocidad terminal durante la caída. Por tanto, a modo de ejemplo, supongamos que la densidad y la presión del aire a lo largo del túnel fueran las mismas que al nivel del mar y que caemos a través de él a una velocidad terminal constante de 200 kilómetros por hora.

En primer lugar, a esta velocidad tardaríamos 32 horas solo en llegar al centro del planeta, en lugar de los 19 minutos que necesitábamos para atravesar el túnel cuando estaba vacío. No sé cómo sientan 32 horas seguidas cayendo a través de un túnel vertical, pero imagino que no llegaríamos al centro de la Tierra demasiado contentos. Además, como 200 kilómetros por hora es una velocidad claramente insuficiente para subir hasta el extremo opuesto del túnel, la gravedad nos frenará rápidamente en cuanto pasemos de largo este punto y nos arrastrará en dirección contraria, dejándonos varados en el centro del planeta. Y, si nadie nos viniera a rescatar, moriríamos de inanición y nuestro cadáver se quedaría flotando en el punto central del túnel, en condiciones de ingravidez.

Por tanto, si algún día se te ocurre construir un túnel que atraviese el planeta de polo a polo, asegúrate de evacuar bien todo el aire que contiene... Y de sacar los cuerpos de la gente impaciente que se tiró por el túnel antes de que lo vaciaran, no vaya a ser que alguien colisione con un cadáver flotante cuando alcance el centro del planeta a 28.000 kilómetros por hora.

Dejando el asunto del aire de lado, las cosas se complicarían aún más si decidiéramos construir el túnel en cualquier otra dirección que no fuera la que une los polos.

En el capítulo 9 hemos visto que cada punto de la superficie terrestre se mueve alrededor del eje de rotación de la Tierra a una velocidad que depende de su latitud. Este es el motivo por el que un punto de la superficie del ecuador da vueltas alrededor de este eje a unos 1.667 kilómetros por hora, mientras que uno más cercano a los polos se mueve más despacio, como es el caso de Islandia, cuya superficie lo hace a una velocidad que ronda los 650 kilómetros por hora. Pues bien, por si esto fuera poco, este fenómeno también afecta al interior de la Tierra: los puntos más cercanos al centro de nuestro planeta se mueven a una velocidad menor en torno al eje de rotación que los más superficiales, porque trazan un círculo más pequeño a su alrededor. Y esto es un *problemón* para nuestro ambicioso proyecto.

Por ejemplo, imaginemos que hemos excavado un túnel a través de la Tierra que une dos puntos opuestos del ecuador y nos tiramos por una de las entradas. En este caso, la gravedad del planeta empezaría a acelerarnos en dirección al centro de la Tierra, igual que si saltáramos por un túnel excavado entre los polos, pero la diferencia esta vez es que estaríamos entrando en el agujero con una velocidad *horizontal* de 1.667 kilómetros por hora alrededor del eje de rotación terrestre. Pero, claro, la velocidad a la que se mueven las paredes del túnel que nos rodean en torno a ese eje va disminuyendo a medida que nos acercamos al centro del planeta, así que, tarde o temprano, acabaremos chocando con ellas. A partir de ese momento, nuestra caída va a perder toda su elegancia porque seguiremos avanzando por el túnel golpeándonos contra las paredes hasta alcanzar el centro del planeta a una velocidad tan baja que nos quedaremos ahí atrapados: ingrávidos, magullados y, posiblemente, muertos.

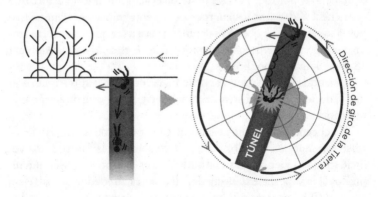

Y, claro, lo peor es que este fenómeno afectaría en mayor o menor medida a cualquier túnel que excaváramos a través de la Tierra en cualquier dirección. La única excepción sería el túnel que conectara los dos polos del planeta, porque, como todos los puntos de este túnel estarían alineados con el eje de rotación, sus paredes no tendrían velocidad horizontal, y podríamos caer tranquilamente a través de él sin preocuparnos por terminar varados en el centro del planeta.

*Vaya bajón que el único túnel medianamente factible sea el que conecta los dos puntos más sosos del planeta. ¿No hay ninguna manera de solucionar el problema del efecto Coriolis?*

Bueno, una opción sería detener por completo la rotación de la Tierra...

*Me refiero a una solución que no produzca un cataclismo a escala global.*

Pues lo más práctico sería construir un agujero que no fuera en línea recta, sino que tuviera una curva adaptada a la geometría de la caída que asegurara que siempre permaneciéramos en el centro del túnel y no chocáramos con las paredes. Ahora bien, este tipo de túneles no conectarían dos puntos opuestos de la Tierra y solo se podrían utilizar en una dirección, de modo que es probable que hubiera que tirarse por diferentes combinaciones de túneles para alcanzar el lugar del planeta deseado.

*Me alegra ver que la idea de los túneles a través de la Tierra tiene solución. Venga, va, ¿cuándo los empezamos a construir?*

**177**

En un futuro muy lejano... Si es que algún día se consigue, claro.

Ten en cuenta que no solo hay que atravesar miles de kilómetros de roca y metal para conectar dos puntos opuestos del planeta a través de un agujero, sino que, además, la temperatura del material que hay que perforar va aumentando con la profundidad hasta alcanzar unos 6.000 °C en el núcleo. Para que te hagas una idea de las dificultades que esto supone, el proyecto del pozo de Kola se tuvo que detener porque se encontraron con que las rocas rondaban los 180 °C a 12,63 kilómetros de profundidad, en lugar de los 100 °C que habían previsto, así que puedes imaginar cuántos problemas daría una temperatura decenas de veces más alta.

Además, como hemos visto en el capítulo 7, tanto el material que compone el manto rocoso como el del núcleo interno metálico de la Tierra permanecen en estado sólido pese a su alta temperatura, porque están sometidos a unas presiones altísimas que impiden que se funda. Por tanto, a medida que el túnel avanzara, habría que ir revistiendo sus paredes con algún material que pudiera soportar esas condiciones de presión y de temperatura de manera permanente. Esta tarea se complicaría aún más cuando el túnel alcanzara el núcleo externo líquido del planeta, repleto del hierro y del níquel fundidos que circulan alrededor de la bola de hierro incandescente que es el núcleo sólido..., que tampoco sería sencillo atravesar.

Total, que sería imposible realizar este proyecto en la Tierra sin algún tipo de tecnología de ciencia ficción futurista y altamente especulativa.

En la actualidad, lo más parecido a esta idea que podríamos aspirar a construir en nuestro planeta sería un *tren gravitatorio,* un concepto que consiste en meter un tren en un túnel curvado y no muy profundo que conecte dos puntos de la superficie terrestre que no estén muy alejados. El tren que recorrería este agujero curvado tendría la ventaja de que, en principio, no necesitaría combustible porque la gravedad le proporcionaría la velocidad que necesita para moverse de un extremo a otro sin ningún impulso adicional: desde la perspectiva de los pasajeros, el tren caería pendiente abajo cada vez más deprisa hasta alcanzar la mitad del trayecto, y, a partir de ahí, notarían cómo se empiezan a mover cuesta arriba y van perdiendo velocidad durante el ascenso hasta llegar al otro extremo.

Ahora bien, este funcionamiento tan perfecto solo ocurriría en el mismo mundo idealizado en el que estaban ambientados los problemas de física del instituto. En la vida real, la fricción con el aire reduciría un poco la velocidad del vehículo durante el trayecto e impediría que llegara al otro extremo del túnel sin un impulso adicional. De hecho, incluso aunque se sacara todo el gas del túnel, el rozamiento de las ruedas del tren con las vías seguiría afectando a su velocidad.

*Bueno, los trenes gravitatorios tienen mucho menos glamur que tirarse a través de un túnel recto que atraviesa la Tierra, pero, visto lo visto, me conformo. ¿Empiezo a reunir firmas para construir uno?*

Mejor no, *voz cursiva,* porque estos túneles seguirían presentando el mismo problema de siempre: para viajar entre dos puntos mínimamente alejados del planeta, el agujero tendría que ser lo bastante profundo como para pasar a través del manto terrestre, pero no hay ningún material conocido que pueda soportar esa temperatura y esa presión de manera continuada. Por tanto, aunque estos trenes gravitatorios son más factibles que excavar un agujero a través del planeta, siguen sin ser un método de transporte viable... O, al menos, no lo son en la Tierra.

Existen otros mundos donde este tipo de infraestructura sería un poco menos descabellada que en nuestro planeta. El lugar ideal donde instalar un tren gravitatorio sería un cuerpo celeste más pequeño que la Tierra, cuyo interior esté más frío y que no posea actividad tectónica ni atmósfera. De esta manera, los materiales de construcción no se tendrían que enfrentar a temperaturas y presiones extremas, ni habría que preocuparse porque un terremoto pusiera en peligro la integridad estructural del túnel, ni deberíamos molestarnos en sacar todo el aire del agujero, porque ya estaría vacío.

Teniendo esto en cuenta, la Luna podría ser una muy buena candidata para instalar este tipo de medio de transporte, porque no solo carece de atmósfera y está geológicamente inactiva, sino que, además, tiene un núcleo muy pequeño y relativamente frío (ronda los 1.380 °C). Además, la Luna tiene la ventaja adicional de que completa una vuelta sobre su eje cada veintiocho días, en lugar de cada veinticuatro horas, como la Tierra, así que la magnitud del efecto Coriolis sería mucho menor, y la curva de los túneles no tendría que alcanzar profundidades tan altas.

Sea como sea, de momento, en la Tierra nos tendremos que conformar con viajar de un lado a otro del planeta a bordo de aviones en cuestión de horas, en lugar de los pocos minutos que nos llevaría hacerlo cayendo a través de un túnel de miles de kilómetros de longitud excavado a través del planeta. Pero, bueno, teniendo en cuenta que hace solo dos siglos se tardaban entre 75 y 120 días[3] en llegar a Nueva Zelanda en barco desde Europa y que, ahora, el mismo trayecto se realiza solo en 25 horas con una buena conexión, los aviones actuales nos están permitiendo visitar nuestras antípodas entre 72 y 115 veces más rápido que en el pasado. En comparación, los 42 minutos que tardaríamos en cruzar el túnel nos permitirían llegar al mismo punto «solo» unas 36 veces más rápido que un avión. Es decir, que, proporcionalmente, se podría afirmar que el avión representó un mayor avance en cuanto a transporte de lo que sería un agujero excavado a través del planeta.

*Lo siento, pero ese argumento no me consuela en absoluto.*

Si te digo la verdad, a mí tampoco, *voz cursiva*. Pero bueno, ya que ha salido el tema de la Luna, voy a aprovechar para dar pie a un capítulo un poco distinto.

# CAPÍTULO
# 12

## ¿Es cierto que la Luna nos afecta tanto como dicen?

Nuestros cerebros han evolucionado para reconocer patrones en el entorno de manera muy eficiente. Al fin y al cabo, ser capaces de distinguir las facciones de un depredador por el rabillo del ojo en una fracción de segundo podía significar la diferencia entre la vida y la muerte cuando aún estábamos a merced de los elementos.

Esta habilidad nos ha acompañado a lo largo de la historia hasta nuestros días, y en la actualidad se manifiesta, entre otras situaciones, cada vez que enviamos un emoticono a través del móvil o dibujamos una cara sonriente con dos puntos y una línea curva: aunque está claro que esos garabatos no son seres vivos, nuestro cerebro sigue viendo unas facciones humanas donde claramente no hay nada. Incluso hay quien lleva estos instintos un paso más allá y ha vendido una tostada quemada por 28.000 dólares porque dice que se puede ver la cara de la Virgen María entre las partes chamuscadas.[1]

*Ríete, pero no puedes negar que las manchas de esa tostada se parecen a la Virgen María.*

No, no, si estoy de acuerdo en que a veces pueden aparecer manchas que *se parecen* a algún personaje religioso. Pero eso no tiene nada de sobrenatural: primero, porque se trata de un fenómeno muy subjetivo y, segundo, porque, por pura estadística, es normal que aparezcan manchas que parecen tener facciones humanas en alguna de las millones de rebanadas de pan que se tuestan cada día. Lo realmente milagroso sería que un día, de repente, la Virgen María apareciera en *todas* las tostadas del planeta.

Pero bueno, el caso es que los seres humanos no solo somos capaces de interpretar patrones en el espacio, sino también en el tiempo. Este detalle mejoraba aún más nuestra capacidad de supervivencia porque nos permitía adelantarnos a acontecimientos potencialmente peligrosos antes de que ocurrieran. Por ejemplo, ¿has notado que el riachuelo al que vas a buscar agua está infestado de leones cada mañana? Pues, nada, mejor pasar a buscar agua al anochecer. Problema solucionado... O, mejor dicho, evitado.

Debo decir que me he sacado este ejemplo de la manga, pero te puedes hacer una idea de por qué reconocer patrones en el tiempo puede resultar beneficioso para la supervivencia de un organismo.

El caso es que nuestros ancestros encontraron una fuente especialmente rica en patrones en cuanto levantaron la vista al cielo y empezaron a fijarse en el movimiento de los cuerpos celestes. Como ya hablé con detalle sobre cómo los seres humanos interpretaban los movimientos del Sol y de los planetas en *El universo en una taza de café*,[2] en este capítulo me quería centrar solo en la Luna, un astro que llamaba especialmente la atención a nuestros antepasados gracias a los cambios bruscos que experimenta su aspecto a corto plazo y de manera cíclica.

*Sí, es supercurioso. Gracias a esas observaciones que hicieron nuestros antepasados, hoy en día sabemos que la Luna tiene una gran influencia sobre nuestras vidas.*

Creo que no te sigo, *voz cursiva*.

*Quiero decir que las fases de la Luna determinan muchas cosas que pasan a nuestro alrededor, como por ejemplo el nacimiento de los bebés o el comportamiento de la gente. ¿No lo has notado nunca?*

Bueno, a ver, no creo que...

*¡Ya estamos! ¡Como siempre, la «ciencia» tiene que venir a ningunear la sabiduría de nuestros ancestros porque los científicos no son capaces de concebir la existencia de algo que no pueden medir! ¡Imbéciles! ¡Todo en el universo está conectado! ¡Solo tienes que abrir un poco la mente para ver que las energías de los cuerpos celestes influyen en todo lo que ocurre en nuestras vi...!*

¡Para el carro, *voz cursiva*! Mira, podría aburrir a nuestros lectores explicando por qué no existe un mecanismo físico que explique esa supuesta influencia que tienen los cuerpos celestes sobre nuestras vidas, pero, en su lugar, te propongo algo diferente: vamos a echar un vistazo a los datos puros y duros para ver si esos efectos que el saber popular atribuye a la Luna realmente existen.

*No entiendo muy bien a qué te refieres.*

No hay problema, te lo explico con un ejemplo.

Uno de los efectos más conocidos que el saber popular atribuye a la Luna llena es su supuesta influencia sobre los partos. Por suerte, esta afirmación se puede verificar con facilidad sin recurrir a ecuaciones físicas o experimentos complejos, porque basta con recopilar las fechas de todos los partos que han tenido lugar durante un periodo determinado, contar cuántos bebés nacieron cada día y comprobar si había un pico de nacimientos cada vez que la Luna se encontraba en alguna fase concreta.

*Qué manera de perder el tiempo. Si ya se sabe que las fases lunares sí que afectan a los partos, precisamente gracias al saber popular.*

El saber popular falla más que una escopeta de feria, *voz cursiva*. De hecho, los estudios que se han hecho sobre el tema no han encontrado ninguna relación entre la fase de la Luna y el número de partos. Y, cuando digo «estudios», me refiero simplemente a gente que ha recopilado tantos datos de partos como ha podido, los ha representado en un calendario y ha comprobado si realmente han nacido más bebés cuando la Luna se encontraba en alguna fase concreta.

El estudio a mayor escala que se ha hecho para analizar esta cuestión se fijó en las fechas de nacimiento de 70 millones de personas en un periodo de veinte años. ¿El resultado? No había ninguna diferencia significativa en el número de partos que se producen a lo largo de cada fase del ciclo lunar.[3] Pero, ojo, fíjate en que esto no es una apreciación personal ni algo que «se dice por ahí». Es información que se ha descubierto a través del método científico, o, lo que es lo mismo, observando la realidad de manera objetiva y analizando los datos para ver qué está pasando más allá de nuestras creencias personales u opiniones.

Otra creencia bastante popular relacionada con nuestro satélite es que la menstruación se suele sincronizar con los ciclos lunares. Este caso me parece más interesante, porque puede dar la *impresión* de que este fenómeno ocurre de verdad, pero, en realidad, se trata de una ilusión estadística. El mayor estudio que se ha hecho en este campo lo llevaron a cabo los responsables de una aplicación muy popular que hace un seguimiento del ciclo menstrual llamada «Clue», pero, tras analizar los ciclos de 7,5 millones de usuarias y compararlos con las fases lunares, no encontraron ninguna relación entre ambos.

Ahora bien, es posible que muchas lectoras me digan que este resultado tiene que ser erróneo, porque su periodo sí que está sincronizado con el ciclo lunar. Pero, como comentan en el artículo, eso es solo una ilusión producida por la estadística:[4] una persona cuyo ciclo menstrual comience el día de luna llena, el de luna nueva o los tres días anteriores o posteriores a estas fases podría llegar a considerar que los dos fenómenos están relacionados, pero hay que tener en cuenta que esos catorce días representan casi la mitad de los 29,5 días que dura el ciclo lunar. Por tanto, como la probabilidad de que los dos fenómenos coincidan en el tiempo es de casi el 50 %, a la mitad de las mujeres les puede llegar a dar la impresión de que existe una sincronización entre las fases de la Luna y su ciclo menstrual... Pero, de nuevo, cuando se analiza la cuestión a gran escala, esta relación desaparece.

*Bueno, te lo puedo llegar a comprar. ¿Y qué hay de otros fenómenos que se han atribuido a la luna llena, como por ejemplo el aumento de los comportamientos agresivos o de los crímenes?*

Buen apunte, *voz cursiva,* pero déjame añadir que, tradicionalmente, a la luna llena también se la ha culpado de supuestos aumentos en los episodios psicóticos, los homicidios, los suicidios, el sonambulismo o la epilepsia. Por suerte, no tendremos que analizar cada uno de estos casos por separado, porque para eso existe un estupendo metaanálisis que se hizo en 1985 para comprobar estos supuestos efectos de la Luna sobre el comportamiento humano.[5]

*¿Un metaanálisis?*

Sí, es una palabra molona para decir que alguien ha recopilado todos los estudios que se han publicado hasta la fecha sobre un tema en concreto, ha analizado sus resultados y los métodos que se utilizaron para obtenerlos y ha intentado ver qué conclusiones se pueden sacar sobre ese tema, en función de toda la información disponible. Si representáramos en una pirámide el peso que tiene cada tipo de evidencia científica, el metaanálisis se encontraría en la cima.

El metaanálisis que he comentado revisó 37 estudios disponibles acerca de los efectos de la Luna sobre el comportamiento (y, más tarde, los autores recopilaron otros 23). Algunos de esos estudios sugerían que sí existía una relación entre la Luna y el comportamiento humano, y otros no habían encontrado ninguna, así que el trabajo de los autores era reevaluar los resultados para ver qué estaba pasando. Y ahí es donde empieza lo interesante.

En primer lugar, los autores del metaanálisis encontraron un detalle curioso entre los estudios que afirmaban haber encontrado una relación entre la Luna y el comportamiento humano: la mitad contenían errores estadísticos muy graves. Por ejemplo, uno de esos estudios afirmaba que un número desproporcionadamente alto de los accidentes de tráfico ocurrían durante las tres noches que rodean las fases de luna llena y luna nueva, pero sus autores no habían tenido en cuenta que, en la muestra temporal que habían escogido, una mayor proporción de lunas nuevas y llenas habían caído en fin de semana, que son días en los que ocurren más accidentes de tráfico de por sí, con independencia de la fase lunar. Y, en efecto, la supuesta influencia lunar desaparecía en cuanto este detalle se tenía en cuenta en los cálculos estadísticos.

Otro de los casos que mencionan los autores del metaanálisis es el de un estudio que concluía que en Dade County, Florida, se producía un mayor número de homicidios durante las veinticuatro horas posteriores y anteriores a la luna llena. En este caso, los datos se habían sometido a 48 tipos de análisis diferentes en los que habían buscado distintos patrones, como por ejemplo si se producían más homicidios tres días antes de la luna llena, tres días antes o después, durante los dos días anteriores o posteriores, el día anterior, el posterior, etcétera. Y, de entre todos ellos, se habían quedado con el que parecía arrojar una correlación positiva. Pero, claro, en cuanto se volvieron a analizar los datos con métodos estadísticos adecuados, esa supuesta correlación desaparecía.

En cualquier caso, la moraleja del metaanálisis que he mencionado es que sus autores no lograron encontrar ninguna evidencia de que las fases de la Luna estuvieran relacionadas con alteraciones en el comportamiento humano. De nuevo, no estamos hablando de alguien que se limita a llevar la contraria al saber popular simplemente porque le da la gana, sino de una conclusión que se ha alcanzado analizando los datos crudos, reconociendo los potenciales fallos que tenía cada estudio y comparando sus resultados.

*Pero no lo entiendo… Si la Luna no tiene ningún efecto sobre nosotros, ¿por qué la gente dice que sí?*

Porque, aunque a los seres humanos se nos da bien reconocer patrones, lo hacemos de manera muy subjetiva. De hecho, los autores especulan que la tendencia a asociar la luna llena o nueva con todos los eventos atípicos que ocurren a nuestro alrededor tiene su origen, en gran medida, en el hecho de que la gente tiende a recordar mejor los sucesos que han ocurrido durante estas fases lunares, porque son más fácilmente reconocibles. Si una noche de luna llena presencias un accidente, es muy probable que la fase lunar que había en ese momento te llame la atención y lo menciones cuando cuentes la anécdota, pero si la Luna estuviera en mitad de la fase de cuarto creciente, seguramente ni siquiera te fijarías en ella ni lo comentarías cuando explicaras el incidente a los demás.

Esta misma lógica también se puede aplicar a los medios de comunicación: si ocurre una desgracia cuando hay luna llena, la historia es mucho más llamativa que cuando se encuentra en cualquier otra fase. Dicho de otra manera, relacionar la luna llena con $x$ permite un titular mucho más atractivo que «$x$ no está relacionado con las fases de la Luna». Es más, este es el motivo por el que los autores del metaanálisis lo llamaron «La Luna estaba llena y no pasó nada», en alusión a los titulares sensacionalistas sobre nuestro satélite.

*Pues vaya chasco. ¿En serio que la Luna no tiene absolutamente ningún efecto sobre nosotros?*

Todo apunta a que no, *voz cursiva*. He estado buscando estudios que concluyan que existe alguna relación entre las fases lunares y algún evento que ocurre en nuestro día a día, y he encontrado uno sobre accidentes mortales de moto que se realizó con datos de Estados Unidos entre 1975 y 2014.[6] En este estudio se notó que, de los 13.029 accidentes mortales registrados en 1.482 noches diferentes, durante las noches de luna llena se habían producido un 5 % más que la media del resto de los días. Además, los autores encontraron esta misma tendencia en el Reino Unido, Australia y Canadá, así que han propuesto que la luz de la luna llena podría producir distracciones que incrementan las probabilidades de que un motorista se vea envuelto en un accidente. Ahora bien, los mismos autores admiten que hay que coger esta conclusión con pinzas, porque no fueron capaces de obtener datos sobre cuáles eran las condiciones climatológicas en el momento de cada accidente, la cobertura de nubes del cielo, la velocidad de los motoristas u otros factores que podrían haber influido en el trágico desenlace.

Por otro lado, en 2013 apareció otro estudio que argumentaba que la luna llena hace que durmamos menos tiempo y peor.[7] Lo que llama la atención en este caso es que los participantes dormían en una habitación cerrada en la que no entraba la luz de la Luna mientras se medía su actividad cerebral y, además, no conocían la motivación del estudio, por lo que no se podía tratar de un efecto psicológico.

*¡Lo sabía! ¡La Luna sí que tiene un efecto sobre nosotros!*

Para el carro otra vez, *voz cursiva*. Los autores de este estudio también reconocieron que su trabajo tiene algunas limitaciones: únicamente participaron 33 personas, y el sueño de cada una de ellas solo se vigiló durante dos noches, en lugar de todas las noches de un ciclo lunar completo. Además, aunque los participantes pasaron un 30 % menos de tiempo en fase de sueño profundo durante las noches de luna llena y decían haber dormido peor, esos días solo tardaban cinco minutos más en quedarse dormidos y dormían veinte minutos menos en total. Por tanto, el estudio no demuestra que la Luna afecte a nuestro sueño, como muchos medios dijeron en su momento. Simplemente, indica que hay que poner a prueba este fenómeno con un grupo mayor de gente y controlar mejor el experimento para ver si realmente existe esa correlación.

Total, que la moraleja de todo este asunto es que los seres humanos no analizamos la realidad de manera objetiva y que a menudo encontramos correlaciones donde no las hay. Ojo, que esto no es una cruzada en contra de la gente que cree en estas supuestas relaciones entre la Luna y los seres humanos, ni estoy insinuando que un amigo tuyo que dice que lo pasa fatal las noches de luna llena sea un mentiroso compulsivo: solo quiero señalar que hay información que aceptamos sin cuestionarla, simplemente porque la hemos heredado de algún ser querido o porque hemos logrado convencernos a nosotros mismos de que es cierta eligiendo solo las experiencias que nos convienen e ignorando las que no. Y no pasa nada. Es algo que hacemos todos porque somos humanos, y tendemos a agarrarnos con fuerza a esos patrones que nos parece haber identificado en nuestro entorno y que creemos que nos reportan algún beneficio.

Pero precisamente para eso existe la comunidad científica: no está ahí para llevar la contraria al saber popular, sino para poner a prueba esos patrones que creemos haber encontrado y analizarlos sin el filtro de la subjetividad y la superstición. Y, si se descubre que esos patrones no eran más que una ilusión, no pasa nada por dejar de creer en ellos.

*Ya, bueno, pero ¿y si la comunidad científica se equivoca?*

Puede ocurrir, *voz cursiva,* pero, como hemos visto en el caso del metaanálisis, los científicos están constantemente revisando las conclusiones de los demás en busca de fallos en los métodos que han utilizado para llegar a ellas o intentando replicar sus resultados. No es un método perfecto, por supuesto, pero, sabiendo cómo funciona, personalmente, yo me fío más de la comunidad científica que del mismo saber popular que nos dice que hay que orinar encima de las picaduras de las medusas.

En cualquier caso, ahora que hemos hablado de lo que supone aceptar la información sin cuestionarla, echemos un vistazo a una anécdota bastante interesante que me envió un lector.

# CAPÍTULO
# 13

## Si cargamos una batería, ¿pesará más?

Un lector de mi blog me envió una vez un correo electrónico en el que afirmaba que era capaz de adivinar si una pila está cargada solo por su peso, porque, según él, las pilas que están cargadas pesan más que las que no lo están. Personalmente, si tuviera que hacer una lista con los superpoderes que más me gustaría tener, la capacidad de adivinar la carga de una pila por su peso estaría más bien hacia el final, junto con la habilidad de predecir los números de la lotería premiados dos segundos antes de que empiece el sorteo o la fuerza sobrehumana que solo se activa cuando te quedas dormido.

En realidad, la afirmación de este lector y los superpoderes absurdos que me acabo de inventar comparten una cosa en común: que ninguno de ellos existe.

*¿Estás llamando mentiroso a uno de tus fieles lectores?*

Para nada, *voz cursiva*; no digo que esté mintiendo ni que se esté inventando la historia. Es más, estoy seguro de que él *cree* que puede adivinar si una pila está cargada solo por su peso. El problema es que se está engañando a sí mismo, aunque no se dé cuenta. De hecho, si algún lector de este libro está convencido de que tiene este mismo superpoder y se ha sentido identificado con este testimonio, déjame explicar por qué es imposible distinguir si una batería está cargada a partir de su peso. Y, si eso no te convence, explicaré qué prueba puedes hacer para comprobar de manera objetiva si realmente tienes esta increíble habilidad o no.

Pero, primero, tendremos que averiguar cómo funcionan las pilas... Así que toca volver a hablar de nuestros amigos los átomos.

Hemos visto que los átomos consisten en un núcleo lleno de protones y neutrones que está rodeado de electrones. Pero aunque los protones y los electrones tienen carga positiva y negativa, respectivamente, por suerte no vamos por la calle pegándonos calambrazos con todo lo que tocamos, porque cada átomo tiende a contener el mismo número de unos y otros, así que su carga global es neutra. Teniendo esto en cuenta, puedes imaginar que un material tendrá carga eléctrica si la cantidad de protones y electrones que poseen sus átomos está desequilibrada. Si posee más protones que electrones, adoptará una carga positiva. Si tiene más electrones que protones, su carga será negativa.

Pues bien, resulta que en cuanto una región que contiene demasiados electrones entra en contacto con otra donde faltan, todos esos electrones sobrantes se abalanzarán en tromba a ocupar los lugares vacíos. Ese flujo de electrones que se produce entre dos zonas con carga eléctrica opuesta es lo que llamamos *corriente eléctrica*, y, en cuanto todos los lugares vacíos hayan sido ocupados, las cargas de las dos regiones se habrán equilibrado porque ambas contendrán el mismo número de partículas con carga positiva y negativa, y los electrones dejarán de fluir de una a otra.

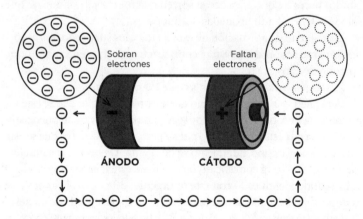

Este concepto tan simple es el principio que hay tras el funcionamiento de las pilas, que, básicamente, son recipientes en los que hay varias sustancias cuya reacción química produce una región con carga negativa en la que sobran electrones (el ánodo) y otra con carga positiva en la que faltan (el cátodo). Además, estas pilas están estructuradas de manera que los electrones no pueden moverse libremente por su interior, así que la única manera que tienen de pasar de la región donde sobran a la que faltan y producir una corriente eléctrica es a través de un objeto que una los extremos de la pila y permita el paso de la electricidad, como un cable de metal.

*Entiendo, pero ¿por qué tiene que ser precisamente metal? ¿Por qué esos electrones no pueden pasar a través de un trozo de goma, por ejemplo? Porque la verdad es que no estaría mal que los cables fueran elásticos.*

Buena pregunta, *voz cursiva*. Para entender por qué los electrones pueden pasar a través de un cable de metal, pero no de una goma elástica, sustituyamos los electrones por personas y el cable por una calle estrecha.

Imagina que te encuentras en medio de una plaza que está abarrotadísima porque se han instalado unas pantallas gigantes en las que se está retransmitiendo la final del Campeonato Mundial de Curling. Tras un partido igualadísimo que incluso se podría calificar de épico, el equipo de tu ciudad sale victorioso y la multitud estalla en vítores. Todo el mundo está ansioso por celebrar el triunfo en la plaza vacía de al lado, pero hay un problema: solo se puede acceder a ella a través de una calle estrecha que también está abarrotada.

Muy poco a poco, la plaza se empieza a vaciar a medida que la gente que está más cerca de la callejuela entra en ella y empuja a quienes tienen delante en dirección a la plaza vacía. Pero aunque tu intención inicial era la misma, de repente te das cuenta de que la plaza en la que te encuentras ya no está tan abarrotada y se ha vaciado lo suficiente como para que ya te sientas cómodo en ella. Llegados a este punto, el deseo por mudarte a la plaza vecina desaparece y empiezas a festejar la salvaje victoria de tu equipo con el resto de los aficionados al *curling* que te rodean.

Pues, bien, quitando el detalle del *curling*, lo que ocurre cuando conectamos los dos terminales de un cable de metal es una situación medianamente parecida: el cátodo está abarrotado de electrones que tienen muchas ganas de llegar hasta los huecos libres que hay en el ánodo, así que, en cuanto los dos extremos de la pila se conectan, se lanzan en tromba hacia el cable y empiezan a empujar sus electrones

**191**

hacia el lado opuesto. De esta manera, los huecos del ánodo se irán rellenando con electrones hasta que los dos extremos de la pila hayan alcanzado el equilibrio. Llegados a este punto, la pila ya no producirá corriente eléctrica porque todos los electrones estarán «cómodos» en sus respectivas posiciones y ya no tendrán un motivo para moverse de un lado al otro a través del cable.

*La pila se habrá gastado, vaya.*

Eso mismo, *voz cursiva*. Teniendo esto en cuenta, el motivo por el que los elementos metálicos suelen conducir bien la electricidad es que, como hemos visto en el capítulo 2, los átomos de los metales están enlazados de manera que los electrones de su capa más externa no están anclados en un núcleo concreto, sino que se pueden mover a través del material con relativa libertad. Por tanto, los electrones del cátodo de la pila se desplazan a través del metal a base de empujar esos electrones libres que contiene hasta llevarlos al ánodo, igual que la gente del ejemplo anterior acababa llegando a la plaza vacía a base de desplazar a la gente que ocupaba la callejuela.

En cambio, una goma elástica no es capaz de conducir la corriente porque los átomos que forman sus moléculas están unidos por enlaces covalentes que mantienen los electrones de sus capas externas bien anclados en sus núcleos atómicos. Por tanto, como los electrones de una corriente eléctrica no pueden empujar a los electrones de este

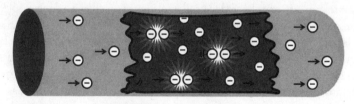

**CABLE** (Electrones libres movibles)

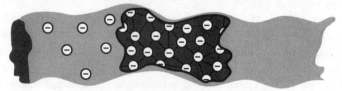

**GOMA ELÁSTICA** (Electrones «fijos»)

tipo de materiales, no se pueden abrir paso a través de ellos. Volviendo a la analogía de la plaza abarrotada, sería como si la callejuela estuviera llena de puestos donde regalan muestras de comida gratis: en este caso, la gente de la callejuela se negaría a moverse hacia la plaza vacía e impediría pasar a los demás.

Total, que lo que permite que los metales sean buenos conductores de la electricidad es la existencia de electrones libres entre su estructura atómica. Si una sustancia no contiene esas partículas libres, el flujo de electrones que compone una corriente eléctrica no podrá desplazarse a través de ella y estaremos ante un material aislante.

*Estupendo, pero ¿qué relación hay entre lo que me cuentas y el peso de las pilas?*

Pues que me da la impresión de que esa idea de que las pilas puedan pesar más cuando están cargadas viene de la incorrecta impresión de que se «llenan» o «vacían» de electrones cada vez que se cargan y se gastan, como cuando repostamos gasolina para llenar el depósito del coche. Pero, como hemos visto, la cantidad de electrones que hay dentro de una pila siempre es la misma y lo único que cambia cada vez que se carga y se descarga es cómo están distribuidas estas partículas entre el cátodo y el ánodo. Teniendo esto en cuenta, ¿serías capaz de deducir si hay algo de verdad en la afirmación de que las pilas pesan más cuando están llenas?

*Sí, creo que me ha quedado claro: las pilas no pueden pesar más cuando están cargadas porque no se les añade materia nueva en ningún momento, sino que simplemente tienen los electrones distribuidos de una manera diferente. Podemos pasar al siguiente tema...*

Conclusión errónea, *voz cursiva*.

*¿Qué? ¿Cómo puede ser?*

Porque, técnicamente, una batería sí que pesa un poco más cuando está cargada.

*Pero si acabas de decir que...*

Lo sé, lo sé, pero es que existe otro efecto un poco más complejo que aún no he tratado, pero que es capaz de modificar la cantidad de masa que tienen las cosas, y, por tanto, su peso. De hecho, la causa de que las pilas pesen un poco más cuando están cargadas reside en una ecuación tan famosa que hasta la gente que más odia la física conoce: $E = mc^2$.

*Sí, sí, es la que dice que la energía contenida en un objeto en reposo equivale a su masa, multiplicada por la velocidad de la luz al cuadrado. No te enrolles.*

Exacto, *voz cursiva*. Pues agárrate fuerte los pantalones, porque... ¡$E = mc^2$ no es la forma que Albert Einstein usó originalmente para expresar esta relación, sino que empleó $m = E/c^2$!

*Ah... Eh, OK... Imagino que es un matiz superimportante, claro.*

Lo es, porque significa que lo que Einstein quería reflejar con esta relación no es que la materia esté cargada de energía, sino que la masa de una cosa solo es un reflejo de la cantidad de energía que contiene. Dicho de otra manera, Einstein estaba sugiriendo que todo lo que nos rodea está compuesto por diferentes formas de energía, y que esa energía se manifiesta en forma de masa, que es una magnitud que simplemente refleja la inercia de ese cúmulo de energía concreto, o, lo que es lo mismo, cuánto esfuerzo hay que hacer para empezar a moverlo. O sea, que, según esta interpretación, todo lo que hay en nuestro entorno serían aglomeraciones de diferentes cantidades de distintos tipos de energía: desde una partícula subatómica, hasta este libro, pasando por nuestros propios cuerpos, un planeta o una estrella.

*¡Ostras! ¡Entonces todos esos gurúes orientales tienen razón! ¡Todo es energía! ¡Nuestros cuerpos son energía! ¡Nuestro espíritu es energía! ¡Y seguro que podemos usar esa energía para hacer cosas como comunicarnos telepáticamente, hablar con los muertos o curar con las man...!*

Ah, no, no, no, no, por ahí sí que no paso, *voz cursiva*. No confundamos términos. Aquí nadie está hablando de esa concepción abstracta de la *energía* que cierta gente utiliza para justificar cualquier creencia sobrenatural y cuya existencia no puede demostrar nadie. Einstein hablaba de los tipos de energía que se pueden sentir, medir y cuantificar, como la energía térmica, la energía eléctrica o la energía cinética.

Me explico.

En física, la energía es un concepto que tiene una definición muy clara: es «la propiedad que debe transmitir un objeto a otro para realizar un trabajo». ¿Y qué significa *trabajo* en este contexto? Pues es una magnitud física que, en resumidas cuentas, refleja «la capacidad para mover cosas de un lugar a otro».

Por tanto, cualquier fenómeno que sea capaz de producir un movimiento en su entorno estará transmitiéndole alguna forma de energía. Por ejemplo, el agua que pasa a través de los conductos de una presa tiene lo que se llama *energía cinética* (o «energía de movimiento»), porque es capaz de empujar y mover otros objetos. De hecho, las turbinas que hay en los conductos de las presas hidroeléctricas giran gracias a que el empuje del agua les transmite parte de la energía cinética del líquido en movimiento. A su vez, ese movimiento rotatorio hace girar unos potentes imanes alrededor de una bobina, y la fuerza que ejerce el campo magnético cambiante sobre los electrones que contienen los cables estimula su circulación a través de la red eléctrica. Y, ya en nuestras casas, esos electrones en movimiento agitarán los átomos de los filamentos de nuestras bombillas hasta volverlos incandescentes, girarán los motores de nuestras neveras o volverán a ordenar los electrones de las baterías de nuestros teléfonos para que podamos volver a usarlos.

Si os fijáis, todos los movimientos a diferentes escalas han sido provocados por la corriente de agua, así que, como está claro que ha llevado a cabo un trabajo, podemos afirmar que el agua en movimiento posee energía.

*Espera, espera, déjame pulsar el botón de pausa un momento. ¿A qué te refieres con que la corriente «vuelve a ordenar los electrones de nuestros móviles»?*

A que las baterías de nuestros teléfonos son recargables. Como hemos visto, una pila normal se agota en cuanto todo el material disponible para reaccionar químicamente se agota y deja de ser capaz de generar dos regiones con un número dispar de electrones. Pero, en el caso de una batería recargable, esta situación se puede revertir conectándola a la corriente: simplificando mucho las cosas, el flujo de electrones va a «deshacer» la reacción química y devolverá esas sustancias a su estado original, permitiendo que vuelvan a reaccionar y a producir una corriente eléctrica.

Conviene señalar que todo este trasiego químico que se produce durante cada ciclo de carga y descarga va desgastando las baterías poco a poco, ya que, durante el proceso, a veces tienen lugar reacciones químicas entre las sustancias equivocadas que no se pueden revertir. Como resultado, la cantidad de electrones capaces de circular entre el cátodo y el ánodo irá disminuyendo con el tiempo, y el rendimiento y la duración de la batería se verán afectados.

*Sí, creo que eso lo habrá notado cualquier lector que tenga un móvil viejo. Pero ¿este desgaste no se puede prevenir de alguna manera?*

Este desgaste químico es inevitable por el mero hecho de que la reacción nunca será perfecta, pero sí que se pueden tomar varias medidas para reducir su impacto y alargar la vida de las baterías. Por ejemplo, en un artículo de *Popular Science*[1] recomiendan que carguemos nuestros dispositivos electrónicos antes de que la batería se agote del todo (a ser posible, antes de que el nivel de batería baje del 20 %), y evitar cargarlos hasta el cien por cien, además de dejarlos conectados durante el menor tiempo posible a la corriente en cuanto la batería esté totalmente cargada. Eso sí, también dicen que es conveniente dejar que la carga de la batería baje hasta el 5 % una vez al mes para que los sistemas electrónicos del dispositivo se puedan calibrar y sigan mostrando una estimación fiable de la carga restante.

Por otro lado, también ayuda utilizar siempre el modelo de cargador original que venía con el teléfono u ordenador, porque es el que está ajustado a las características particulares de su batería. Además, también está bien proteger el móvil de temperaturas extremas, ya que tanto el frío como el calor intenso estimulan ciertas reacciones químicas en el interior de la batería que degrada las sustancias que producen la corriente.[2]

*Vale, basta ya, que el capítulo se está convirtiendo en un artículo de «trucos para...».*

Tienes razón, *voz cursiva*, estábamos hablando de energía.

La cuestión es que casi todos los tipos de energía que encontramos en nuestro día a día son energía cinética encubierta. Por ejemplo, la *energía térmica* de un objeto se incrementa cuando se calienta, pero, como la temperatura no es más que un reflejo de lo rápido que se mueven las partículas, lo que está aumentando, en realidad, es la energía cinética de los átomos o las moléculas individuales que componen el objeto. Durante una reacción exotérmica, como una combustión, ocurre algo similar: cuando dos átomos se combinan, la *energía química* contenida en sus enlaces se libera en forma de movimiento y radiación electromagnética, que sacuden a las moléculas vecinas y las aceleran, aumentando también su temperatura. O sea, que cuando se considera que la mayor parte de las formas de energía son manifestaciones diferentes de la energía cinética a nivel microscópico, no es tan difícil entender por qué unas formas de energía se pueden transformar en otras.

Teniendo esto en cuenta, una de las cosas que nos dice la fórmula original de Einstein ($m = E/c^2$) es que, si la energía de un objeto *(E)* aumenta, también lo hará su masa *(m)*.

*Espera, espera... ¿Significa eso que la energía cinética que gano cuando me muevo muy deprisa hace que mi masa se incremente?*

Efectivamente, *voz cursiva*. Hablaré con más detalle sobre este fenómeno en el capítulo 21, pero, de momento, nos basta con saber que la masa de un objeto se incrementa junto con su energía, precisamente porque los objetos que nos rodean no son más que cúmulos de energía, y la masa solo es un reflejo de la inercia que poseen.

Si aplicamos todo este paripé a los electrones de las baterías, resulta que la masa de una batería cargada sí que es ligeramente mayor que la de una descargada porque sus electrones poseen más energía potencial (ya que todos están disponibles para migrar del cátodo al ánodo).

*No lo entiendo. ¿Por qué la batería tiene más energía cuando está cargada, si los electrones aún no se están moviendo y, por tanto, no están realizando ningún trabajo?*

Porque, aunque cada electrón individual tiene la misma energía cuando está quieto, sin importar el lado de la pila en el que se encuentre, el *sistema* que forman los electrones con el resto de la batería sí que tiene más energía cuando están todos concentrados en el cátodo y con ganas de ocupar los huecos que hay en el ánodo, igual que ocurre en el caso del agua de una presa que está lista para fluir hacia una altura más baja en cuanto se abran las compuertas. Esa energía adicional que tiene una pila cuando está cargada, aunque no haya ningún electrón en movimiento, es la *energía potencial* que hace que su masa sea ligeramente mayor que cuando está descargada.

*¡Lo sabía! ¡Entonces las pilas cargadas pesan más! ¡La intuición siempre vence a la ciencia!*

Bueno, tampoco te flipes, *voz cursiva,* porque la diferencia entre la masa de una batería cargada y otra gastada es imperceptible. Por ejemplo, podemos usar la fórmula de Einstein para calcular que una pila AA de 1,5 voltios debería pesar solo 0,15 nanogramos más cuando está cargada que cuando se gasta. Como referencia adicional, esta diferencia sería solo de unos 0,4 nanogramos en el caso de una batería de teléfono móvil medio.

*Humm... Y 0,15 y 0,4 nanogramos no es mucho, ¿verdad?*

Pues la masa de una célula humana media ronda un nanogramo...³ Así que tú me dirás si crees que existe alguien en el mundo que pueda notar esa diferencia, *voz cursiva*.

*Bueno, a lo mejor...*

No, no existe. Es imposible.

Si, pese a todo, sigues convencido de que tienes algún tipo de don que te permite distinguir si una pila está cargada por su peso, te propongo un experimento: recoge unas cuantas pilas gastadas y nuevas del mismo tipo y marca, mételas en un recipiente y menéalo un rato para que queden todas bien mezcladas. A continuación, ve sacando las pilas de una en una y sepáralas en dos montones, en función de si crees que están cargadas o no. Finalmente, usa un voltímetro para comprobar en cuántos casos has acertado.

*¿Y qué pasa si formo parte de ese gran porcentaje de la población que no tiene un voltímetro en casa? ¿Cómo lo hago?*

Pues, al parecer, la carga de una pila se puede comprobar muy fácilmente dejándola caer en vertical desde una altura de unos pocos centímetros: como las reacciones químicas que tienen lugar dentro de las pilas producen hidrógeno a lo largo de su vida útil, una pila gastada contendrá mucho más gas en su interior que una nueva, y rebotará mucho más alto cuando golpee el suelo. De esta manera, podrás distinguir unas de otras.

*¡Eh, espera! ¡Acabo de comprobar los resultados y parece que he acertado la mitad de las pilas! ¡Chúpate esa, tirano escéptico! ¡Parece que aún hay lugar para los poderes sobrenaturales que la «ciencia» no puede explicar!*

*Voz cursiva*, eres consciente de que la probabilidad de acertar si una pila está gastada o no es del 50 %, ¿verdad?

*Sí, claro.*

Entonces, ¿no crees que el hecho de que hayas acertado con la mitad de las pilas es lo más normal del mundo? ¿No crees que, para demostrar que tienes algún tipo de superpoder, deberías demostrar que eres capaz de acertar en el 80 % o el 90 % de los casos una y otra vez, como mínimo?

*Eh... Bueno... No sé, tal vez. Oye, ya has despachado todo lo que tenías que explicar en este capítulo, ¿no? ¿Por qué no cambiamos de tema?*

---

Sí, corramos un tupido velo. De hecho, aunque haya resultado que el lector que me envió el correo electrónico no tiene superpoderes, la información sobre corrientes eléctricas que acabamos de aprender gracias a él nos va a resultar muy útil para saber por qué ocurren los calambrazos cotidianos que vamos a tratar en el siguiente capítulo.

# CAPÍTULO 14

### ¿Por qué, a veces, tocar el coche da calambre?

Pocas cosas hay más molestas que un calambre inesperado, pero los calambres son aún más irritantes y desconcertantes cuando provienen de un lugar que, a primera vista, no debería tener ningún motivo para castigarnos con una descarga eléctrica. Uno de esos lugares traicioneros es la carrocería del coche. ¿Por qué demonios hay veces que salimos del vehículo, apoyamos la mano sobre la puerta y nos pega una sacudida eléctrica? ¿De dónde diantres sale esa electricidad, si por la superficie de metal no pasa ningún tipo de corriente? ¿Acaso es obra de Satanás, que se dedica a hacernos la puñeta en momentos aleatorios con la finalidad de incitarnos a proferir alguna blasfemia y facilitar nuestro ingreso en el infierno?

*Me inclino por esta última hipótesis, desde luego.*

Pues tienes toda la razón, *voz cur*... No, no, es broma.

La causa de este incordio es la electricidad estática, un fenómeno que puedes poner a prueba en tu propia casa cogiendo un trozo de ámbar y frotándolo con vigor contra la crin de un caballo o el pelaje de una liebre. A continuación, coge algún objeto ligero, como por ejemplo una brizna de heno o la pluma de un faisán, y, si todo ha ido bien, cuando le acerques el ámbar, se verá atraído mágicamente hacia él y se quedará pegado a su superficie.

*¿Y no hay otra manera de hacer este experimento con materiales más..., no sé, comunes?*

Perdona, *voz cursiva,* estaba dando las instrucciones con los materiales del siglo VI a. C., que debía de estar usando Tales de Mileto cuando descubrió este fenómeno. En realidad, el mismo efecto se puede conseguir de manera bastante menos glamurosa frotando un globo con un jersey de lana o con vuestro pelo, si quieres una opción más *vegan friendly* (o con el pelo de otra persona, en caso de que la alopecia te impida disfrutar de la ciencia). En cuanto te canses de frotar el globo, acércalo a unos trocitos de papel de váter y... ¡sorpresa! ¡El papel de váter se quedará pegado a la superficie del globo!

*¡Vaya, qué efecto más curioso y menos glamuroso! ¿Qué tipo de magia está ocurriendo entre la superficie del globo y el papel de váter?*

---

Pues no es cuestión de magia, *voz cursiva,* sino de la electricidad estática que generamos durante el frotamiento entre el globo y el cabello. Y, para variar, en su nivel más fundamental, el culpable de este fenómeno es el movimiento de los electrones.

En primer lugar, este mecanismo se conoce como *efecto triboeléctrico,* y su nombre es una referencia a la capacidad que tiene el ámbar para producir electricidad estática a través de la fricción. El término proviene del griego *tribo-,* «fricción», y *elektron,* que es como llamaban al ámbar.

El efecto triboeléctrico ocurre porque, cuando se frotan ciertos materiales que no conducen la electricidad particularmente bien, algunos electrones de la superficie de uno de ellos pueden llegar a transferirse a la del otro. De este modo, una de las superficies acaba con menos electrones de los que tenía originalmente y la otra adquiere electrones adicionales que ahora le sobran... O, dicho de otra manera, una de las superficies adopta una carga eléctrica positiva y la otra obtiene una carga negativa.

De hecho, el motivo por el que nuestro pelo se pega a la superficie de un globo cuando lo frotamos con nuestra cabeza es que, durante el proceso, nuestro pelo cede electrones a la superficie del globo y adopta una carga positiva, mientras que el propio globo adquiere una carga negativa. Y, como las cargas eléctricas opuestas se atraen, nuestro pelo se verá atraído hacia la superficie del globo.

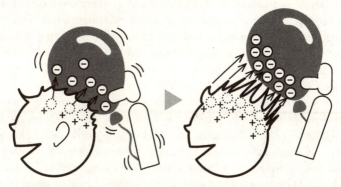

Los electrones del pelo pasan a la superficie del globo

El pelo adquiere carga positiva mientras que el globo adquiere carga negativa

*Este ejemplo tiene sentido, pero ¿por qué el globo es capaz de atraer también trozos de papel de váter sueltos, si nadie les ha proporcionado ninguna carga eléctrica?*

Buena pregunta, *voz cursiva*. En este caso, la carga negativa del globo repele los electrones del papel de váter y los «desplaza» hacia el lado opuesto de sus moléculas. Como resultado, el extremo más cercano al globo de cada molécula que contiene el papel desarrolla una ligera carga positiva (además de una carga negativa en el lado contrario) que se ve atraída hacia la superficie del globo.[1]

*Ah, vale, vale. Pero este fenómeno no ocurre con todos los materiales aislantes, ¿no? Si, por ejemplo, me froto la cabeza con un ladrillo con mucha fuerza, no creo que genere electricidad estática... ¿O sí?*

Por supuesto que la generarías, *voz cursiva*. Es más, según mis cálculos, generarías suficiente electricidad para abastecer varios centenares de viviendas unifamiliares.

*¡¿De verdad?!*

¡Pues claro que no!

Lo que sí es cierto es que algunos materiales aislantes facilitan la formación de electricidad estática más que otros porque tienen una mayor tendencia a donar o acumular electrones. Por ejemplo, el aire seco, el vidrio, el pelo de conejo, el nailon o la lana son buenos donan-

**203**

tes de electrones, mientras que el ámbar, la goma, el poliéster, el poliuretano o el PVC tienden a acumularlos mejor. Además, cuanto mayor sea la tendencia de donar y acumular electrones de los dos materiales involucrados en el frotamiento, más intensa será la electricidad estática generada. Si te interesa hacer pruebas por tu cuenta, los materiales aislantes están ordenados según su tendencia a donar o acumular electrones en la llamada «serie triboeléctrica». Te dejo un enlace a esta lista entre las «Notas».[2]

El caso es que el motivo por el que a veces nos pegamos calambrazos al salir del coche es que el rozamiento entre determinadas combinaciones del tejido de nuestra ropa y el de la tapicería del asiento generan electricidad estática a través del efecto triboeléctrico cada vez que nos removemos en nuestro sitio. Por ejemplo, si la funda del asiento de nuestro coche es de cuero y llevamos puesto algún tejido de poliéster o de lana, nuestra ropa irá cediendo electrones al cuero durante el trayecto y nuestro cuerpo irá acumulando una carga positiva cada vez mayor. Como resultado, en el momento en que se detenga el coche, abramos la puerta y nos apoyemos en la carrocería para levantarnos del asiento, los electrones libres de la superficie metálica se verán atraídos por la carga positiva de nuestros dedos y se abalanzarán en tromba hacia nuestra mano en forma de corriente eléctrica. Y de ahí el calambrazo, claro.

Es más, si nuestros cuerpos han acumulado suficiente carga estática durante el viaje, los electrones se verán atraídos hacia nuestro cuerpo con tanta fuerza que saltarán de la superficie de la carrocería un poco antes de que nuestros dedos se posen sobre ella. Y, además de pegarnos el ya conocido calambrazo, esa corriente de electrones formará un pequeño arco eléctrico mientras cubre el tramo de aire que separa el metal de nuestros dedos (hablaré con más detalle de la formación de arcos eléctricos en el siguiente capítulo, no te preocupes). Ahora bien, aunque recibir un calambre es un incordio, estos pequeños arcos eléctricos pueden causar problemas mucho más graves cuando se dan las condiciones desfavorables adecuadas.

Por ejemplo, ahora que sabes qué provoca estas descargas, es posible que te creas más inteligente que el efecto triboeléctrico y que salgas del coche *sin* apoyarte en la puerta del vehículo la próxima vez que pares a repostar. Este gesto tan sabio te habrá librado de experimentar el intenso dolor que produce un pequeño calambre, sí, pero ahora te estarás paseando por una gasolinera acompañado de una carga eléctrica positiva que no se ha podido neutralizar y estará lista para atraer los electrones de cualquier objeto al que te acerques y formar un arco eléctrico. Pero, claro, tú no serás consciente de ello –quizá porque no has terminado de leer este capítulo o porque lo has olvidado–, y acercarás la mano a la boca del depósito de gasolina para empezar a repostar sin saber que corres el riesgo de que los electrones de la carrocería del coche se vean atraídos por la carga positiva de tu mano y produzcan un arco eléctrico que puede llegar a incendiar los vapores de combustible que rodean la boca del depósito.

*Bueno, a ver, tampoco hace falta que exageres...*

Es cierto que intento darle un tono de broma al asunto, pero no estoy diciendo nada demasiado exagerado, *voz cursiva*.

En un informe del Petroleum Equipment Institute de 2010 se recopilan 175 casos de incendios en gasolineras que tuvieron lugar en Estados Unidos. De estos 175 incendios, 39 se produjeron cuando los conductores tocaron la zona que rodea el depósito justo antes de introducir la manguera, y otros 87 empezaron en cuanto los conductores sacaron la manguera del depósito, después de haberla dejado bombeando de forma automática para volver a sentarse en el coche mientras repostaban.[3] Teniendo en cuenta que no existía ninguna otra fuente de ignición reconocible en ninguno de estos casos, lo único que pudo haber causado estos incendios son las chispas generadas por la electricidad estática.

*Ostras, ¿y qué debo hacer si no quiero ir por ahí incendiando gasolineras sin querer?*

Bueno, tampoco te comas mucho la cabeza con este tema, *voz cursiva,* porque en el informe se aclara que es un fenómeno muy infrecuente, y una prueba de ello es que, en el periodo en el que se registraron estos 175 incidentes, seguramente se produjeron millones de repostajes.

De todas maneras, puedes evitar los calambrazos tocando el metal de la puerta del coche o el cristal de la ventana *mientras* sales del coche, antes de que tus pies toquen el suelo. Existen otras soluciones, como comprarse zapatos especiales que tienen suelas que conducen la electricidad, o no ponerte cierto tipo de ropa mientras conduces...

Pero, siendo sinceros, es mucho más fácil tocar el metal de la puerta antes de salir.

Los incordios que puede llegar a provocar el efecto triboeléctrico van mucho más allá de los pequeños calambres que a veces nos pega el coche.

Por ejemplo, durante la Segunda Guerra Mundial se observó que las comunicaciones con los aviones se interrumpían cuando volaban a través de una zona lluviosa porque las gotas de agua generaban electricidad estática al chocar a gran velocidad con su fuselaje. En cuanto el avión acumulaba una carga estática lo bastante intensa, se descargaba repentinamente al aire que lo rodeaba, y esa corriente eléctrica producía ondas de radio que interferían con los sistemas de comunicaciones de la aeronave, entre otros problemas. De hecho, la acumulación de electricidad estática sigue afectando a los aviones aún hoy cuando atraviesan condiciones de lluvia, nieve, hielo o polvo, pero se puede solucionar de una manera muy sencilla: como la electricidad estática tiende a descargarse a través de las zonas «puntiagudas», como las puntas de las alas, los aviones actuales llevan varillas de metal afiladas instaladas en diferentes puntos del fuselaje por las que la electricidad estática se va descargando poco a poco sin producir ningún chispazo.

El efecto triboeléctrico también es una fuente de dolores de cabeza cuando se manda un cohete al espacio, como ocurrió con el lanzamiento del Ares I-X, que debía tener lugar el 27 de octubre de 2009 y que tuvo que posponerse porque se detectó que su trayectoria lo llevaría a través de unas nubes altas que contenían diminutos cristales de hielo. En este caso, se temía que el rozamiento de esos cristales con el fuselaje generara suficiente electricidad estática como para producir arcos eléctricos que afectaran a las comunicaciones, dañaran los sistemas electrónicos o, en un caso muy extremo, incendiaran el combustible.[4]

*Qué fuerte... La que pueden llegar a liar unos cristalitos de hielo.*

Pues si eso te sorprende, vuelve a agarrarte los pantalones, porque este mismo mecanismo está detrás de uno de los fenómenos más espectaculares de la naturaleza: los rayos.

Todos sabemos que los rayos se forman en el interior de las nubes. Pero ¿qué es lo que genera toda esa electricidad, si lo único que hay en las nubes son simples gotas de agua líquida o pequeños cristales de hielo?

*Hombre, pues teniendo en cuenta que llevamos medio capítulo hablando de la fricción y la electricidad estática, imagino que por ahí irán los tiros.*

Buena observación. Una tormenta se forma allí donde entran en contacto una masa de aire caliente y otra de aire frío. A medida que el aire caliente menos denso asciende a través del frío, las partículas de hielo que están suspendidas dentro de la nube colisionan y se rompen, separándose en fragmentos pequeños que adoptan una carga positiva y otros más grandes con carga negativa.[5] Mientras tanto, la gravedad y la corriente de aire ascendente van «ordenando» estas partículas de hielo según su tamaño, transportando las más pequeñas hacia la parte superior de la nube y dejando las grandes en la parte inferior. Como resultado, la nube acaba dividida en dos regiones: una parte alta en la que abundan las partículas con carga positiva y una capa baja con carga eléctrica negativa.

A medida que la tormenta se desarrolla y las dos capas acumulan cada vez más partículas de hielo, la carga negativa de la parte inferior de las nubes se acaba volviendo tan intensa que su repulsión eléctrica empieza a empujar los electrones que hay en el suelo hacia el extremo opuesto de sus moléculas. Como resultado, el extremo más cercano a las nubes de cada molécula que compone el suelo acaba adaptando una carga positiva, igual que ocurre en el caso del ámbar y las moléculas del trozo de papel de váter.

*¡Ah, vale! ¡Y entonces es cuando las nubes se ven atraídas por la carga positiva de la superficie y caen al suelo, aplastando todo lo que encuentran a su paso con toneladas de agua!*

¡¿Qué?! ¡¿Qué clase de tormentas acostumbras a ver tú?!

*Bueno, no sé, has dicho que a las nubes y al suelo les pasa lo mismo que al ámbar y a los trozos de papel... Y tú mismo has dicho que los dos últimos se atraen y se quedan pegados cuando tienen carga electrostática.*

Tienes razón, *voz cursiva*, acepto mi culpa. Lo que ocurre de verdad cuando la intensidad del campo eléctrico de una nube aumenta muchísimo es que los electrones sobrantes de la parte inferior de la tormenta se ven atraídos con tanta fuerza por la carga positiva del suelo que, de repente, se precipitarán en tromba hacia la superficie a través del aire y formarán un arco eléctrico descomunal que comúnmente se conoce como *rayo*.

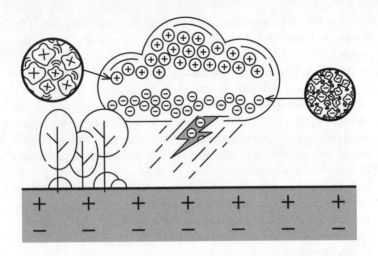

*Espera, espera. ¿No habíamos quedado en que el aire era un medio aislante? ¿Cómo es posible que los electrones sobrantes de la nube consigan llegar hasta la superficie a través de él?*

Buena puntualización. Para entenderlo, volvamos a la analogía de la plaza abarrotada que hemos usado en el capítulo anterior.

Imaginemos que han pasado tres horas desde que terminó el Campeonato Mundial de Curling y la plaza continúa igual de abarrotada porque siguen regalando muestras de comida gratuita en la callejuela, y la gente que la ocupa se niega a avanzar hacia la plaza vacía. El ambiente se está empezando a caldear en la plaza abarrotada y la multitud agobiada se está crispando cada vez más. Y, de repente, ocurre lo inevitable: un tipo particularmente agresivo pierde los nervios, se lanza a la callejuela y comienza a abrirse paso entre la gente a empujones, separando a parejas y familias como si fuera una máquina quitanieves mientras intenta llegar a un lugar más espacioso desesperadamente.

Al principio, la gente de la plaza abarrotada observa con desaprobación este comportamiento, pero en cuanto la gente se da cuenta de que el tipo está consiguiendo abrir un pequeño camino entre la aglomeración de la callejuela, el listón moral de la multitud se desploma y todo el mundo se lanza en tromba a través del canal que ha conseguido abrir ese Moisés moderno. Habrá empujones, fricción y, probablemente, también habrá heridos, pero, al final, toda la gente que sobraba en la plaza abarrotada conseguirá abrirse paso hasta el otro extremo de la callejuela a la fuerza y llegará a un lugar más espacioso.

Pues bien, resulta que ocurre algo relativamente parecido cuando un rayo se abre camino a través del aire: en condiciones normales, los electrones que sobran en la nube no pueden pasar a través del aire y llegar hasta el suelo porque los gases no poseen grandes cantidades de electrones libres, como los metales. Ahora bien, si la carga de la parte inferior de una tormenta aumenta lo suficiente, el campo eléctrico resultante en sus inmediaciones puede llegar a ser lo bastante intenso como para ionizar el aire que contiene, o, lo que es lo mismo, separar las parejas de átomos que forman las moléculas de oxígeno y de nitrógeno y liberar los electrones que los mantenían unidos. Hablaré con más detalle de la ionización en el capítulo 16, pero el caso es que los electrones de la base de la nube sí que pueden desplazarse a través de este aire ionizado lleno de electrones libres.

Y eso es precisamente lo que ocurre durante una tormenta: en cuanto los primeros resquicios de este camino de electrones libres aparezcan en el aire, todos los electrones sobrantes de la nube se lanzarán en tromba hacia él y empezarán a avanzar hacia la superficie separando las moléculas de gas que van encontrando a su paso, alargando ese camino lleno de electrones libres hasta que consigan llegar al suelo. Esa corriente de electrones que logra cruzar el aire a base de separar los átomos de sus moléculas es lo que conocemos como *rayo*, y, en realidad, este mecanismo es el mismo que produce los arcos eléctricos que nos dan un calambre en la mano cuando salimos del coche.

*Entendido; eso significa que tengo la capacidad de generar rayos a mi antojo. ¿No tendrás por ahí el teléfono del profesor Charles Xavier? Me gustaría preguntarle si tiene alguna plaza libre en su residencia de mutantes con superpoderes.*

No te tires el rollo, *voz cursiva,* que todos sabemos que nunca te has pegado un calambrazo al salir del coche porque no tienes cuerpo... Ni coche.

Además, aunque el mecanismo que produce el arco eléctrico es el mismo en los dos casos, la escala de la corriente eléctrica de los rayos es tremendamente superior a la de un simple calambre estático. Para que te hagas una idea, un rayo sacude las moléculas del aire con tanta fuerza mientras separa sus átomos que es capaz de calentar el gas hasta llegar a temperaturas de casi 30.000 °C[6] y convertirlo en plasma incandescente durante los aproximadamente treinta microsegundos que dura el evento (hablaré del plasma en el capítulo 16, no te preocupes). De hecho, el aire se calienta tan deprisa cuando un rayo pasa a través de él que el gas se expande de manera repentina, generando un gran frente de aire comprimido que se propaga por la atmósfera. Y si esas ondas de presión llegan hasta nuestros oídos y hacen retumbar nuestros tímpanos, oiremos el sonido que llamamos *trueno*.

*¡Mentira! ¡Yo he oído truenos sin haber visto ningún rayo! ¿De dónde sale ese sonido, si no hay ninguna corriente eléctrica a la vista que haga que el aire se expanda, eh?*

Eso es porque los rayos no siempre caen al suelo, sino que también se pueden desarrollar entre regiones que tienen carga eléctrica opuesta dentro de la propia nube. Por eso es posible oír un trueno, pero no ver el rayo que está oculto tras la espesa capa de nubes.

*Vale, vale. Pero quería matizar una cosa que has comentado: los rayos no chocan siempre con el suelo como tal, sino que se ven atraídos por los puntos más altos del terreno.*

Bueno, es cierto que los rayos *tienden* a caer sobre los puntos altos, pero eso no siempre es así. Un rayo es un fenómeno tan rápido que lo único que ven nuestros simples ojos humanos es un chorro individual de electrones que se propaga de manera más o menos vertical desde las nubes hasta el suelo. Pero si pudiéramos ver el mundo a cámara superlenta, veríamos que, en realidad, los rayos están compuestos por un montón de «tentáculos» eléctricos que descienden por el aire en muchas direcciones. En cuanto uno de estos tentáculos toca tierra, el camino repleto de electrones libres que ha abierto a su paso se convierte en el conducto por el que se descarga toda la electricidad acumulada en la nube, y el resto de los tentáculos desaparece. Sé que se trata de un proceso un poco difícil de imaginar, pero en las «Notas» dejo un vídeo en el que aparecen rayos grabados a cámara superlenta donde se puede apreciar este fenómeno con claridad.[7]

Ahora bien, parece que estos tentáculos eléctricos no se ven atraídos por ningún punto del paisaje en particular hasta que se encuentran a entre 15 y 35 metros del suelo. Durante este último tramo de su camino sí que tienden a descargar su energía contra el objeto más alto, pero solo si este se encuentra en su radio de influencia. O sea, que un rayo puede caer perfectamente sobre el suelo pese a que haya un poste muy alto junto al lugar del impacto. Y el motivo es que en cuanto el rayo alcanza la altura en la que empieza a ser atraído por los diferentes relieves de la superficie, ese poste en concreto simplemente estaba fuera de su radio de alcance.

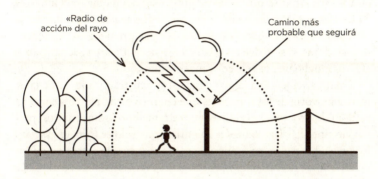

*Entonces, ¿significa eso que los pararrayos no sirven para nada?*

No es eso, *voz cursiva*. Los pararrayos no son un método infalible, pero, desde luego, la probabilidad de que un rayo impacte sobre tu casa y produzca algún tipo de daño en la estructura del edificio se reduce mucho si tienes uno, ya que los rayos no solo tenderán a dirigirse hacia él, sino que, además, la instalación del pararrayos desviará la corriente hacia el suelo de manera segura.

*Ya, claro, ¿cómo va un rayo a producir «daños» en un edificio de hormigón? ¡Si es electricidad! ¿Es que no aprendiste nada de* Pokémon *en su momento?*

Pues, mira, al contrario de lo que sugiere *Pokémon,* la corriente de un rayo es tan intensa que puede llegar a reventar rocas macizas, ya que el paso de la corriente a través de la roca genera temperaturas de hasta 1.600 °C que no solo hacen que se expanda violentamente y se formen grietas en su interior, sino que, además, debilitan el material que la compone al cambiar su composición química.[8] Para que te hagas una idea de la cantidad de energía que se necesita para producir este tipo de cambios, el único otro fenómeno natural que es capaz de generar estas temperaturas en las rocas es el impacto de un meteorito... Así que, teniendo esto en cuenta, puedes intuir por qué no es raro que el impacto directo de un rayo produzca daños en la estructura de un edificio.

Pero, además, la corriente de un rayo puede provocar sobrecargas en la instalación eléctrica y desatar un incendio. De hecho, existe un informe que estima que los rayos provocan 22.600 incendios anuales en Estados Unidos, que a su vez provocan una media de 9 muertes, 53 heridos y 451 millones de dólares en daños materiales cada año.[9]

Dicho esto, el impacto de un rayo no siempre tiene consecuencias devastadoras, y, si se dan las condiciones necesarias, pueden producir efectos mucho menos tétricos y más curiosos.

Como aficionado a la geología, estoy acostumbrado a que la inmensa mayoría de los minerales que compro o encuentro sean el resultado de procesos volcánicos, hidrotermales o sedimentarios, pero hay un tipo de rocas llamadas fulguritas que solo se forman gracias a los rayos. En este caso, cuando un rayo cae sobre un terreno cubierto de arena o de tierra suelta y la corriente se transmite a través de él, las altas temperaturas que genera el «tentáculo eléctrico» a su paso pueden llegar a fundir los granos del material que lo rodea. En cuanto este material se solidifica, el resultado es una fulgurita, un tubo rocoso compuesto por granos unidos por material vitrificado que tiene la forma aproximada del camino que siguió el rayo mientras se propagaba a través del suelo, y cuya longitud suele rondar los pocos centímetros, aunque estos objetos pueden llegar a medir varios metros si se dan las condiciones adecuadas. De hecho, la fulgurita más grande conocida se extendía de manera discontinua hasta alcanzar una profundidad de treinta metros. Hasta donde he podido comprobar, el tramo más largo de este tubo de material medio vitrificado medía 4,88 metros de longitud.[10]

Eso sí, aunque la descripción de una fulgurita evoca imágenes de tubos de vidrio transparentes formados por la fusión de la arena impoluta de la playa, no te hagas ilusiones: las fulguritas son amasijos de granos de arena o tierra pegados entre sí por el material fundido, formando un churro que tiene una textura arenosa. No por ello dejan de ser objetos interesantes, por supuesto, pero desde el punto de vista estético no llaman demasiado la atención.

Otro detalle de las fulguritas que me ha parecido interesante es que también sirven para estudiar cómo era el clima en el pasado en una región concreta. Por ejemplo, hoy en día no se pueden formar fulguritas con frecuencia en la zona central del Sahara porque las tormentas son muy infrecuentes en este lugar, pero la abundancia de fulguritas en determinadas capas de la arena de esta región indica que se sucedían con mucha más frecuencia hacia el final del Pleistoceno, lo que es una evidencia más de que el Sahara no siempre ha sido un desierto inhóspito.[11]

*Sí, sí, interesantísimo, pero llevo un rato dándole vueltas a algo que me inquieta mucho: si los rayos son capaces de reventar rocas y fundir la arena, ¿existe alguna manera de sobrevivir al impacto de un rayo? Imagino que no, porque una descarga de estas características te debe de freír de manera instantánea.*

Pues estás de suerte, *voz cursiva*, porque *casualmente* es la pregunta que voy a analizar con más detalle en el siguiente capítulo. De todas maneras, te voy a hacer un *spoiler*: los rayos son unos fenómenos mucho menos letales de lo que parecen.

# CAPÍTULO
# 15

## ¿Te puede caer un rayo y vivir para contarlo?

Voy a ir directo al grano: no conozco a nadie a quien le haya caído encima un rayo. Ni siquiera conozco a alguien que conozca a alguien a quien le haya caído encima un rayo. Lo más parecido a esta experiencia que recuerdo haber vivido en primera persona fue presenciar cómo un rayo caía sobre un montón de ramas que teníamos apiladas en el jardín y les prendía fuego... Y, aunque lo recuerdo como si fuera ayer, mis padres insisten en que eso nunca ha pasado. O sea que, o lo soñé, o alguien lleva años ocultándome un secreto tan turbio como irrelevante.

Pero el hecho de que yo no conozca ningún caso personalmente no quita que unas 240.000 personas[1] sean alcanzadas por rayos en todo el mundo cada año. Y, curiosamente, entre el 70 % y el 90 % sobrevive.[2] Sé que el número de personas que fallecen cada año debido a este fenómeno es desgarrador, pero, sinceramente, me sorprende que los seres humanos tengamos una probabilidad tan alta de sobrevivir a un evento que parece tan violento como un rayo. De hecho, conociendo estas cifras, la verdad es que el tipo que sobrevivió al impacto de siete rayos a lo largo de su vida tampoco tiene *tanto* mérito.

*¡¿Que sobrevivió a qué?!*

Como lo oyes, *voz cursiva*, es uno de esos récords Guinness que no tengo ningunas ganas de batir, junto con el de la caída desde un avión a mayor altura.

*Mira, no te voy a engañar. No me creo que se pueda sobrevivir a un rayo. Vamos, es que ni de broma.*

Pues créetelo, *voz cursiva*. Para entender por qué los rayos son fenómenos menos letales de lo que aparentan, veamos qué les ocurre a nuestros cuerpos cuando pasa a través de ellos una corriente eléctrica.

Hay dos conceptos relacionados con la electricidad que aún no he comentado: la *intensidad de la corriente* y su *voltaje*. A modo de analogía para entender mejor qué representa cada uno de ellos, imaginemos que ese flujo de electrones que compone una corriente eléctrica se comporta como un río de agua normal. En este caso, la intensidad representaría el «caudal» de la corriente eléctrica o, lo que es lo mismo, la cantidad de electrones que están pasando por un punto concreto cada segundo. Este es el motivo por el que la intensidad se mide en amperios (A). Un amperio refleja que hay unos 6 millones de billones de electrones pasando a través de un punto concreto cada segundo. En cambio, el voltaje (V) es la unidad que representa cuál es el empuje de los electrones y determina si una corriente será capaz de pasar a través de un material que ofrece una cierta resistencia a su paso o no. Y, de estas dos propiedades, la que nos hace daño no es el voltaje, sino la intensidad.

*¿Qué dices? ¿Y eso por qué?*

Voy a intentar explicarlo con una analogía un poco cogida con pinzas. Imagina que estás disfrutando de un cálido día de playa veraniego y se levanta una fuerte ráfaga de viento que tira unos cuantos granos de arena contra tu cara. La experiencia sería un poco molesta, pero no sería letal, ni mucho menos, porque, aunque cada grano individual se estaría moviendo muy deprisa y golpearía tu cara con fuerza (la corriente de arena tendría un voltaje alto), el número de granos de arena sería demasiado reducido como para hacernos algún daño (su intensidad sería baja).

Pongámonos ahora en la misma situación playera, pero en esta ocasión ha aparecido un loco con un soplador de hojas que se ha conseguido infiltrar hasta tu toalla sin que te enteres y está proyectando sobre ti un chorro de arena concentrada. En este caso, aunque los granos de arena individuales se mueven a una velocidad similar y cada uno ejerce una presión parecida a la de antes sobre tu piel (el voltaje de la corriente es el mismo), el número de granos que impacta contigo cada segundo es mucho más elevado (su intensidad es mucho mayor) y, por tanto, la fricción que producen te hace daño de verdad.

Sé que no es la mejor analogía del mundo, pero se podría aplicar un principio parecido a las corrientes eléctricas.

Uno de los motivos por los que la corriente eléctrica nos hace daño es que genera fricción dentro de nuestros tejidos, ya que, mientras los electrones pasan a través de ellos, sacuden los átomos con los que entran en contacto, incrementan su velocidad y su temperatura aumenta. Una corriente que tenga una densidad de electrones baja no nos hará daño, porque el calor que generará será mínimo, pero si la intensidad de la corriente aumenta, todas esas colisiones entre electrones y átomos generarán cantidades considerables de calor... Y entonces es cuando aparecen las quemaduras de diferente consideración.

Pero bueno, aunque las quemaduras producidas por una descarga muy fuerte no deben de ser nada agradables e incluso pueden llegar a resultar letales, el principal peligro de una corriente eléctrica muy intensa reside en su influencia sobre nuestro sistema nervioso.

*¡Claro! ¡Porque los nervios mandan señales de un lado a otro de nuestro cuerpo utilizando pulsos eléctricos!*

Bueno, no exactamente, porque lo que pasa a través de nuestros nervios no es un flujo de electrones, como ocurre en un cable de metal, sino que se trata de un mecanismo más complejo en el que las neuronas intercambian iones (átomos con carga eléctrica) de sodio y potasio. De todas maneras, ahora mismo nos basta con saber que las corrientes eléctricas son capaces de interferir con las señales del sistema nervioso mientras pasan a través de nuestro cuerpo.

De hecho, seguro que habrás experimentado este fenómeno en tus propias carnes si alguna vez te han puesto uno de esos parches que contraen algún músculo en contra de tu voluntad a base de activar tus nervios con pequeñas descargas eléctricas. Pues bien, imaginemos que nos ponemos uno de esos parches en el corazón, en lugar de una pierna o un brazo. En este caso, el calambrazo podría llegar a interferir con los impulsos nerviosos que regulan los latidos del corazón y provocar que entre en estado de fibrilación ventricular,[3] o, lo que es lo mismo, que empiece a latir de una manera rápida, caótica e irregular que impide que bombee la sangre correctamente y que puede resultar mortal.

*Qué mal cuerpo me ha dejado este ejemplo. ¿De verdad era necesario?*

Pues sí, *voz cursiva*, porque la principal causa de mortalidad entre la gente a la que le cae un rayo encima es el fallo cardiaco. Dicho de otra manera, el mayor peligro al que te enfrentas si te cae un rayo encima es que la corriente pase a través de tu corazón mientras atraviesa tu cuerpo de camino al suelo, interfiera con las señales nerviosas y provoque que entre en estado de fibrilación ventricular... Y lo peor de todo es que la intensidad de corriente necesaria para que el corazón empiece a latir de manera anómala o incluso que se detenga es muy baja, del orden de entre los cien y los doscientos miliamperios (mA).

*¿¡Qué!? Entonces, ¿cómo se supone que la gente consigue sobrevivir al impacto de los rayos, que tienen corrientes de hasta centenares de miles de amperios?*

Porque, por suerte, la corriente eléctrica de los rayos no suele pasar a través de nuestro corazón.

Me explico.

Una corriente eléctrica tiende a seguir el camino que ofrece una menor resistencia a su paso. La resistencia que ofrece un objeto al paso de la corriente se mide en ohms ($\Omega$) y depende de las propiedades del material que lo compone y de su espesor. Por ejemplo, la plata es uno de los materiales que mejor conducen la electricidad, y un cable de este metal de un milímetro de diámetro y un metro de longitud ofrecería una resistencia de 0,02 ohms. En comparación, la resistencia de uno de vidrio con las mismas dimensiones rondaría entre 10 billones y 1 millón de billones de ohms, porque es un material muy aislante. Y, si dobláramos la longitud de los cables, su resistencia también se multiplicaría por dos.

O sea, que si clavásemos un poste de plata y otro de cristal en el suelo, los rayos que ambos tuvieran en su radio de influencia tenderían a caer sobre el de plata, porque es el que ofrece una menor resistencia al paso de la corriente. Y, por supuesto, cuando nos cae un rayo en la cabeza ocurre lo mismo: su corriente tenderá a pasar a través de nuestro cuerpo siguiendo el camino que ofrece menos resistencia.

Afortunadamente, nuestro corazón no suele encontrarse en ese camino, porque el cuerpo humano no conduce especialmente bien la electricidad en condiciones normales. Por ejemplo, en una situación hipotética en la que nos cayera un rayo en la cabeza mientras estamos secos, lo más probable es que la mayor parte de la corriente fuera conducida hasta el suelo por la superficie de nuestra piel, en lugar de pasar a través de nuestro cuerpo, ya que es el camino que ofrece una menor resistencia. Obviamente, las quemaduras cutáneas que nos dejará el rayo durante el proceso no serán agradables, pero, al menos, la corriente no pasará a través de nuestro corazón ni de nuestros órganos internos, y las probabilidades de que salgamos vivos de este encontronazo con las fuerzas de la naturaleza serán bastante altas.

*Bueno, me tranquiliza saber que el impacto de un rayo no es sinónimo de una muerte segura. De todas maneras, si una tormenta me pillara a la intemperie, preferiría esconderme debajo de un árbol o acercarme a otra estructura alta para que el rayo impactara en ella, en lugar de en mi cabeza. Solo por si acaso.*

Eso sería una idea terrible, *voz cursiva*. De hecho, la mayor parte de las lesiones que provocan los rayos ocurren de manera colateral, sin necesidad de que caigan directamente sobre la persona. Por ejemplo, si te colocas junto a un poste durante una tormenta y da la casualidad de que un rayo cae sobre él, corres el riesgo de que la corriente que está pasando a través del poste sea atraída hacia tu cuerpo, decida usarte para recorrer el último tramo del camino que le queda para llegar al suelo y se abalance sobre ti mediante un bonito arco eléctrico. O, por poner un escenario menos elegante, el rayo también podría partir una rama del árbol bajo el que has decidido cobijarte y abrirte la cabeza.

*Bueno, vale, pues me protegeré de los rayos colocándome cerca de una estructura alta, pero sin acercarme demasiado a ella.*

Esto tampoco sería una buena idea, porque la corriente que entra en la estructura también se puede propagar por el suelo y entrar en tu cuerpo a través de tus piernas. Para dar una idea del radio de acción que tiene la corriente de un rayo transmitido a través del suelo, en 2016, un solo rayo fulminó a 323 renos que pululaban por un área que tenía entre 50 y 80 metros de diámetro.[4] Si este número no te parece lo bastante impactante, en 1918 y 1939 se produjeron dos incidentes en los que el mismo fenómeno mató a dos rebaños de 654 y 850 ovejas, respectivamente.[5]

*¡Maldita sea! ¡Pues entonces correría hacia un descampado, me alejaría de cualquier estructura alta y me tumbaría en el suelo para ser la cosa más baja del paisaje!*

Otro error, *voz cursiva*. Primero, porque en los descampados también caen rayos. Y, segundo, porque la corriente de un rayo puede recorrer distancias de más de treinta metros desde el punto de impacto,[6] así que, cuanto mayor sea tu superficie de contacto con el suelo, mayor será la probabilidad de que esa corriente alcance alguna parte de tu cuerp...

*¿¡Y ENTONCES QUÉ SE SUPONE QUE DEBO HACER SI UNA TORMENTA ME PILLA DE IMPROVISO EN MEDIO DE LA NADA!?*

Lo mejor que puedes hacer es buscar cobijo dentro de un edificio o en el interior de un vehículo. Si no tienes ninguna de las dos opciones a la vista, los expertos recomiendan que te alejes de cualquier estructura alta y te pongas en cuclillas, manteniendo los pies lo más pegados posible entre sí.

*¿Pero qué más le da al rayo cuánto separe los pies?*

Pues mucho, *voz cursiva*. Al parecer, la corriente eléctrica no tiene por qué disiparse de manera uniforme alrededor del punto del impacto del rayo, y en el terreno pueden aparecer regiones que están muy cerca unas de otras, pero que tienen una gran diferencia de potencial eléctrico porque su resistencia es distinta. Por tanto, cuanto más separemos los pies, mayor será la probabilidad de que estén apoyados sobre dos regiones con una carga diferente y de que los electrones decidan usar nuestras piernas para pasar de una a otra.

Ahora bien, la probabilidad de que un rayo transmitido a través del suelo mate a un ser humano es bastante baja, porque la corriente solo tiene una pierna por la que entrar y otra por la que salir, así que, independientemente de la dirección que elija, el corazón siempre estará bien lejos de su camino. En cambio, los animales cuadrúpedos son mucho más vulnerables a este tipo de descargas subterráneas, porque, al tener cuatro patas apoyadas en puntos bastante separados, las probabilidades de que pisen dos regiones del terreno con potencial eléctrico distinto son más altas. Y si, además, tenemos en cuenta que la corriente tiene una gran probabilidad de pasar a través de su corazón si entra por las patas delanteras y abandona su cuerpo por las traseras (o viceversa), no es de extrañar que un solo rayo pueda fulminar cantidades tan grandes de ganado.[7]

*Bueno... Aunque me sabe mal por esos pobres cuadrúpedos, reconozco que este dato me tranquiliza bastante.*

Pero si tú no tienes cuerpo, ¿qué más te da que a los bípedos no nos afecte tanto este fenómeno?

*Pues me tranquiliza porque tú eres bípedo y eso reduce las probabilidades de que un rayo transmitido por el suelo provoque que dejes de escribir y que yo desaparezca.*

Gracias, *voz cursiva,* es una de las cosas más bonitas que me han dicho nunca.

*Bah... Volviendo a lo nuestro, ¿qué pasaría si la lluvia de la tormenta me calara de agua? ¿Eso empeoraría o mejoraría la situación respecto a los rayos?*

La empeoraría, sin duda, porque la resistencia eléctrica de nuestro cuerpo baja de unos 100.000 ohms a unos 1.000 ohms cuando estamos mojados,[8] y eso incrementa las probabilidades de que la corriente decida pasar a través de nuestro cuerpo (y nuestro corazón) para llegar al suelo. Además, esta reducción de la resistencia eléctrica de nuestro cuerpo provocará que la corriente que pase a través de nosotros sea más intensa... Y no mejorará nuestras probabilidades de sobrevivir, como te podrás imaginar.

Así que si una tormenta te pilla en medio de la intemperie y no tienes un edificio o un coche en el que cobijarte, acuclíllate, pega las piernas, cruza los dedos y espera a que pase.

*¿Qué efecto tiene cruzar los dedos?*

Ninguno, *voz cursiva*. Es un eufemismo que sirve para decir que invocas a la buena suerte.

*Nunca me acostumbraré a estos hábitos tan absurdos que tenéis los seres corpóreos. Pero bueno, te pongo una situación aún más peliaguda: ¿qué pasaría si una tormenta me pillara nadando en el agua?*

Pues el riesgo es más o menos el mismo que en el suelo: si un rayo cae cerca de ti en el océano, la corriente se esparcirá por el agua alrededor del punto de impacto, y, si estás en su camino, pasará a través de ti y te electrocutará. No he podido encontrar referencias demasiado concretas acerca del radio de alcance de un rayo cuando cae en el agua, pero he visto que se sugieren desde diez metros hasta «unas decenas» alrededor del punto de impacto. Sea cual sea la cifra, si una tormenta te pilla en el agua, lo mejor es que salgas rápidamente a tierra firme y te seques lo antes posible para incrementar la resistencia eléctrica de tu cuerpo.

*Vale, ¿y si estás en mar abierto?*

Uf... Yo qué sé, *voz cursiva*. Acepta tu destino. Poco más puedes hacer en esta situación.

*Entiendo. Ese sería un buen momento para cruzar los dedos, ¿no?*

Al contrario; en mar abierto necesitas las manos para mantenerte a flote, así que lo último que debes hacer es cruzar los dedos.

*En serio, no hay quien entienda vuestras costumbres... ¿Y qué hay de los pobres peces? ¿Cómo se protegen de los rayos, si no pueden salir del agua cuando hay una tormenta?*

Pues no he encontrado información específica sobre rayos y peces en mar abierto, aunque, al parecer, existen casos en los que un rayo ha impactado contra algún estanque y los peces han sobrevivido, pero, aunque algunos salen de la situación sin secuelas a largo plazo, otros desarrollan lesiones que les impiden nadar con normalidad o que alteran su comportamiento.[9] Eso sí, en principio, si un rayo cae en mar abierto, solo los peces que se encuentran cerca de la superficie en el momento de la descarga deberían verse afectados por la corriente eléctrica.

En realidad, esta misma lógica se puede aplicar a cualquier otro animal que se encuentre cerca de la superficie del agua. Por ejemplo, en 2018, cincuenta gansos aparecieron muertos en un lago en Canadá, y la autopsia reveló que todos habían muerto al mismo tiempo, así que se cree que el responsable fue un rayo que cayó en el agua mientras estaban flotando tranquilamente.[10] Imagino que este incidente te puede dar una idea de lo que le podría llegar a ocurrir a una persona que fuera sorprendida en el agua por una tormenta.

En fin, ¿se te ocurre alguna otra situación enrevesada relacionada con los rayos que te intrigue, *voz cursiva*?

*Mira, ya que has sacado el tema de los pájaros... ¿Podría un rayo derribar a un pájaro en pleno vuelo?*

Pues no parece haber mucha literatura al respecto, por la razón que sea. La única información «fiable» que he encontrado sobre este tema es un extraño intercambio de cartas publicadas en la revista *Nature* en 1894. En la primera carta, del 19 de abril, un tal Skelfo planteaba la siguiente duda:[11]

> Una dama estaba mirando por la ventana cuando ocurrió el destello de un rayo, acompañado enseguida por el ruido de un trueno. Inmedia-

tamente después, observó una gaviota muerta frente a la ventana, pero estaba convencida de que no estaba allí antes. Los que recogieron el pájaro afirmaron que aún estaba caliente, y se dice que olía poderosamente a azufre. Me gustaría saber si un pájaro en pleno vuelo puede ser abatido por un rayo, y, si es así, si se trata de un hecho común.

El 26 de abril, un tal G. W. Murdochs envió otra carta en la que afirmaba poder responder a la pregunta de Skelfo, no solo porque «tenía en su posesión varios registros auténticos», sino porque también lo había observado en persona. Al parecer, una vez su perro espantó a un pato, y un rayo derribó al pájaro poco después de levantar el vuelo. Según él, el pato se desplomó «como si lo hubieran disparado»,[12] pero, aunque el bueno de G. W. Murdochs examinó el cuerpo, no recordaba si «olía poderosamente a azufre». En la carta comentaba que le sonaba que no.

Dejando las cartas de finales de siglo XIX a un lado, en principio no parece haber ningún motivo por el que un rayo no pueda pasar a través de un pájaro durante su camino hacia el suelo, así que, a título personal, me fío de los testimonios de estas historias.

*Ostras, pues espero que nunca me pille un rayo en un avión en pleno vuelo.*

Eso no te tiene que preocupar, *voz cursiva*. Un rayo no puede derribar un avión moderno porque el fuselaje de estos vehículos está diseñado para que se comporte como una jaula de Faraday, una estructura metálica cuyo diseño impide que se formen campos eléctricos en su interior cuando una corriente pasa a través de ella. O, mejor dicho, los campos eléctricos se forman en su interior, pero están distribuidos de manera que se anulan entre sí. En cualquier caso, lo importante es que la corriente solo se puede propagar por la superficie exterior del avión, así que, si un rayo cae sobre él, simplemente entrará por un punto del fuselaje y saldrá por otro sin causar ningún daño en su interior. Es más, de media, cada avión comercial recibe el impacto de un rayo cada año,[13] de modo que creo que el hecho de que los medios de comunicación no estén constantemente saturados con noticias de aviones abatidos por rayos es un testimonio de su seguridad.

Y, ya que estamos hablando del tema, la carrocería de los coches también está diseñada para que conduzca la corriente de los rayos a través de su superficie y no dañe a los pasajeros que están en su interior. Este es el motivo por el que es mejor que no salgas del coche si te sorprende una tormenta con mucha actividad eléctrica... Aunque, por si acaso, intenta no apoyarte en las partes metálicas del interior del vehículo.

O sea, que si estás volando durante una tormenta en el siglo XXI, los rayos no tienen por qué preocuparte en absoluto.

*Espera, ¿por qué especificas lo del siglo XXI?*

Bueno, es que los aviones de antes no estaban tan bien preparados contra las descargas eléctricas como ahora, y los accidentes provocados por los rayos eran más frecuentes. De hecho, como he comentado en el capítulo 10, el vuelo en el que viajaba Juliane Koepcke fue destruido por un rayo en pleno vuelo. Pero insisto: estos problemas fueron identificados y solucionados hace décadas, y, además, no existen las máquinas del tiempo, así que puedes seguir volando con total tranquilidad.

*Vale, vale. Por cierto, no sé qué neura te ha dado, pero no paras de hablar sobre aviones en este libro. No sabía que eras tan fanboy de estos vehículos.*

No me interesan especialmente, *voz cursiva*, pero es que no paro de encontrar datos curiosos sobre puñeteros aviones. ¿Alguna pregunta más?

*No, no; creo que ya me he quedado con la conciencia tranquila.*

Estupendo, porque ya tenía ganas de hablar de un fenómeno muy infrecuente que está relacionado con los rayos y que ha dado pie a bastantes situaciones muy extrañas a lo largo de la historia. Pero, antes de explicar lo que es, pongámonos en situación con algunos testimonios desconcertantes.

La primera anécdota ocurrió en 1638 en una iglesia de Widecombe in the Moor (Devon, Inglaterra). Durante una tormenta, una «bola de fuego» de 2,4 metros de diámetro se coló en la iglesia y explotó en su interior, matando a cuatro personas, hiriendo a otras sesenta y provocando daños en la estructura del edificio. Los testigos dijeron haber percibido un olor a azufre que atribuyeron al infierno, por lo que culparon del incidente a dos personas que habían estado jugando a las cartas durante el sermón, partiendo de la premisa de que habían desatado la furia de Dios con esa falta de respeto. Nunca dejarán de sorprenderme los «pecados» tan nimios y específicos que el Todopoderoso se centra en castigar, mientras deja pasar cosas mucho más graves, como asesin...

*Déjate de críticas religiosas, quiero más historias raras.*

Vale, vale... París, 1852. Un escritor llamado Willy Ley jura ante la Academia Francesa de la Ciencia que, durante una tormenta, un sastre presenció cómo una bola luminosa del tamaño de una cabeza humana salió del hueco de su chimenea, dio una vuelta por la habitación, volvió a la chimenea y explotó, destrozando su parte superior.

Otro incidente extraño ocurrió en un pueblo con el nombre igualmente misterioso de Bischofswerda, en Alemania. En este caso, una bola luminosa pasó silenciosamente a través de un cable telefónico, espantó a un profesor al salir a través del teléfono que estaba utilizando y atravesó una ventana, dejando el cristal lleno de agujeros perfectamente redondos del tamaño de una moneda. En este caso, la bola fundió setecientos metros de cable telefónico, dañó varios postes y empujó a unos cuantos obreros al suelo, sin que hubiera que lamentar daños mayores.

Y, por último, un encuentro más instructivo y menos destructivo se produjo en 1952 en el interior de un avión que estaba sobrevolando la costa Este de Estados Unidos durante una tormenta.[14] Uno de los pasajeros de este vuelo era un ingeniero electrónico llamado Roger Jennison, que describió cómo, durante unas turbulencias, un rayo golpeó el avión, y una bola luminosa de unos veinte centímetros de diámetro salió de la cabina del piloto unos segundos después. La bola se movía a una velocidad constante mientras flotaba a una altura de unos 75 centímetros y pasó a medio metro del ingeniero, que estaba sentado en la parte frontal de la aeronave. Gracias a su formación, Jennison pudo describir el fenómeno con gran precisión: se trataba de una bola luminosa con un color entre azulado y blanquecino que no tenía una estructura interna y era visualmente opaca, por lo que casi parecía un objeto luminoso sólido. Además, la bola no irradiaba calor, y, tras pasar frente a una azafata aterrorizada, llegó hasta la otra punta del avión, atravesó la puerta del baño trasero y desapareció en su interior.

Como podrás imaginar, estos eventos están relacionados con la electricidad y no con extraños castigos divinos. Para ser más concreto, estos fenómenos eléctricos se conocen como *rayos globulares*.

*Claro, tiene sentido que esté relacionado con los rayos. Por eso, la bola eléctrica del avión desapareció cuando llegó al baño: solo quería... descargarse. ¡Ja, ja, ja, ja!*

Qué duro, *voz cursiva*. De todas maneras, aunque se trata de un fenómeno eléctrico que aparece durante las tormentas, aún no se conoce su causa exacta porque ocurre de manera tan infrecuente que es muy difícil estudiarlo. El principal misterio que lo rodea es que, como hemos visto, un arco eléctrico solo se puede formar entre una región que tiene carga positiva y otra con carga negativa, así que la existencia de «bolas» de electricidad autosostenida parece desafiar esa concepción.

*¡Ajá! ¡Jaque mate, científicos! ¡Las leyes de la física no valen para nada!*

Para el carro, *voz cursiva,* porque un grupo de investigadores chinos consiguió observar un rayo globular y determinar su composición basándose en la luz que emitía.[15] Al parecer, estas bolas de electricidad contienen silicio, calcio y hierro, elementos que son muy abundantes en el suelo. La presencia de silicio encaja con la hipótesis de que estas bolas se forman cuando un rayo vaporiza el silicio del suelo al impactar con él, produciendo una nube de diminutas partículas aglutinadas por su carga eléctrica, que brillan debido al calor que liberan mientras se combinan con el oxígeno del aire. Por supuesto, eso no significa que el misterio esté resuelto, y, además, aún no se ha conseguido replicar de manera exacta en un laboratorio, pero estos datos ayudarán a mejorar las futuras investigaciones.

En cualquier caso, creo que durante este capítulo me he centrado demasiado en las desgracias que provocan los rayos y quería comentar que, aunque un rayo puede producir fácilmente la muerte, es posible que sus descargas eléctricas dieran comienzo a la vida en el planeta.

Cuando nos remontamos a través del árbol genealógico de todas las especies que habitan hoy en día el planeta, nuestros antepasados lejanos se van volviendo cada vez menos complejos hasta que todas las ramas evolutivas convergen en los ancestros comunes de los que surgió toda la vida del planeta: los organismos unicelulares. De hecho, estos organismos tan simples han sido el único tipo de vida que ha existido en la Tierra durante la mayor parte de su historia. Para poner algo de perspectiva, nuestro planeta se formó hace unos 4.600 millones de años, y los primeros signos de vida unicelular aparecieron unos

1.100 millones de años después, pero los organismos multicelulares no aparecen en el registro fósil hasta hace unos 600 millones de años. Esto significa que, durante los primeros 2.900 millones de años de los aproximadamente 3.500 millones que lleva existiendo la vida en nuestro planeta, las formas de vida más complejas que se podían encontrar sobre él eran organismos unicelulares.

Por desgracia, es difícil estudiar cómo era la vida en la Tierra durante este periodo, porque los fósiles de organismos unicelulares son muy difíciles de encontrar, tanto por su tamaño como por el hecho de que las rocas en las que están preservados son tan antiguas que la mayor parte de ellas han sido enterradas bajo la superficie terrestre por la actividad tectónica. Además, aunque en las rocas antiguas se pueden encontrar anomalías químicas o isotópicas que podrían haber sido causadas por la actividad de esa vida antigua, a menudo es difícil descartar por completo un origen no biológico.

Teniendo en cuenta esta falta de evidencias directas, la gran incógnita que atormenta a los científicos hoy en día es de dónde salieron esas primeras células y bacterias. O, dicho de otra manera, qué tipo de forma de vida aún más simple dio paso a los organismos unicelulares y a partir de qué proceso natural apareció.

*Hombre, es obvio que la ciencia ya no nos puede proporcionar más información sobre este tema porque por fin ha hecho tope. Creo que va siendo hora de que los arrogantes científicos acepten el papel de una figura creadora.*

No necesariamente, *voz cursiva*.

Todos los organismos de nuestro planeta son el resultado de un largo linaje de formas de vida que iban ganando complejidad a medida que pasaban las generaciones, así que no hay ningún motivo para pensar que los primeros organismos unicelulares no pudieran desarrollarse a partir de unos sistemas aún más simples que no eran tan parecidos a lo que hoy en día consideramos vida. De hecho, en la actualidad se cree que la vida empezó en forma de grupos de moléculas complejas que tenían la tendencia de autorreplicarse debido a sus propiedades químicas: en este caso, las moléculas que estaban mejor adaptadas a su entorno lograban replicarse de forma más frecuente y acababan teniendo más «descendencia», y, de esta manera, dieron el pistoletazo de salida de una carrera evolutiva en la que estos sistemas químicos irían ganando complejidad hasta convertirse en los primeros seres unicelulares.

*Ya, claro... Pero ¿a que nadie ha encontrado ninguna señal de esas supuestas «moléculas autorreplicantes» en el registro fósil?*

De momento, no. Pero es que estamos hablando de localizar los restos de simples grupos de moléculas más o menos complejas que vivieron hace varios miles de millones de años. Y, como he comentado, si encontrar rocas que daten de esa época es muy difícil, distinguir las señales químicas que habrían dejado en ellas esas «protoformas de vida» lo es aún más. Pero, incluso así, la ausencia de evidencias directas no significa que los científicos se estén sacando esta idea de la manga, y una prueba de ello es que está más que demostrado experimentalmente que los bloques químicos básicos que componen la vida pueden aparecer en la naturaleza cuando se dan las condiciones necesarias, sin que tenga que intervenir ninguna entidad creadora superior.

El ejemplo más conocido de este fenómeno es el experimento de Miller-Urey, llevado a cabo por Stanley Miller y Harold Urey en 1952 con la finalidad de simular las condiciones atmosféricas que se podrían haber dado en la Tierra primitiva y comprobar si podían llegar a producir moléculas precursoras para la vida. La metodología era sencilla: llenaron un recipiente con agua, metano, amoniaco e hidrógeno y lo mantuvieron caliente para que la evaporación del agua estimulara la circulación de los gases y los condujera a través de un arco eléctrico intermitente que simulaba el efecto de los rayos. Una semana después, el experimento se detuvo, se analizó el contenido de los recipientes..., y resultó que en el interior del recipiente se habían formado más de veinte aminoácidos distintos, los bloques fundamentales que componen los seres vivos.

Ahora bien, llegados a este punto, *voz cursiva,* podrías argumentar que la composición de la atmósfera terrestre primigenia podría haber sido distinta a la que simularon Miller y Urey, y que su experimento no representa correctamente los verdaderos procesos que condujeron a la vida.

*Efectivamente. Lo argumento.*

Y tendrías razón, claro, pero eso no invalida la hipótesis de que la vida se formó a partir de materia inerte a través de procesos naturales, porque la comunidad científica lleva décadas simulando diferentes escenarios que se podrían haber dado en la Tierra primigenia y produciendo esos mismos aminoácidos. O sea, que aunque aún no se ha conseguido crear moléculas autorreplicantes como las que pudieron haber precedido la vida unicelular en un laboratorio, lo que está claro es que los bloques fundamentales que se necesitan para producirlas se pueden formar a partir de materia inerte gracias a ciertos fenómenos naturales, como los rayos.

*Humm... Visto así, no me parece una hipótesis tan descabellada. Pero, bueno, ¿y ahora qué?*

Pues tocará cambiar de tema.

*¿Y cómo lo hacemos para que quede natural?*

No estoy seguro... Déjame pensar un momento, a ver si se me ocurre una manera rebuscada de hacer una transición medianamente lógica a la siguiente pregunta.

*¡Qué nervios! Me tienes en ascuas.*

Perfecto.

# CAPÍTULO
# 16

## ¿Por qué el fuego no tiene sombra? ¿De qué están hechas las llamas?

Parece que el consenso actual es que los seres humanos empezamos a utilizar el fuego hace alrededor de 500.000 años, pero existen indicios de que su uso se podría remontar a épocas muy anteriores. Por ejemplo, se han encontrado unas capas de ceniza bajo el suelo de la cueva de Yuanmou, en China, que, de ser los restos de hogueras producidas de forma deliberada, indicarían que algunos de nuestros antepasados ya controlaban el fuego hace 1,7 millones de años.[1]

Sea como sea, no hay duda de que el fuego es uno de los descubrimientos más *top* de la humanidad: nos daba calor cuando hacía frío, nos proporcionaba luz cuando estaba oscuro, cocinaba nuestros alimentos cuando estaban crudos y nos ayudó a sustituir la piedra de nuestras herramientas primitivas por el metal. Ahora bien, un dato que me ha sorprendido bastante mientras leía sobre este tema es que los seres humanos no somos los únicos animales del planeta que utilizan el fuego en su beneficio, ya que, en Australia, existen varias especies de aves de presa a las que se ha observado recogiendo ramas encendidas durante los incendios y lanzándolas sobre las zonas que aún no han sido afectadas por el fuego.[2]

*Este dato me hubiera sorprendido más si no me hubieras dicho que esto pasa en Australia. Pero ¿qué clase de proceso evolutivo absurdo acaba propiciando la aparición de pájaros pirómanos?*

Pues no es absurdo en absoluto, porque esta estrategia les permite cazar con facilidad los animales que huyen despavoridos del fuego.

*O sea, que llevamos siglos llamando «llamas» a los animales equivocados...*

Esa no era la conclusión a la que quería llegar, *voz cursiva*, pero te la compro. En cualquier caso, una de las muchas cosas que nos diferencian de estos pájaros es que ellos probablemente no llevan miles de años preguntándose qué diablos son esas masas luminosas y anaranjadas que bailan ante sus ojos mientras lo reducen todo a cenizas, y no se han molestado en intentar encontrar una respuesta a esta cuestión... Un misterio que los seres humanos sí hemos logrado descifrar.

Me explico.

En el primer capítulo he comentado que la materia pasa de estado sólido a líquido o gaseoso a medida que la temperatura aumenta, y que lo que diferencia a uno de otro es la libertad de movimiento que tienen las partículas. Los átomos de un sólido están firmemente anclados en su sitio, los de un líquido conservan cierta cohesión pese a estar desparramados y los de un gas se mueven tan deprisa y chocan con tanta fuerza que se mantienen desperdigados por el espacio sin ningún orden. Pues bien, resulta que existe otro estado de la materia que no estamos acostumbrados a ver en nuestro día a día porque solo se suele manifestar cuando un gas se calienta muchísimo: el plasma.

En este caso, si la temperatura de un gas se incrementa lo suficiente, sus átomos llegarán a moverse lo bastante rápido como para que las colisiones con sus vecinos les arranquen algún electrón de su capa más externa. Estos átomos adoptarán una carga eléctrica positiva, y los electrones expulsados, con carga negativa, quedarán dispersos entre la masa caótica de gas.

Por tanto, los gases no solo se convierten en una «sopa» de cargas positivas y negativas cuando se calientan muchísimo, sino que, además, cuanto más alta sea su temperatura, mayor será la fracción de sus átomos que acabará perdiendo electrones y adoptando una carga eléctrica. Y eso es un plasma, básicamente, una masa de gas en la que una proporción mayor o menor de sus átomos tienen carga eléctrica (o están *ionizados,* que es lo mismo).

*¿Y ya está?*

¿Cómo que «ya está»?

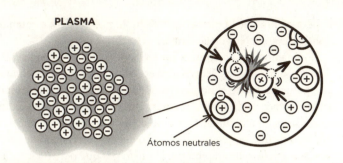

**PLASMA**

Átomos neutrales

*Pues que, por las películas, tenía la impresión de que el plasma sería algo más exótico. La verdad es que es bastante decepcionante saber que no es más que un gas con un poco de carga eléctrica.*

Bueno, a ver, que los plasmas no sean tan exóticos como sugieren las películas no significa que no tengan propiedades muy interesantes.

Una de esas propiedades es la excelente conductividad eléctrica que les proporcionan todos los iones y electrones libres que contienen, ya que, gracias a ellos, se puede calentar una masa de plasma hasta temperaturas de decenas de miles de grados simplemente pasando una corriente muy intensa a través de él. En comparación, las temperaturas más altas que se pueden producir quemando un combustible en presencia de oxígeno «solo» rondan los 5.000 °C.[3] Por tanto, no es de extrañar que se utilicen sopletes de plasma cuando se necesita cortar piezas de manera muy precisa o planchas de metal muy gruesas.

*No diré que esa cifra no me haya sorprendido, pero me parece un uso del plasma demasiado específico. ¿Es que este estado de la materia no se puede encontrar en lugares más mundanos?*

Pues mira, no tienes más que levantar la vista al cielo: el Sol es una bola de plasma de 1,4 millones de kilómetros de diámetro, y no solo nos influye en nuestro día a día, sino que, sin él, la vida en la Tierra ni siquiera podría exist...

*Sí, vale, agradezco el dato, pero tampoco me vale. Necesito un ejemplo de plasma que pueda observar tranquilamente durante un rato sin quemarme las retinas.*

Qué exigente te has puesto de repente, *voz cursiva*. Si tantas ganas tienes de ver un plasma, basta con que enciendas una luz de neón y...

233

Espera, ahora que lo pienso, este ejemplo nos ayudará a entender de dónde viene el color de las llamas.

Pongámonos en contexto. En 1898, dos científicos ingleses llamados William Ramsay y Morris Travers habían llenado un recipiente de aire para extraer de él un gas noble llamado argón que representa el 1 % de la mezcla de gases que compone la atmósfera. El procedimiento consistía en introducir trozos de cobre y magnesio calientes con el objetivo de que reaccionaran con el oxígeno y el dióxido de carbono, y, al ser un elemento tan inerte, el único gas que debería quedar tras llevar a cabo este procedimiento sería el argón... O, al menos, eso pensaban ellos.

Para su sorpresa, cuando los científicos enfriaron el recipiente para que el argón se convirtiera en un líquido, también se formaron cantidades considerables de material sólido en las paredes interiores de los tubos y bajo la superficie del argón licuado. El análisis de este material congelado reveló que se trataba de un elemento desconocido hasta la fecha, otro gas noble al que bautizaron como *neón,* un nombre derivado del griego *neo,* que significa «nuevo».

*Un par de científicos muy imaginativos, sin duda. Pero ¿cómo supieron que se trataba de un elemento desconocido, si el neón es un gas noble invisible que no reacciona con nada?*

Porque los gases nobles tienen características diferentes que permiten diferenciarlos entre sí, como su densidad o sus propiedades cuando se encuentran en estado sólido, pero existe otra forma de distinguirlos mucho más llamativa que ahora mismo viene a cuento: cada gas emite una luz de colores diferentes cuando se introduce en un tubo de cristal y se pasa una corriente eléctrica a través de él. De hecho, Ramsay y Travers supieron que el gas que habían aislado era un elemento nuevo porque el neón emitía un color que no se había observado en ningún otro gas. En palabras de los propios científicos, cuando variaban la presión del tubo, el color del neón cambiaba «desde rojo cereza hasta un naranja brillante que no se ha visto en ningún otro elemento».[4]

El motivo por el que los gases empiezan a brillar cuando los atraviesa una corriente eléctrica es que los electrones que componen la corriente *excitan* los átomos del gas cuando chocan con ellos, o, lo que es lo mismo, empujan sus electrones más externos hacia órbitas más alejadas del núcleo. Pero, claro, esta situación es inestable, así que los electrones perturbados vuelven enseguida a su órbita original, emitiendo un rayo de luz visible durante el camino.

*Esto lo has dicho muy a la ligera, pero no sé por qué el cambio de un electrón de una órbita a otra iba a producir luz visible.*

Tienes toda la razón, *voz cursiva*. Para entender por qué el cambio de órbita de un electrón emite luz, hay que tener en cuenta que lo que llamamos luz no es más que una onda electromagnética, una sucesión de campos magnéticos y eléctricos que se van alternando mientras se propagan por el espacio.

*OK, ya te has pasado de la raya. Cierro el libro.*

¡Espera, espera! Soy consciente de que una frase así puede afectar a la moral de quien no está familiarizado con estas cosas, pero puedes imaginar las ondulaciones de la luz como si fueran olas sobre la superficie del mar, aunque, en lugar de agua, las «olas» de la luz están hechas de campos eléctricos y magnéticos que se propagan por el espacio de manera tridimensional en todas las direcciones, igual que ocurre con las ondas del sonido. Ahora bien, la escala a la que se suceden estos campos eléctricos y magnéticos es mucho menor que la distancia que hay entre las olas: la separación entre las crestas de las olas del mar suele ser de entre varios centímetros a varios metros, pero los picos de las ondulaciones de los campos eléctricos y magnéticos que componen la luz visible se suceden a través de unos pocos cientos de nanómetros (nm). Esta separación entre los picos se llama *longitud de onda* y la de la luz visible que nuestros ojos son capaces de percibir ronda entre 380 y 740 nanómetros, para ser más concretos.

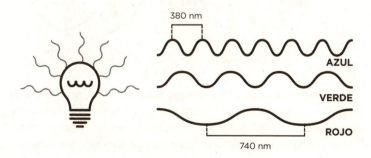

De hecho, lo que interpretamos como color no es más que la longitud de onda que tienen esas ondulaciones electromagnéticas de la luz visible que detectan nuestros ojos: las longitudes de ondas más cortas se corresponden con los tonos azulados y las más largas con los rojizos, mientras que el resto de las tonalidades del arcoíris tienen longitudes de onda intermedias.

Pues bien, resulta que lo que los electrones emiten cuando saltan a una órbita más cercana al núcleo son precisamente estas ondas electromagnéticas que nuestros ojos interpretan como luz visible. Y la longitud de onda de ese rayo de luz –o lo que es lo mismo, su color– está determinada por la distancia que cubre el electrón durante el salto: un salto más largo entre dos órbitas más alejadas produce luz con un tono más azulado, mientras que uno más corto produce luz rojiza.

O sea, que el motivo por el que los gases emiten luz cuando una corriente eléctrica los convierte en una masa caótica de átomos excitados y electrones alejados de sus núcleos es que esos electrones libres están siendo expulsados constantemente de sus átomos por la corriente y cayendo de nuevo en las órbitas de los átomos que los rodean. Y cada uno de esos electrones emite un rayo de luz durante el proceso.

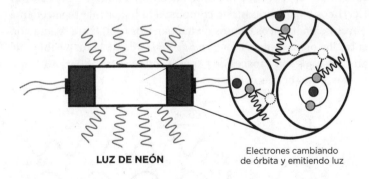

**LUZ DE NEÓN**

Electrones cambiando de órbita y emitiendo luz

Además, cada elemento químico emite unos colores diferentes cuando se excita porque los electrones están distribuidos de manera distinta alrededor de los átomos de cada uno de ellos. Como resultado, los electrones que rodean los núcleos atómicos de cada elemento recorren distancias diferentes cuando saltan de una órbita a otra, y, por tanto, la tonalidad de la luz que emiten durante el proceso es distinta en cada caso.

De hecho, una masa de gas excitado suele producir varios colores diferentes al mismo tiempo porque los electrones de sus átomos se pueden ver empujados a diferentes distancias del núcleo, dependiendo de lo energético que sea el fenómeno que los impulse. Este es el motivo por el que los átomos de una masa de gas excitado no emiten un solo color, sino varios al mismo tiempo. Por poner varios ejemplos, el neón se ilumina con un tono rojizo o anaranjado muy concreto cuando sus átomos se excitan porque esas son las longitudes de onda que sus átomos emiten con más intensidad, pero también produce un poco de luz verde. De la misma manera, el hidrógeno excitado brilla con luz roja, pero también produce tonos azulados más débiles, mientras que la luz que emite el helio es predominantemente amarilla, con trazas de azul, verde y rojo.

*¡Qué curioso! ¿Y por qué no llenamos bombillas con diferentes gases y las conectamos a la corriente para que brillen con diferentes colores? ¡El resultado sería chulísimo!*

Es que así es precisamente como funcionan las luces de neón, *voz cursiva*... Pero, pese a lo que sugiere su nombre, no todas están llenas de neón, porque cada color lo produce un gas diferente. En cualquier caso, el hecho de que cada elemento emita unas tonalidades muy concretas cuando sus átomos están excitados resulta muy útil, porque significa que es posible deducir de qué está compuesta una masa de gas analizando las tonalidades de la luz que emite.

Imaginemos que usamos un prisma para descomponer la luz que emite una masa de gas incandescente y proyectarla sobre una pared. Si se trata de luz blanca, que, como veremos en el siguiente capítulo, contiene todos los colores, lo que aparecerá sobre la pared será un arcoíris compuesto por un degradado de todas las tonalidades posibles, del violeta al rojo. Pero, si esa luz no contiene todos los colores, las cosas cambian. Por ejemplo, pongámonos en la situación de que, en lugar de aparecer todos los colores del arcoíris, en la pared solo se proyectan tres líneas azules brillantes y otra con tonalidad rojiza que tienen, respectivamente, una longitud de onda de 410, 434, 486 y 656 nanómetros. Como el único elemento que emite esas longitudes de onda tan específicas cuando sus átomos se excitan es el hidrógeno, eso significa que esa masa de gas incandescente tiene que estar hecha de ese elemento.

También hay que tener en cuenta que la cantidad de «saltos» diferentes que puede dar el único electrón que poseen los átomos de hidrógeno es muy pequeña, así que este elemento solo emite cuatro tonalidades diferentes en el rango de longitudes de onda visibles. En cambio, cuando se descompone la luz emitida por los átomos de otros elementos que están rodeados por un número mayor de electrones, aparecen decenas o incluso centenares de líneas brillantes de diferentes tonalidades. Por ejemplo, el helio presenta 23 líneas en el rango visible, mientras que el mercurio tiene 40; el neón, 75; y el hierro, 235.[5]

En cualquier caso, el estudio de la composición de las cosas a partir de su luz se llama *espectroscopia*, y se trata de una herramienta especialmente útil en los campos de la ciencia en los que es muy difícil conseguir muestras físicas de los objetos que quieres estudiar, como la astronomía. De hecho, esta técnica es la que nos permitió descubrir que las estrellas no son más que bolas gigantes de hidrógeno y helio, con trazas del resto de los elementos de la tabla periódica.

*Y entiendo que la composición de las llamas también se puede deducir a partir de la luz que emiten, ¿no?*

Exactamente, *voz cursiva*. Las llamas son el resultado de una reacción de combustión o, lo que es lo mismo, de la combinación del oxígeno de la atmósfera con las moléculas de alguna otra sustancia, un proceso que produce moléculas nuevas. Por ejemplo, cuando prendemos fuego a un tronco, el oxígeno reacciona con el carbono y el hidrógeno de sus compuestos orgánicos, y forma dióxido de carbono y vapor de agua, pero la madera también contiene elementos que no se convierten en sustancias gaseosas cuando se evaporan, como por ejemplo el calcio, el sodio o el potasio, que simplemente forman óxidos o carbonatos sólidos que quedan atrás en forma de cenizas.

Ahora bien, el motivo por el que las llamas emiten luz es que todas estas reacciones liberan una gran cantidad de calor: las zonas en las que tiene lugar la combustión producen masas de gas muy caliente en las que los átomos chocan a una velocidad lo bastante alta como para que sus electrones sean promovidos a órbitas superiores. Y, cuando esos electrones vuelven a su órbita original, emiten un rayo de luz con un color que refleja los elementos que estaban involucrados en su creación. Por ejemplo, cerca de la base de una hoguera es frecuente ver llamas con tonalidades azuladas que deben su color a la presencia de moléculas excitadas que contienen carbono e hidrógeno. Si, por cualquier motivo, se nos ocurriera tirar óxido de cobre o algún compuesto de potasio al fuego, entonces aparecerían llamas verdosas o violetas, respectivamente.

*Madre mía, estás mareando tanto la perdiz que acabaré llamando a PETA. ¿Me quieres decir ya de dónde viene el color anaranjado de las llamas?*

Vale, vale, *voz cursiva*: la luz anaranjada que caracteriza las llamas proviene, al menos en parte, de la excitación de los átomos de sodio que contiene la madera que se está quemando.[6]

*Pues hala, misterio resuelto, pasemos al siguiente capítulo de una vez, que ya me estoy cansando...*

Para el carro, *voz cursiva*, que por algo acabo de decir «al menos en parte». Es cierto que parte del color de las llamas proviene de la luz que emiten los átomos de sodio excitados, pero ahí no acaba la historia, porque los objetos incandescentes también emiten luz a través de otro mecanismo distinto.

Si tienes a mano una barra de acero, un soplete que produzca temperaturas muy altas, y el equipo de seguridad y la formación necesaria para manejarlo, te propongo el siguiente experimento: enciende el soplete y calienta el metal tanto como puedas. En cuanto la barra alcance los 500 °C, empezará a emitir un brillo rojizo que irá volviéndose naranja y luego amarillo a medida que su temperatura se incremente aún más. Si tu soplete fuera capaz de producir temperaturas superiores a los 10.000 °C, el metal debería empezar a brillar con una tonalidad blancoazulada.

*He intentado hacer el experimento, pero la barra de acero se ha fundido a los 1.500 °C, y a los 3.000 °C se ha empezado a vaporizar, así que no he podido ver esa tonalidad blancoazulada de la que hablas.*

Cierto, no había contado con este pequeño detalle. Es extremadamente difícil observar este brillo azulado en nuestro día a día porque solo se manifiesta a temperaturas tremendas, pero te propongo una alternativa. La temperatura de la superficie de una estrella es el factor principal que determina el color de la luz que emite, de manera que las más frías tienen un color rojizo y las más calientes emiten una tonalidad blanquecina azulada. Por tanto, mi sugerencia es que observes el cielo nocturno a través de unos prismáticos e intentes encontrar trazas de esa tonalidad azulada en alguna estrella masiva y caliente, como por ejemplo las del cúmulo de las Pléyades.

---

*Espera, espera, que ya me estás liando. ¿No habíamos quedado en que el color de las cosas brillantes dependía de los elementos que las componen y de los saltos que pegan sus electrones? ¿Qué tiene que ver la temperatura con todo esto?*

Mucho, *voz cursiva*. Hemos visto que la temperatura de un objeto simplemente refleja lo rápido que se mueven los átomos que lo componen, pero un detalle que aún no había comentado es que las partículas que tienen carga eléctrica son capaces de emitir radiación electromagnética en el rango visible cuando se aceleran, y que, además, la longitud de onda de la luz que producen es más corta (más azulada) cuanto más rápido vibran. De ahí que la luz que emite un objeto incandescente vaya pasando de ser rojiza a amarilla o azulada a medida que su temperatura aumenta.

En cualquier caso, esto nos lleva al segundo fenómeno que dota a las llamas de su tonalidad anaranjada característica: la combustión de la madera no solo genera gases, sino que también suspende en el aire una gran cantidad de pequeñas partículas sólidas incandescentes que se encuentran a una temperatura lo bastante alta como para que el rápido movimiento de sus átomos emita una luz rojiza o anaranjada. Y en cuanto estas partículas se alejan un poco de la hoguera, se enfrían y dejan de brillar, convirtiéndose en humo.

En resumidas cuentas, el color anaranjado de las llamas proviene de la luz que emiten los átomos excitados de ciertos elementos que hay en la madera, como el sodio, pero también del brillo que emiten las partículas incandescentes de hollín que se generan durante la combustión gracias a su alta temperatura.

*¡Por fin! Tanto rollo para explicar de dónde viene el color de las llamas, cuando podrías haber resumido toda esa explicación en una sola frase.*

Ah, ¿sí? Pues sorpréndeme, *voz cursiva,* ¿de dónde viene el color de las llamas?

*De su pelaje.*

En fin, creo que será mejor cambiar de capít...

*¿No te ha gustado? Te propongo otra: si un grupo de ovejas es un rebaño, ¿qué es un grupo de llamas?*

No, en serio, no hace falta que...

*... Un incendio.*

Uf, será mejor que sigamos hablando del origen del color. Eso sí, esta vez me voy a asegurar de utilizar un material que no dé pie a tus terribles juegos de palabras.

# CAPÍTULO 17

## ¿Por qué (casi) todos los metales son grises?

El oro lleva cautivando a los seres humanos desde los albores del tiempo con su impactante tono amarillento, pero a esa fascinación también contribuye el hecho de que sea uno de los pocos metales que se puede encontrar en estado puro en la naturaleza, gracias a su capacidad para permanecer inalterado durante miles de millones de años. Es más, esta formidable resistencia a la corrosión te puede dar una idea de por qué el oro se convirtió en el elemento favorito de la gente para representar el poder adquisitivo: una moneda hecha de oro garantizaba que tus riquezas no serían reducidas a polvo por el mero hecho de existir. Pero, aunque el oro tiende a acaparar toda la atención porque es una de las celebridades de la tabla periódica, lo cierto es que el metal colorido que estamos más acostumbrados a ver es un elemento mucho más común que también llevamos utilizando desde tiempos inmemoriales: el cobre, ese metal relativamente inerte que reluce con un tono rojizo y que en ocasiones también se puede encontrar en estado puro en la superficie terrestre.

Como tanto el oro como el cobre se pueden encontrar en estado puro entre las rocas en determinadas partes del planeta, es probable que estos dos elementos fueran los primeros metales que descubrió la humanidad. Por supuesto, el resto de los metales de la tabla periódica también se hallan en la naturaleza, pero suelen estar combinados con otros elementos químicos formando minerales que no se parecen en nada a los metales que contienen. Por tanto, los seres humanos no pudimos empezar a utilizar estos metales hasta que descubrimos cómo liberar cada uno de ellos de su prisión química. A medida que nuestro conocimiento avanzaba, encontramos la manera de extraer el hierro que usamos para fabricar estructuras, el estaño de los circuitos eléctricos, el titanio de los implantes óseos, el aluminio de las latas o el wolframio de los filamentos de algunas bombillas, por poner algunos ejemplos.

Ahora bien, aunque nuestra experiencia encontrando metales empezó de forma muy colorida con el oro y el cobre, casi todos los metales que hemos descubierto a partir de entonces comparten una característica en común: todos tienen una aburrida tonalidad grisácea. Y, claro, es inevitable comparar ese tono apagado y gris con el vívido resplandor amarillento y rojizo del oro y el cobre, y preguntarse qué tienen estos metales que los hace tan excepcionales. O, visto al revés: ¿por qué casi todos los metales son grises?

*Bueno, no sé si es tan inevitable. Yo nunca me lo había planteado y tampoco me interesa demasiado saberl...*

En el capítulo anterior he comentado que la luz está hecha de ondas electromagnéticas (una sucesión de campos eléctricos y magnéticos que se alternan mientras se propagan por el espacio), y que lo que interpretamos como color no es más que un reflejo de la distancia que separa los picos de esas ondas. Siendo más concretos, nuestros ojos contienen un tipo de células llamadas *conos* que se activan cuando ciertas longitudes de onda que se encuentran en el rango del color azul, rojo y verde inciden sobre ellos y envían esos estímulos al cerebro, que mezcla estos tres colores básicos para crear una imagen coherente de nuestro entorno.

*Sí, claro. ¿Y de dónde sale esa luz azul, roja y verde? Porque no sé en qué clase de «entorno» vives, pero el mío está iluminado por la luz blanca del sol.*

Buena observación, *voz cursiva,* porque lo cierto es que el color blanco como tal no existe, en el sentido de que no hay ninguna longitud de onda de la luz que esté asociada a él. En su lugar, el blanco es el color que el cerebro interpreta cuando nuestros ojos detectan rayos de luz que contienen longitudes de onda pertenecientes a todos los colores, como es el caso de la luz que emite el sol.

De hecho, este mismo fenómeno se puede observar cada vez que aparece un arcoíris, ya que se trata de un fenómeno que ocurre cuando la luz del sol pasa a través de las gotas de lluvia en el ángulo adecuado y el agua refracta cada longitud de onda (o color) en un ángulo ligeramente distinto, desplegando frente a nuestros ojos el abanico de colores que hay contenido dentro de la luz blanca de nuestra estrella. Pero, si te fijas, verás que los arcoíris no contienen ninguna franja de color blanco. Y eso es precisamente porque no existe una longitud de onda correspondiente al color blanco.

*Entiendo. Pero, oye, justo ahora acaba de aparecer un arcoíris y veo que tampoco contiene una franja de color rosa.*

Es que al rosa le ocurre lo mismo que al blanco, *voz cursiva*: tampoco existe ninguna longitud de onda de la luz que se corresponda con este color, porque el rosa es un tono que nuestro cerebro interpreta cuando detecta determinadas mezclas de luz roja y violeta. Sea como sea, el primer dato que debemos recordar para entender por qué los metales son grises es que la luz blanca que ilumina nuestro día a día contiene todos los colores del arcoíris.

Pero, como habrás notado, no todos los objetos que nos rodean en nuestra vida cotidiana son blancos, pese a que están siendo iluminados constantemente por luz de este color. Esto se debe a que la superficie de cada material absorbe algunos de los colores que contiene la luz blanca que incide sobre ella y refleja otros. Como esos colores reflejados son los únicos que consiguen llegar hasta nuestros ojos, son los que nuestro cerebro asignará a la superficie del objeto en cuestión. Por ejemplo, las hojas de las plantas contienen una alta concentración de clorofila, la sustancia que les permite realizar la fotosíntesis. Como esta sustancia absorbe las tonalidades azules y rojizas de la luz blanca del sol para producir energía, pero refleja los tonos verdosos que no le sirven para nada, las hojas de las plantas nos parecen verdes.

Por supuesto, esta misma lógica se puede aplicar a cualquier superficie colorida: los tomates son rojos porque su superficie refleja la luz rojiza y absorbe los tonos azules, verdosos y anaranjados, la madera es marrón porque la mezcla de colores que absorbe y refleja es un poco más compleja, y las naranjas son de color naranja porque...

*Vale, vale, creo que todo el mundo lo ha entendido. Pero ¿qué es lo que determina que unos materiales reflejen unos colores y no otros?*

Buena pregunta, *voz cursiva*. En el capítulo anterior hemos visto que las colisiones entre átomos o las corrientes eléctricas pueden llegar a mover los electrones de la capa exterior de un átomo a una órbita superior, pero este mismo fenómeno también puede ser provocado por la luz: como los electrones poseen carga eléctrica y están rodeados de un pequeño campo magnético, son capaces de absorber la energía de los campos electromagnéticos que componen la luz que incide sobre ellos y usarla para pegar un salto a una órbita superior. Y, cuanto más energético sea el rayo de luz absorbido, más largo será el salto que pegará el electrón y más alejada del núcleo estará la órbita que alcanzará.

*Uf, ya estamos con el concepto de energía otra vez...*

No te agobies, *voz cursiva,* recuerda que la energía no es más que una manera de cuantificar la capacidad que tiene un fenómeno para realizar un trabajo, o, lo que es lo mismo, para mover cosas de un lado a otro.

En el caso de la luz, la cantidad de energía que posee una onda electromagnética depende de su longitud de onda: cuanto más corta sea, más energía tendrá el rayo de luz. Como, en el rango visible, la luz azul tiene una longitud de onda menor que la roja, esto significa que la luz azulada es más energética que la rojiza y que, por tanto, un rayo de luz azul es capaz de realizar más trabajo que uno rojo. O sea, que si un electrón absorbe un rayo de luz azul, alcanzará una órbita mucho más alejada del núcleo que uno que haga lo propio con un rayo de luz roja.

Ahora bien, debido a ciertas complejidades de la mecánica cuántica que no entraremos a valorar ahora mismo, los electrones solo pueden dar vueltas alrededor del núcleo de los átomos a unas distancias muy específicas, así que un electrón solo podrá recorrer la distancia que lo separa de otra órbita más alejada del núcleo si absorbe una cantidad de energía muy concreta. Como resultado, los electrones solo pueden ser desplazados a una órbita superior por rayos de luz que tienen una longitud de onda (o color) determinada.

*Creo que estos conceptos me están agobiando otra vez.*

Aguanta un poco más, *voz cursiva,* porque estamos a punto de descubrir por qué cada material refleja unos colores diferentes.

Cuando la luz blanca del sol incide sobre un material, los electrones de su superficie absorberán la energía de algunos de sus colores y la usarán para saltar a una órbita más alejada del núcleo, pero, como los electrones están distribuidos de manera diferente alrededor de los átomos de cada elemento, esto significa que cada sustancia absorbe unos colores distintos. Pero, como hemos visto en el capítulo anterior, esos electrones alejados del núcleo atómico están en una situación inestable y tienden a volver rápidamente a su órbita original, emitiendo otro rayo de luz durante el proceso. En el caso que nos ocupa, ese rayo de luz emitido tendrá exactamente la misma energía que el que lo había desplazado a una órbita superior, o, lo que es lo mismo, su misma longitud de onda... O, de nuevo, su mismo color.

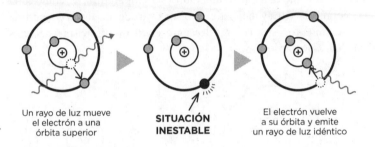

Un rayo de luz mueve el electrón a una órbita superior

SITUACIÓN INESTABLE

El electrón vuelve a su órbita y emite un rayo de luz idéntico

Por tanto, lo que en el mundo macroscópico nos parece luz «reflejada» es en realidad luz «reemitida» durante un proceso en el que los electrones de un átomo absorben la luz de un tono determinado para saltar a una órbita superior y emiten un rayo idéntico inmediatamente después, cuando «caen» de nuevo a su órbita original. ¿Esta parrafada te ha servido para entender mejor por qué la materia refleja la luz, *voz cursiva*?

*Eh... Más o menos. Oye, ¿qué les pasa a los colores que no son reflejados?*

Que son absorbidos por los átomos del material sobre el que inciden y convertidos en calor.

Me explico.

Igual que las olas del mar mueven arriba y abajo las boyas que flotan en el agua, las ondas electromagnéticas de la luz son capaces de menear los átomos a base de sacudir sus electrones. Pero, en este caso, la luz no empuja los átomos a través del contacto físico, como ocurre en el caso de las olas y las boyas: en su lugar, cuando la luz incide sobre un átomo, la dirección cambiante de sus campos eléctricos y magnéticos atrae los electrones en muchas direcciones diferentes, y estas

**247**

sacudidas hacen que los átomos empiecen a vibrar y transmitan ese movimiento a sus vecinos. ¿Y qué pasa cuando se incrementa la velocidad a la que se mueven las moléculas o los átomos de una sustancia, *voz cursiva*?

*Ya estamos otra vez... Que su temperatura aumenta.*

Exacto: los colores que no tienen la longitud de onda necesaria para cambiar los electrones de órbita y ser «reflejados» acaban disipando su energía sacudiendo los átomos de la superficie del material sobre el que inciden e incrementando su temperatura. Y, como toda la energía eléctrica y magnética de esos rayos de luz acaba convertida en movimiento, estos colores desaparecen de nuestra vista y decimos que han sido «absorbidos».

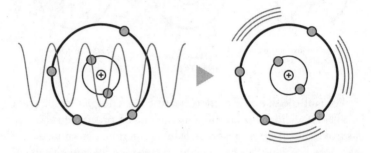

*Entendido. Entonces, basándome en lo que acabas de comentar, imagino que casi todos los metales son grises porque sus átomos solo reflejan la luz de color gris y absorben el resto de las longitudes de onda, ¿verdad?*

Pues no, *voz cursiva,* porque, igual que ocurre con la luz blanca y la rosa, tampoco existe una longitud de onda que produzca el color gris.

Los metales deben su color gris a que los electrones más externos de sus átomos no están anclados en sus respectivos núcleos, sino que tienen cierta libertad para moverse a lo largo de la estructura metálica. Aunque la interacción entre la luz y estos electrones libres es compleja, podemos hacernos una idea de lo que ocurre cuando la luz incide sobre una superficie metálica si tenemos en cuenta que esos electrones que están desperdigados entre los átomos pueden saltar a órbitas superiores situadas a diferentes distancias del núcleo a través de la absorción de cantidades de energía muy variadas, o, lo que es lo mismo, de rayos de luz con muchas tonalidades distintas. Y, por supuesto, esos electrones emiten un haz de luz con el mismo color que el que habían absorbido en cuanto vuelven a su órbita original.

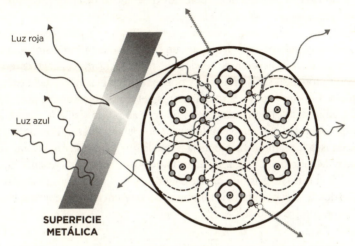

Los electrones emiten luz de gran variedad de longitudes de onda (=colores) al saltar entre distintas órbitas

Por tanto, el motivo por el que casi todos los metales son grises es que los electrones libres que contienen son capaces de reflejar todos los colores que componen la luz blanca, así que la luz que llegará hasta nuestros ojos también contendrá todos esos colores y nos parecerá blanca.

*Espera, espera, ¿cómo que los metales reflejan todos los colores de la luz blanca? ¡Pero si son claramente grises, no blancos!*

Ya, ya, pero es que el color gris no es más que luz blanca poco intensa: las superficies metálicas suelen estar cubiertas de pequeñas rugosidades que provocan que la luz que reflejan se disperse en muchas direcciones distintas. Esos rayos de luz blanca dispersa son menos intensos que la luz original... O más grises, que es lo mismo.

*Sigue sin convencerme eso de que el color gris es en realidad blanco poco intenso. ¿Me lo puedes demostrar de manera empírica?*

**249**

Por supuesto, *voz cursiva,* lo puedes comprobar fácilmente pintando toda la pantalla del ordenador o del móvil de color gris y apagando las luces.

*Vale..., veo que tengo témpera y pintura acrílica. ¿Cuál recomiendas?*

No me refiero a que le pegues un brochazo de pintura, sino a que abras alguna aplicación de edición de imagen, cubras el lienzo entero con tu tonalidad gris preferida y pongas esa imagen en pantalla completa. Lo importante es que nuestros cerebros solo son capaces de percibir el color gris cuando en nuestro campo de visión hay alguna otra tonalidad más clara con la que lo puedan comparar. Por tanto, si apagas la luz y miras fijamente la pantalla gris, notarás cómo su luz se va volviendo blanca delante de tus narices, sin importar lo oscuro que fuera el tono de gris que habías elegido. Y esto ocurre precisamente porque tu cerebro no tiene ninguna otra referencia en tu entorno con la que comparar su color.[1]

---

*¡Ostras, es verdad! Pero, aunque eso explica de dónde sale el color gris de los metales, no nos dice por qué el oro es dorado y el cobre rojizo.*

A eso iba, *voz cursiva*. Hemos visto que el color de cada sustancia depende de las longitudes de onda que absorben y reflejan sus electrones, algo que está determinado por cómo están organizados alrededor de los núcleos de sus átomos. Y también he explicado que los metales suelen reflejar todos los colores que inciden sobre ellos porque sus electrones son capaces de absorber y reemitir una gran cantidad de longitudes de onda diferentes. Por tanto, como habrás imaginado, algunos metales como el oro o el cobre no son grises, porque sus electrones no son capaces de reflejar *todos* los colores de la luz visible... Y esto se debe a que sus electrones interaccionan con la luz de manera un poco distinta al resto de los metales.

Antes he comentado que lo que caracteriza los enlaces entre los átomos de los metales es que los electrones de su capa más externa no están anclados en ningún átomo concreto y pueden moverse por su estructura con relativa libertad. Pues bien, resulta que estos electrones libres de los metales no son los únicos que son capaces de interaccionar con la luz: los electrones que están contenidos en la segunda capa más externa de sus átomos también pueden absorber ciertas longitudes de onda, pero su rango es mucho más limitado, porque sí que están anclados en sus respectivos núcleos atómicos.

Ahora bien, en el caso de la mayor parte de los metales, se necesita una energía muy superior a la que puede proporcionar cualquier color de la luz visible para mover estos electrones a una órbita más alejada del núcleo. De hecho, estos electrones solo suelen reaccionar ante la radiación ultravioleta, una forma de «luz» invisible al ojo humano que es más energética que la visible, porque tiene una longitud de onda aún más corta (hablaré de ella con más detalle en el capítulo 20). Por tanto, la mayor parte de los metales reflejan todos los colores porque la luz visible solo interacciona con sus electrones libres, ya que no tiene suficiente energía para mover estos otros.

En cambio, tanto en el caso del oro como del cobre, nos encontramos ante una situación en la que esos electrones de la segunda capa más externa de sus átomos necesitan menos energía para saltar a la capa más exterior porque la distancia que las separa es menor que la de las órbitas de los átomos de otros metales. Como resultado, los electrones de la segunda capa más externa son capaces de saltar a la órbita superior absorbiendo luz visible, que es menos energética que la ultravioleta.

En los átomos de oro, estos electrones cambian de órbita cuando absorben tonalidades verdosas y azuladas, pero, mientras vuelven a su órbita original, parte de la energía de estos colores se transforma en luz infrarroja y rojiza, así que la luz que acaban emitiendo es menos energética que la que habían absorbido... O más amarillenta, que es lo mismo en este caso. En cuanto al cobre, los electrones de la segunda capa más externa de sus átomos necesitan aún menos energía para dar el salto, por lo que no solo absorben la luz azul y la verde, sino también los tonos amarillos. Y, cuando esos electrones vuelven a su posición, la energía que pierden por el camino hace que la luz que emiten se vuelva aún más rojiza.

*Creo que te sigo... Pero ¿qué diferencia los átomos de oro y de cobre de los demás metales para que sus órbitas más alejadas del núcleo estén más juntas?*

Ahí entramos en detalles más técnicos, *voz cursiva,* porque esta cercanía inusual tiene una causa diferente en los átomos de cada elemento. En el caso del cobre, los electrones están estructurados alrededor de los átomos de manera que los que se encuentran más cerca del núcleo no «escudan» a los que están más alejados de la carga positiva de los protones del núcleo con tanta intensidad como cabría esperar. Como resultado, los protones atraen los electrones de esa capa con más fuerza y los acercan hacia el núcleo un poco más de lo habitual.[2]

El caso del oro es mucho más interesante, porque su color amarillento es un resultado de la teoría de la relatividad especial de Einstein.

En el capítulo 13 hemos visto que la masa de un cuerpo se incrementa junto con la energía. Esto significa que un objeto que se mueva muy deprisa tendrá una energía cinética mucho mayor que cuando está quieto, y, por tanto, que será mucho más masivo. Trataré este tema con más detalle en el capítulo 21, así que no te preocupes si ahora mismo te suena un poco raro, pero el caso es que este incremento de la masa no afecta a los seres humanos en su vida cotidiana, porque solo se manifiesta a velocidades próximas a las de la luz.

Ahora bien, debido a su gran masa, los núcleos de los átomos de oro atraen con tanta fuerza a los electrones que los rodean, que los que dan vueltas más cerca del núcleo tienen que moverse a un 58 % de la velocidad de la luz para no caer hacia él.[3] Pero, claro, la masa de los electrones se incrementa un 23 % a esta velocidad pasmosa, así que acaban viéndose atraídos hacia el núcleo con una fuerza aún mayor, y el radio de su órbita disminuye. A su vez, esta reducción del diámetro se propaga por el resto de las órbitas del átomo, haciendo que la distancia que separa a todas disminuya y permitiendo que los electrones puedan saltar de una a otra sin necesidad de absorber tanta energía.

O sea, que el oro sería un metal gris más si no fuera por estos efectos relativistas. Este detalle me parece especialmente curioso, porque implica que, sin saberlo, los primeros seres humanos que se vieron atraídos por el llamativo destello amarillento del oro tenían frente a ellos una manifestación directa de la teoría de la relatividad de Einstein, el modelo que, milenios después, revolucionaría nuestra imagen del universo demostrándonos cosas tan poco intuitivas como que la masa de un objeto se incrementa con la velocidad o que el ritmo al que transcurre el tiempo no es absoluto, porque depende tanto de la velocidad a la que te desplazas como de la intensidad del campo gravitatorio en el que estás metido.

*Ya, pero si nos ponemos tiquismiquis, eso mismo se podría decir de casi cualquier fenómeno físico que vieran nuestros antepasados, porque muchos acabarían dando pie a algún descubrimiento interesante en el futuro.*

Qué manera de reventarme la licencia poética, *voz cursiva*. Hasta me has quitado las ganas de hacer una transición forzada al siguiente capítulo, en el que veremos cuál es la relación entre el color y el calor.

# CAPÍTULO 18

## ¿Por qué es mejor llevar camisetas blancas en verano?

Si has crecido viendo anuncios de detergente, es posible que hayas acabado asociando la idea de «frescor» a una sábana fina y blanca ondeando al viento frente a un cielo azul perfectamente uniforme. O tal vez no, no lo sé; a lo mejor tuve una infancia un poco rara. En cualquier caso, sí que es cierto que el blanco es un color al que se recurre mucho en publicidad cuando se quiere evocar frescura... Pero ¿el blanco realmente tiene alguna propiedad física que lo haga más «fresco» que los demás colores, o se trata de una idea errónea que los cerebros perturbados que hay detrás de unas oscuras campañas de marketing nos han inculcado durante décadas, obedeciendo a los intereses de los selectos miembros de alguna élite económica oculta con motivaciones oscuras?

*Hombre, espero que sea lo segundo, porque el capítulo se va a poner bastante interesante.*

Ah... Eh... Bueno, vamos a echar un vistazo a la cuestión, e intentaré no decepcionarte.

En el capítulo anterior hemos visto que el color blanco «no existe», en el sentido de que no se corresponde a ninguna longitud de onda, sino que es una tonalidad que nuestro cerebro produce cuando nuestros ojos reciben rayos de luz que contienen todos los colores. O sea, que, si vemos un objeto de color blanco, eso significa que su superficie está reflejando todos los colores que inciden sobre ella.

Pues bien, aunque no habíamos tratado el tema hasta ahora, resulta que el color negro aparece cuando tiene lugar el fenómeno contrario: si un objeto absorbe todas las longitudes de onda que se encuentran en el rango visible, nuestro cerebro no le podrá asignar un color a su superficie, porque no hay ningún rayo de luz que rebote sobre ella y llegue hasta nuestros ojos, y, como resultado, percibiremos que ese objeto es de color negro.

*Vale, tiene sentido. ¿Y qué tiene eso que ver con lo «caluroso» que es un color?*

Mucho, *voz cursiva,* porque, como hemos visto, los colores absorbidos por una superficie son capaces de sacudir sus electrones e incrementar la velocidad a la que vibran sus átomos, lo que se traduce en un aumento de la temperatura del material. Este detalle es crucial para entender qué color es más «fresco», porque la temperatura que alcanza un material al ser iluminado depende de la cantidad de energía que la luz le transmita: cuantos más colores absorba su superficie, mayor será la cantidad de energía que chupará y más se incrementará su temperatura.

Teniendo esto en cuenta, ahora llega la revelación que no te dice nada que no sepas ya: el negro es el color que más se calienta de todos porque es el que más energía le roba a la luz visible, ya que absorbe *todas* las longitudes de onda que viajan a bordo de la luz blanca.

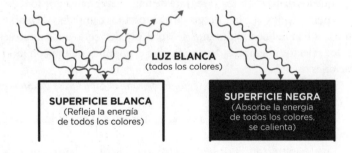

*¿Y qué hay de los demás colores, como el verde, el rojo, el naranja, el añil, el amaranto, el borgoña o el púrpura imperial?*

Esos colores poseen un «nivel de frescor» intermedio entre el blanco y el negro, en función de qué colores absorban. Por ejemplo, el color rojo debería ser más caluroso que el azul, porque el primero absorbe las tonalidades azules y verdosas, que son más energéticas que las rojizas y amarillentas que se traga el segundo. En cualquier caso, la cuestión es que se puede afirmar que el color blanco es objetivamente más fresco que el negro, así que, a menos que disfrutes de la sensación de sudar como un gorrino, te recomiendo que lleves ropa blanca si te toca pasear bajo el sol en verano.

De todas maneras, si no te fías de mi palabra, puedes comprobar este dato por tu cuenta tendiendo una camiseta blanca y otra negra del mismo material al sol y dejándolas ahí un buen rato. Si quieres observar bien los efectos de este fenómeno, te recomiendo que lleves a cabo este experimento en un momento en el que el sol pegue bien fuerte, como por ejemplo un mediodía de agosto con el cielo despejado. Cuando te aburras de esperar, pon la mano sobre cada camiseta y notarás que la negra se ha calentado muchísimo más que la blanca.

Y si quieres que el experimento sea un poco más interesante, puedes medir la temperatura de cada camiseta con un termómetro infrarrojo. Por ejemplo, en un vídeo de mi canal de YouTube hice este experimento y la camiseta negra alcanzó los 52 °C, mientras que la blanca solo llegó hasta los 32 °C.

---

*¡Cincuenta y dos grados! ¡No pienso volver a ponerme una camiseta negra en verano nunca más! ¡No quiero sufrir quemaduras!*

Bueno, *voz cursiva,* mi experimento no era muy exacto, porque las temperaturas que yo medí no son las mismas que alcanzan las camisetas cuando las llevamos puestas. En este caso, el tejido transmite constantemente el calor a nuestra piel y el escenario térmico se vuelve un poco más complejo. De hecho, aunque, en igualdad de condiciones, la ropa blanca casi siempre será más fresca que la negra, esta cuestión tiene algunos matices que nos dan un poco más de libertad a la hora de elegir el color de nuestro vestuario veraniego.

Por ejemplo, resulta sorprendente que los beduinos vistan con túnicas negras, teniendo en cuenta que viven en el desierto y que, como hemos visto, una túnica de color blanco absorbería menos energía de la luz solar. Por tanto, a primera vista, lo lógico sería que los beduinos se pasaran el día envueltos en prendas blancas para estar más frescos. Pero, al parecer, el color de la ropa no importa demasiado a la hora de mantenerte fresco, siempre y cuando lleves ropa lo bastante ancha, y, en el caso de los beduinos, lo que los mantiene frescos es el hecho de que sus túnicas son muy holgadas y facilitan la circulación del aire.[1] Gracias a este fenómeno, los beduinos se pueden vestir con un tejido oscuro y opaco que protege mejor su piel de la radiación solar sin pasar más calor que si fueran vestidos de blanco.

Además, también hay que tener en cuenta que el color de nuestra ropa deja de importar en cuanto cae la noche o estemos a la sombra, porque, en estas situaciones, el principal responsable de transmitirnos el calor es el contacto con el aire caliente que nos rodea. O sea, que el color de nuestra ropa no va a evitar que lo pasemos mal una noche calurosa y húmeda de verano.

Por supuesto, el color no solo influye en la temperatura de nuestra ropa, sino en la de todos los objetos que nos rodean. Por ejemplo, habrás notado que los coches negros alcanzan temperaturas mucho más altas que los blancos cuando están expuestos al sol del verano. De hecho, los coches oscuros se calientan tanto bajo el sol que se calcula que se podría reducir el consumo de combustible global hasta un 2 % si todos se pintaran de blanco, debido a la reducción en el uso del aire acondicionado que esta medida supondría.[2]

De la misma manera, las casas suelen ser blancas en los lugares donde los veranos son más calurosos porque un edificio pintado de otro color absorbería mucha más energía de la luz solar durante el día y su interior alcanzaría temperaturas más altas. Siendo más concretos, las simulaciones hechas por ordenador indican que la temperatura en el interior de un edificio pintado de negro puede llegar a ser entre 4 °C y 8 °C superior que en uno con las paredes blancas.[3] En cambio, en latitudes altas, donde los veranos son suaves y los inviernos mucho más fríos, la gente tiene libertad para pintar sus casas del color que le dé la gana, porque el efecto de este fenómeno es mucho menor... Y, menos mal, porque así la gente de las regiones más frías le puede dar un poco de vidilla a su arquitectura cuando el ambiente se vuelve blanco y gris durante el invierno.[4]

*Sí, sí, vale, el color de nuestra ropa, nuestros vehículos o nuestras casas determinan cuánto sudaremos en verano. Pero ¿este fenómeno tiene algún efecto más trascendental que vaya más allá de hacernos sentir un poco más incómodos en ciertas épocas del año?*

Pues sí, *voz cursiva,* porque los diferentes colores que cubren el paisaje también influyen en la temperatura de nuestro entorno. Los terrenos oscuros tienden a calentarse más que los más claros porque absorben más energía de la luz solar durante el día. Este es el motivo por el que el lugar en el que se ha registrado la temperatura superficial más alta del planeta es el desierto de Lut, en Irán, donde la gravilla volcánica oscura que cubre el suelo alcanzó los 70,7 °C en 2005.[5]

Es posible que hayas observado un fenómeno similar si alguna vez has estado en un terreno nevado o en un glaciar y has encontrado pequeños agujeros en la nieve o el hielo que contienen alguna piedrecilla oscura en su interior, ya que estos se forman porque las piedras oscuras se calientan bajo el sol y se hunden poco a poco a través del hielo mientras lo funden. De hecho, una cantidad de material oscuro muy grande puede tener un efecto devastador sobre un glaciar. Por ejemplo, entre 1860 y 1930, se observó que los glaciares empezaron a retroceder a un ritmo sin precedentes... Y el motivo resultó ser que el uso indiscriminado del carbón los estaba cubriendo de un polvo oscuro que se calentaba bajo la luz solar y fundía el hielo.[6]

Teniendo en cuenta el efecto que tienen estos fenómenos a pequeña escala, no es de extrañar que el color de grandes extensiones de terreno pueda llegar a tener una gran influencia sobre la temperatura global del planeta.

La cantidad de luz que refleja una superficie se mide a través de su *albedo,* una cifra que representa la proporción de la luz incidente que refleja. Por ejemplo, el albedo de las zonas boscosas ronda entre 0,1 y 0,2 (solo reflejan entre el 10 % y el 20 % de la luz solar que incide sobre ellas),[7] mientras que la nieve recién caída tiene un albedo de 0,9 (aunque baja hasta 0,4 cuando se está fundiendo y llega a 0,2 si está sucia).[8] De hecho, un terreno nevado refleja tanta luz solar de vuelta al espacio que las grandes extensiones cubiertas de nieve pueden llegar a modificar el clima del planeta entero. Y, si piensas que estoy exagerando, basta con echar un vistazo al pasado lejano.

Cuando los primeros organismos fotosintéticos aparecieron en la Tierra, hace entre 2.400 y 2.100 millones de años, empezaron a convertir el dióxido de carbono en oxígeno y cambiaron la composición química de la atmósfera de aquella época: poco a poco, el nivel de dióxido de carbono fue bajando, y otros gases de efecto invernadero, como el metano, comenzaron a reaccionar con el oxígeno y a convertirse en moléculas que no retenían tan bien el calor de la luz solar. A medida que la cantidad de gases de efecto invernadero que contenía la atmósfera disminuía, la temperatura global iba bajando, y el hielo de los casquetes polares se extendía y ocupaba latitudes cada vez más bajas. A su vez, estas extensiones de hielo crecientes reflejaban una cantidad de luz solar cada vez mayor al espacio, y la temperatura del planeta bajaba aún más, lo que, al mismo tiempo, incrementaba el tamaño de los casquetes polares... Y, de esta manera, la Tierra entró en un bucle que continuó hasta que casi toda su superficie quedó sepultada bajo el hielo.

Por suerte, esta glaciación global se vio interrumpida por un periodo de actividad volcánica que duró varios millones de años y que emitió un volumen de gases de efecto invernadero lo bastante grande como para que la temperatura del planeta volviera a incrementarse. A partir de este momento, el hielo se empezó a fundir, la luz solar pudo penetrar otra vez en la sombría superficie de los océanos (con un albedo de solo 0,06)[9] y en otros terrenos oscuros, y la Tierra entró en un bucle inverso que esta vez redujo el tamaño de los casquetes polares. Y este episodio de la historia de nuestro planeta es un reflejo del gran impacto que puede llegar a tener algo tan simple como el color de una superficie.

*Espera, espera. Si la Tierra pasó por una época en la que su superficie estaba cubierta de blanco..., ¿existe algún cuerpo celeste que sea completamente negro?*

Pues no se conoce ningún planeta que sea *completamente* negro, porque, para ello, debería absorber el cien por cien de la luz visible que incide sobre él. Aun así, hay algunos que se acercan a esa cifra, como los exoplanetas WASP-12b,[10] WASP-104b,[11] y TrES-2b,[12] unos mundos gaseosos con unas atmósferas tan oscuras que absorben el 94 %, el 97 % y el 99 % de la luz que incide sobre ellas. En comparación, la pintura negra convencional absorbe alrededor del 97,5 % de la luz,[13] así que resulta fascinante intentar imaginar qué veríamos al sobrevolar estas gigantescas bolas negras iluminadas por su estrella o contra el fondo oscuro del espacio.

*El tema de los planetas oscuros no me parece interesante, pero, sinceramente, imaginaba que la pintura negra sería más..., bueno, negra. ¿No hay ningún pigmento que absorba el cien por cien de la luz?*

Pues lo cierto es que no existe ningún pigmento que produzca un color negro *absoluto,* porque, por mucha luz que absorba una sustancia, siempre contendrá una pequeña cantidad de átomos que reflejarán los rayos de luz que inciden sobre ellos. Ahora bien, en las últimas décadas se han desarrollado pinturas que, aunque no absorben el cien por cien de la luz, se acercan tanto a esa cifra que, a efectos prácticos, dan la impresión de ser *completamente* oscuras.

El caso más extremo es el del Vantablack, un pigmento que absorbe el 99,96 % de la luz visible. Por desgracia, yo nunca lo he podido observar en persona, porque la empresa que lo desarrolla no vende muestras al público general, pero en internet hay muchas fotos y vídeos en los que se puede ver que este material refleja tan poca luz que no se puede distinguir ni el más mínimo detalle de su superficie. Como resultado, cualquier objeto que se recubre con este pigmento parece un agujero plano en la imagen, sin ningún tipo de relieve o textura.

*¡Ostras, es verdad! ¿Y cómo puede ser que exista un material tan negro? ¿Qué lo diferencia de una pintura normal y corriente?*

Pues que las pinturas negras normales simplemente cubren la superficie con una capa más o menos lisa de pigmento que absorbe la mayor parte de la luz que incide sobre ella y refleja el resto hacia el ambiente. En cambio, el Vantablack es un recubrimiento de nanotubos de carbono que se aplica sobre una superficie como si fuera una especie de alfombra negra hecha de pelos microscópicos. Por tanto, este pigmento es tan oscuro porque los rayos de luz que penetran en él rebotan una y otra vez dentro de esa maraña de nanotubos de carbono oscuros y pierden gran parte de su energía cada vez que lo hacen. Al final, la cantidad de luz que consigue escapar del material es tan minúscula que resulta inapreciable, creando esta ilusión de oscuridad absoluta.

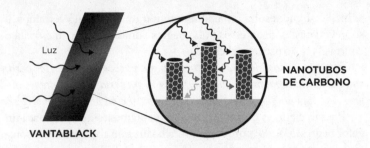

*No digo que un material que absorbe el 99,96 % de la luz que incide sobre él no sea algo digno de ver, pero ¿de verdad no existe un material en el que se manifieste el color negro absoluto?*

Sí que existe, aunque técnicamente no es un «material»: los agujeros negros son los objetos más oscuros del universo porque su campo gravitatorio es tan intenso que absorbe toda la luz que pasa por sus inmediaciones y no la deja escapar. Por tanto, el «disco» de un agujero negro posee el color más oscuro posible.

Ahora bien, aunque no pongo en duda que viajar hasta un agujero negro para experimentar lo que se siente al observar la oscuridad absoluta sería una aventura superinteresante, recordemos que en la Tierra hay un material que absorbe el 99,96 % de la luz que incide sobre él. Teniendo esto en cuenta, a mí me da la impresión de que ese 0,04 % adicional que absorbe un agujero no justifica el coste, la duración, ni el riesgo del viaje interestelar... Llámame loco, si quieres, pero no creo que valga la pena visitar un agujero negro solo para poder apreciar su negrura.

*No estarás intentando comunicarte otra vez con los presuntos lectores del futuro lejano y dándoles consejos disimuladamente, ¿no? Sabes que este libro no se va a vender tan bien como para que llegue a trascender a través de los siglos, ¿verdad?*

Déjame seguir soñando, *voz cursiva*. Pero tienes razón; creo que en el siguiente capítulo trataré un tema que afecta a quienes nos están leyendo desde la Tierra en el siglo XXI. Al fin y al cabo, ese es el público objetivo de este libro.

## CAPÍTULO 19

### Piénsalo, ¿por qué la espuma es siempre de color blanco?

Tu casa. Interior. Noche. Tu invitado es un poco gorrón y se está quedando más tiempo del que te gustaría. Aun así, le traes la cerveza que te había pedido porque eres un buen anfitrión, y, al verterla, una masa de espuma se expande violentamente hacia el cielo hasta que desborda el vaso, y tu invitado, indignado, te empieza a dar una larga lección sobre el ángulo óptimo en el que debes colocar la botella para verter la bebida. Pero, aunque el monólogo está entrando por tus orejas, tú no escuchas nada porque tu atención está centrada en algo mucho más importante: acabas de reparar en que la cerveza es de color amarillo, pero la espuma que produce es blanca.

Corte al día siguiente. Interior. Día. Hace mucho calor y te apetece tomarte un refresco frío. Vas a la nevera y coges uno de esos populares refrescos carbonatados oscuros. Resulta que la lección de geometría que te dio tu amigo no es aplicable a todas las bebidas, y tu vaso se vuelve a convertir en un océano de espuma que acaba rebosando y manchando la encimera. Pero, en lugar de limpiar el desastre, vuelves a quedarte absorto mirando el vaso: la espuma vuelve a ser blanca, aunque ese refresco de marca indeterminada sea oscuro y opaco. Inquieto, empiezas a poner a prueba todos los líquidos que encuentras por tu casa para comprobar el color de la espuma que producen. Coges un vaso y lo llenas violentamente de refresco de naranja. La espuma que se forma es blanca. Metes jabón verde en un vaso de agua transparente y lo agitas, produciendo espuma que también es blanca. Sacudes la botella del líquido limpiacristales azul: más espuma blanca. ¿La espuma de la cerveza negra? Blanca. ¿La espuma de afeitar? Blanca.

Te empiezas a asustar. ¿Qué clase de conspiración es esta? ¿Por qué todas las espumas son blancas? ¿Qué está queriendo decir el universo? Necesitas un respiro. No puedes soportar ver más espuma. La única bebida que podrá calmar tus nervios es un batido de fresa que hay en la nevera. Viertes el batido en un vaso y ves cómo se desliza hacia el fondo perezosamente sin formar espuma. Respiras con tranquilidad, todo ha pasado. Buscas una pajita para beberte el batido y te sientas en el sofá, aliviado. Pero, cuando creías que todo había pasado, enciendes la tele y la pantalla se ilumina con la imagen de unas cascadas majestuosas de agua pura y transparente que están produciendo grandes cantidades de espuma blanca. El sobresalto que te produce la imagen es tal que, en lugar de sorber a través de la pajita, te equivocas y soplas con fuerza. Esperas a que las burbujas que se han formado accidentalmente lleguen hasta la superficie del batido de fresa durante una fracción de segundo que se hace eterna, pero, cuando por fin emergen, te das cuenta de que la espuma que producen es de color... ¿Rosa?

Algo se rompe en tu interior. ¿Qué significa esto? ¿Qué clase de Dios malvado se está riendo de ti? Caes de rodillas al suelo y empiezas a maldecir al cielo en medio de tu salón. Cada uno de tus doce gatos te mira extrañado.

Por supuesto, aunque esta situación es ficticia, es posible que mucha gente se sienta identificada con ella. Al fin y al cabo, ¿quién no ha vivido atormentado durante años porque no entendía por qué casi todos los líquidos que nos rodean producen espuma de color blanco?

*Hombre, no creo que ninguno de nuestros lectores se lo tome tan a pech...*

Pues a partir de hoy no tendrán que preocuparse más, porque vamos a resolver esa duda ahora mismo: el culpable de que la espuma sea casi siempre blanca es un fenómeno llamado *dispersión*.

*¿La dispersión? ¿Y qué es lo que se dispersa?*

La luz, *voz cursiva*. Hasta ahora hemos visto que los electrones son capaces de reflejar o absorber diferentes colores en función de cómo estén estructurados alrededor del núcleo de cada elemento, lo que significa que el color de una sustancia depende principalmente de los diferentes elementos que la componen y cómo están unidos. En cambio, la *dispersión* es un fenómeno que no depende únicamente de las propiedades químicas del material con el que la luz interacciona, y que..., bueno, que *dispersa* la luz. O, dicho de otra manera, que cambia la dirección en la que cada rayo de luz se está propagando.

Creo que los metales de los que he hablado en el capítulo anterior nos pueden ayudar a entender de qué va este fenómeno. *Voz cursiva,* cuando he comentado que los metales reflejan toda la luz que incide sobre ellos, ¿no has notado nada extraño en esa afirmación?

*¡Ostras, sí! ¡Antes se me ha olvidado preguntártelo! Si los metales reflejan toda la luz que incide sobre ellos, ¿entonces por qué no todas las superficies metálicas nos parecen espejos?*

Gracias, a eso me refería: por muy lisa que nos parezca, la superficie de un metal siempre está cubierta de irregularidades microscópicas que no somos capaces de percibir. Estas irregularidades son pequeños bultos, valles y grietas orientados en muchas direcciones diferentes. Así que, cuando la luz incide sobre un trozo de metal, todas esas imperfecciones desvían cada rayo hacia un lugar distinto, y la imagen reflejada pierde toda la coherencia (este fenómeno es lo que se llama *reflexión difusa*).

Ahora bien, si pulimos concienzudamente la superficie del metal hasta conseguir que todas esas irregularidades diminutas desaparezcan, entonces todos los rayos de luz que incidan sobre ella rebotarán en un ángulo similar y conservarán sus posiciones relativas cuando lleguen hasta nuestros ojos. De esta manera, el reflejo mantiene la coherencia de la imagen original y nos veremos reflejados en la superficie metálica. En este caso estamos hablando de una *reflexión especular*.

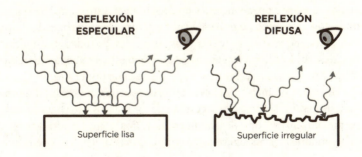

*Entonces, ¿los espejos están hechos de metal pulido?*

Bueno, lo *estaban* en la antigüedad. El problema es que, para que la superficie pueda reflejar las imágenes con una calidad aceptable, las irregularidades deben ser inferiores a la escala de la longitud de onda. Un pulido tan preciso es muy difícil de conseguir, así que, con el tiempo, la gente se dio cuenta de que la mejor manera de fabricar un espejo es depositar una fina capa de plata o de aluminio sobre una lámina de vidrio a través de un proceso químico. Eso sí, antes de que empieces a desmontar espejos de plata pensando que te harás millonario, ten en cuenta que la película que se deposita sobre el cristal es tan fina que solo se usan unos 1,5 gramos de plata por cada metro cuadrado de espejo.[1] Teniendo en cuenta que el precio de este metal rondaba los 0,43 euros por gramo a principios de 2019 y que habría que separarlo de la capa de pintura y la de cobre que la protegen de la corrosión, creo que es mejor que dediques tus esfuerzos a una actividad más rentable.

Pero bueno, ya me he ido por las ramas. La dispersión también es el fenómeno que produce otros efectos ópticos curiosos, como los «pilares» de luz que a veces se ven a través de las ventanas o de las nubes: en este caso, la superficie de las partículas en suspensión que hay en el aire reflejan en todas las direcciones los rayos de luz que inciden sobre ellas y desvían parte de esa luz hacia nuestros ojos, dando la impresión de que está siendo emitida por todo el volumen de esa columna invisible.

De hecho, este tipo de dispersión también se puede observar en las películas, cuando un ladrón esparce algún tipo de polvo en el aire para detectar los típicos rayos láser del sistema de seguridad. En condiciones normales, el haz del láser es invisible porque su luz está focalizada en una dirección muy concreta y no llega hasta nuestros ojos, pero si se interpone una nube de polvo en su trayectoria, la superficie de todas esas pequeñas partículas refleja y dispersa la luz en todas las direcciones, desviándola hacia las retinas de quien no esté directamente frente al haz y revelándole la trayectoria que la luz sigue por el aire.

Hagamos un inciso. Mientras escribía este párrafo me estaba preguntando si los sistemas de seguridad de los museos y los bancos realmente utilizan este tipo de laberintos láser. Por lo que he podido averiguar, aunque la tecnología existe, es mucho más fácil, barato y efectivo utilizar simples detectores de movimiento infrarrojos, así que dudo que los sistemas láser, como los de las películas, se usen en la vida real. Y, si se usan, seguramente sean láseres infrarrojos que el ojo humano no puede detectar, por mucho polvo que se disperse en su camino. De hecho, he encontrado un documento que parece oficial, y que tiene el maravilloso título de «Prácticas sugeridas para la seguridad de los museos, basadas en las adoptadas por el Museo, Biblioteca y Consejo de Propiedades Culturales de ASIS International y el Comité de Seguridad de la Asociación de Museos de la Asociación Americana de Museos»,[2] pero no aparece ningún consejo del estilo «Cada museo debería tener un intrincado sistema de laberintos láser en sus pasillos».

En cualquier caso, la dispersión que producen tanto los metales como las motas de polvo tiene una causa puramente geométrica: cuando la luz incide sobre estos objetos, las irregularidades de su superficie hacen que sus rayos reboten en muchas direcciones diferentes. Ahora bien, existen otros procesos menos «mecánicos» que también dispersan la luz... Y uno de ellos es el responsable de que el cielo sea azul.

Hasta ahora hemos visto que cada color está asociado a una longitud de onda de la luz, y que la velocidad a la que vibran los átomos puede aumentar si incide sobre ellos un rayo de luz con la longitud de onda adecuada. Además, como he comentado en el capítulo 16 cuando hablaba sobre la incandescencia, un átomo que vibra a gran velocidad es capaz de emitir ondas electromagnéticas, o, lo que es lo mismo, producir luz.

Si unimos estos dos fenómenos, nos podemos hacer una idea de cuál es el mecanismo que tiñe el cielo de azul: los tonos azules y verdosos que contiene la luz blanca del sol son capaces de hacer que las moléculas de gas que contiene el aire vibren más deprisa y produzcan ondas electromagnéticas del mismo color. Pero, claro, en lugar de dirigir la luz verdosa y azulada en la dirección original que seguía cada rayo de luz, esas moléculas la emiten en todas las direcciones como si fueran pequeñas bombillas. O sea, que el cielo es azul porque, miremos a donde miremos, en esa dirección siempre habrá moléculas de gas desviando el color azul de los rayos de luz del sol hacia nuestros ojos (este fenómeno particular se llama *dispersión de Rayleigh*).

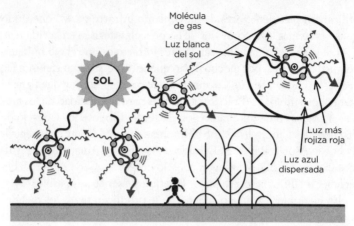

Mire donde mire, siempre hay rayos de luz azul siendo emitidos hacia sus ojos.

*¿Y qué les pasa a las tonalidades de la luz que el aire no dispersa, como el rojo y el amarillo?*

Esos colores alcanzan el suelo siguiendo su trayectoria recta original y no llegan hasta nuestros ojos a no ser que nos encontremos directamente en su camino. De hecho, si las moléculas de gas de la atmósfera también dispersaran estas longitudes de onda de la luz solar en la misma medida que el azul y el verde, entonces el cielo no sería azul, sino blanco.

*A eso quería llegar: llevas un rato diciendo que la luz solar es blanca, pero a mí me da la impresión de que tiene un tono más bien amarillento.*

Buen apunte, *voz cursiva*. Si alguna vez has mirado directamente al Sol (cosa que no recomiendo), habrás notado que su luz es un poco amarillenta. Esto ocurre precisamente porque la luz solar pierde parte de sus tonalidades azuladas y verdes mientras pasa a través de la atmósfera, de modo que, cuando llega a nuestros ojos, parece un poco amarillenta. Esta pérdida de colores azules y verdes se acentúa aún más al atardecer. En este caso, la luz solar tiene que recorrer una distancia más larga a través de la atmósfera para llegar hasta nuestros ojos, de modo que pierde una mayor cantidad de luz verde y azul, y el cielo adopta tonos anaranjados y rojizos mientras el Sol desaparece tras el horizonte.

O sea, que esa tonalidad amarillenta de la luz solar es una «ilusión» producida por nuestra atmósfera: si observas el Sol desde el espacio, su luz te parecerá completamente blanca porque no habrá sido dispersada por ningún gas antes de llegar hasta tus ojos.

*Vale, puedo llegar a creerme esa milonga. Pero si el aire es azul, ¿por qué el gas que tenemos más cerca nos parece totalmente transparente?*

Porque la cantidad de luz que emite cada molécula al vibrar es minúscula, *voz cursiva,* así que se necesitan una masa de aire muy espesa para poder observar esa tonalidad.

De hecho, a modo de experimento, puedes aprovechar la próxima vez que estés rodeado de montañas que se encuentran a diferentes distancias para fijarte en que las que están más lejos tienen un color más azulado que las que se encuentran más cerca. Esto se debe precisamente a que la «barrera» de aire que nos separa de los objetos más lejanos es más gruesa, por lo que dispersa más luz solar, y la cantidad de azul que llega hasta nuestras retinas desde esa dirección es mayor.

---

*Qué curioso. ¿Y qué más?*

¿Cómo que «qué más», *voz cursiva*?

*Hombre, has dicho que ibas a proponer un experimento y lo único que has dicho a los lectores es que se vayan a mirar montañas. ¿Acaso ese era el experimento?*

Sí, no sé... A mí me parece que es una experiencia bastante interesante.

*No digo que no, pero de ahí a llamarlo experimento...*

La cuestión es que existen otros tipos de dispersión que alteran el color de las cosas que nos rodean, y un buen ejemplo de este fenómeno es el agua.

Te propongo otro experimento: coge un vaso y llénalo de agua. Si las cañerías de tu casa están en buen estado, podrás observar que el líquido que has metido en el vaso es completamente transparente.

---

*¡¿Quieres dejar de llamar experimento a cualquier cosa?!*
¡Estamos rodeados de ciencia, *voz cursiva*! Lo que quiero señalar es que no deja de ser curioso que una sustancia aparentemente transparente como el agua produzca espuma y nubes blancas y, al mismo tiempo, tiña el mar de color azul... Pero, de nuevo, la causante de la aparición de estos colores es la misma: la dispersión de la luz.

Por ejemplo, parte del motivo por el que el agua es azul es que esta sustancia tiene la tendencia de absorber las tonalidades rojizas y anaranjadas de la luz con más intensidad que las azuladas, así que los rayos de luz que penetran en el agua se van volviendo más azules a medida que la distancia que recorren a través de ella aumenta y pierden el resto de los colores.[3] Ahora bien, como ocurre con el aire, las moléculas de agua también tienen la tendencia a dispersar la luz azul. Y, de hecho, puedes ver en acción esa dispersión con este sencillo experimento veraniego.

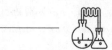

Ponte unas gafas de bucear, sumérgete bajo el agua y mira a tu alrededor. Si el agua no dispersase la luz solar, los rayos pasarían a través de ella sin verse alterados y serían absorbidos poco a poco con la profundidad, hasta que su energía se disipara, así que, al sumergirte, lo que verías sería una capa de agua transparente cerca de la superficie que se iría volviendo cada vez más opaca con la profundidad, hasta adoptar una tonalidad azul oscura. Pero eso no es lo que ocurre en la vida real, porque, como habrás notado si alguna vez has buceado en un mar lo bastante limpio, al sumergirnos observamos la misma tonalidad azulada en cualquier dirección que miremos, y, además, el color se va volviendo más intenso y oscuro con la profundidad. Y esto ocurre precisamente porque cada molécula de agua que nos rodea dispersa y desvía la luz azulada de los rayos de sol en todas las direcciones, como si cada una fuera una pequeña bombilla que...

*¡Deja de intentar colar actividades diarias como si fueran experimentos!*

Tienes razón, *voz cursiva*, ya me estoy excediendo. Puedes replicar este fenómeno por tu cuenta de una manera más «científica» sellando los dos extremos de un tubo de PVC de varios metros de longitud con algún material transparente y llenándolo de agua. Entonces, si colocas una fuente de luz blanca en uno de sus extremos, la luz que saldrá por el otro extremo tendrá una tonalidad mucho más azulada que la original, porque el resto de los colores habrán sido absorbidos por el agua durante su camino a través del tubo. Y, si no tienes ganas de hacer este montaje, te dejo el enlace a un vídeo de mi canal de YouTube en el que hice este experimento.[4]

---

*OK, pero, si el agua absorbe los colores rojizos y deja pasar los azules, ¿eso no significa que las nubes no deberían ser también azules?*

Buena pregunta, *voz cursiva*. El agua de las nubes interacciona con la luz de manera distinta a la del mar porque no son grandes masas continuas de líquido, sino aglomeraciones de diminutas gotas en suspensión. Como resultado, lo que tiñe las nubes de blanco es un fenómeno basado en la refracción llamado *dispersión de Mie*:[5] cada una de las diminutas gotas de agua que hay en las nubes refracta los rayos de luz solar blanca que entran en ella y los desvía de su trayectoria original. Por tanto, aunque todos los rayos de sol penetran en la nube en la misma dirección, cada uno acaba saliendo de ella en una dirección distinta, porque entran en contacto con miles o millones de gotas de agua que desvían su trayectoria una y otra vez durante el camino. O sea, que las nubes son blancas porque desvían los rayos de luz que entran en ellas y los emiten en todas las direcciones.

*Siguiendo esa lógica, ¿esas gotas de agua no deberían absorber las tonalidades rojizas y naranjas de la luz, tiñendo las nubes de azul?*

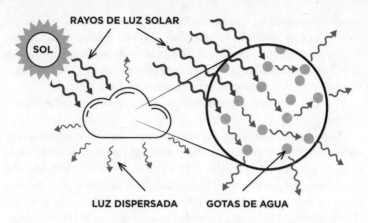

No, no, porque, aunque un rayo de luz interactúa con una gran cantidad de gotas mientras atraviesa una nube, la cantidad de agua total que representan es demasiado pequeña como para que esa absorción preferencial de las tonalidades azuladas sea perceptible en la luz que consigue salir de ella.

Pues bien, resulta que el color blanco de la espuma tiene una causa parecida a la del color de las nubes. De hecho, puede que alguna vez hayas notado que la espuma de color blanco suele ser la que presenta las burbujas de menor tamaño y que las más grandes suelen ser transparentes. Por tanto, es posible que hayas deducido que el color de la espuma está relacionado con el tamaño de las burbujas... Y estarías en lo cierto: cada una de las miles de pompas minúsculas que componen la espuma refracta los rayos de luz en direcciones distintas, así que la luz blanca también acaba saliendo de la espuma en todas las direcciones, sin que ninguno de los colores que contiene sea absorbido.

O sea, que el motivo por el que muchos líquidos de diferentes colores producen espuma blanca es que el color de la espuma tiene más que ver con el tamaño de sus burbujas que con la composición del líquido que las produce.

*¿Y qué pasa con los líquidos que no forman espuma de color blanco? ¿Qué hay de la espuma rosa de los batidos de fresa? ¿Y por qué la espuma de esa bebida carbonatada oscura no es completamente blanca, sino que tiene un leve tono marrón? ¿Eh?*

Calma, *voz cursiva*, por favor. Hay casos particulares en los que la espuma termina teñida de colores distintos en función de las características de las burbujas y del líquido en cuestión. Por ejemplo, es posible que ciertos líquidos produzcan burbujas que son demasiado grandes como para que dispersen la luz de manera eficiente o que absorben mejor ciertas longitudes de onda de la luz visible porque tienen las paredes más gruesas. La verdad es que no he encontrado una explicación exacta, pero, teniendo en cuenta cómo funcionan los mecanismos de dispersión que he mencionado, sospecho que por ahí van los tiros.

*Entiendo. Pues estoy hasta las narices de que la refracción y la dispersión nos roben el color de las cosas. Imagina un mundo donde el cielo fuera completamente oscuro y las nubes resplandecieran de color azul al ser iluminadas por el Sol. Un mundo donde la espuma del mar fuera transparente como una esponja hecha de cristal. Un mundo en el que la espuma amarilla de la cerveza...*

Para el carro, *voz cursiva*. A mí no me llama demasiado la atención vivir en un mundo con esa paleta de colores, pero, de todas maneras, te equivocas en una cosa: la dispersión de la luz también es capaz de crear colores muy vivos.

El ejemplo más claro es el arcoíris, un fenómeno que aparece cuando la luz blanca del sol pasa a través de las gotas de agua de lluvia, y el agua refracta y refleja cada uno de sus colores en un ángulo ligeramente distinto según su longitud de onda, de modo que las cortas (azules) salen de cada gota en un ángulo más cerrado respecto al que

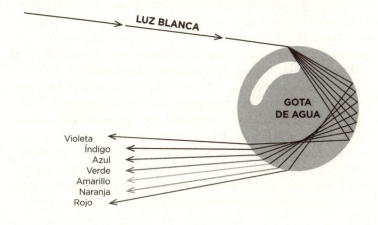

**273**

habían entrado que las largas (rojos). Gracias a este mecanismo tan sencillo, la lluvia es capaz de desplegar ante nosotros todo el abanico de colores que contiene la luz solar blanca y que nuestro cerebro no nos deja apreciar en condiciones normales.

Ahora bien, los arcoíris solo aparecen si la luz del sol entra en las gotas de agua en un rango de ángulos determinado, y, de hecho, es imposible observar un arcoíris si nuestra estrella se encuentra más de 42 grados por encima del horizonte, por muy favorables que sean el resto de las condiciones meteorológicas.[6]

*Qué curioso. Pero, entonces, si viviéramos en un universo en el que el agua refractara todos los colores de la luz en el mismo ángulo, ¿podríamos ver arcoíris de color blanco?*

Exacto, *voz cursiva,* pero no te tienes que mudar a otro universo para ver «arcoíris» blancos, porque estos fenómenos a veces aparecen alrededor de la Luna cuando está llena o casi llena. Eso sí, hay que decir que el color blanco de estos arcoíris es un efecto óptico, porque contienen los mismos colores que un arcoíris normal, pero su luz es tan tenue que no activa los receptores de color de nuestros ojos, y nuestros cerebros interpretan que es blanca.[7]

En cualquier caso, también hay muchos organismos vivos que producen colores impresionantes aprovechando la dispersión. Por ejemplo, la evolución ha dotado a algunos animales de la capacidad de generar colores azules a través de la refracción, porque los pigmentos de este color son muy complejos a nivel químico y producirlos requiere mucha energía.[8] Como resultado, en lugar de poseer ciertas sustancias que reflejan los tonos azules de la luz y absorben los demás, estos organismos están recubiertos de estructuras de tamaño nanométrico que reflejan y dispersan de manera preferencial los colores azules de la luz blanca del sol por una cuestión puramente geométrica.[9]

Esta manera de conseguir color sin usar pigmentos se llama *pigmentación estructural,* y es lo que proporciona sus alas azules iridiscentes a algunas mariposas del género *Morpho,* pero también produce los colores vivos del plumaje de otros animales con grados de glamur tan dispares como en los pavos reales y en las palomas.[10] Y, por supuesto, no podemos olvidar que la pigmentación estructural también dota al nácar de su iridiscencia multicolor o a la *Pollia condensata* de un interesante color azul metalizado.

*No sé qué diablos es una* Pollia condensata, *pero no me fío lo bastante de ti como para poner el nombre en Google y averiguarlo.*

Puedes hacerlo tranquilamente, *voz cursiva*; solo es un tipo de baya azul iridiscente que crece en Angola y tiene un color muy impactante. De hecho, la iridiscencia de estas bayas es una estrategia evolutiva muy curiosa: como su escaso valor nutricional no incita a ningún animal a comérselas y esparcir sus semillas, acabó desarrollando esta coloración para atraer a los pájaros que utilizan objetos de colores llamativos para decorar sus nidos.[11]

*Fascinante, pero me he quedado con la intriga. ¿De verdad no existe ningún organismo que sea de color azul simplemente porque contiene algún pigmento normal y corriente?*

Alguno hay. Un ejemplo es el *quangdong* azul, una pequeña fruta comestible y ácida que produce una planta llamada *Elaeocarpus angustifolius* en ciertas partes de Australia. Pero, sin duda, el caso más inquietante es el de la *Decaisnea fargesii,* un arbusto que produce unas frutas azules que reciben el apodo de «dedos de muerto». Y, esta vez sí, te reto a que busques esta fruta en Google para confirmar su desagradable aspecto, *voz cursiva*.

*Lo confirmo.*

Excelente. En cualquier caso, la moraleja de este capítulo es que la dispersión de la luz es un fenómeno muy versátil, desde el punto de vista cromático: es la responsable del color blanco de las nubes y de la espuma, del tono añil del cielo, de la tonalidad roja ardiente de las puestas de sol, del colorido de un arcoíris y de las tonalidades iridiscentes de algunos animales. Y, por si esto fuera poco, la gente con ojos azules también puede agradecer la pigmentación de sus iris a la dispersión. Teniendo todo esto en cuenta, me he tomado la libertad de reescribir el famoso poema de Bécquer:

> *¿Qué es poesía?, dices, mientras clavas*
> *en mi pupila tu pupila azul.*
> *¿Qué es poesía? ¿Y tú me lo preguntas?*
> *Poesía... ~~eres tú~~ es la dispersión de la luz.*

# CAPÍTULO
# 20

## ¿Por qué se nos quema la piel, aunque esté nublado?

Oye, *voz cursiva*, ¿alguna vez has ido a la playa sin ponerte crema solar porque el día estaba nublado y hacía fresco, pero luego has vuelto a casa con la piel tan quemada que has tenido que dormir de pie?

*Pues no, porque no tengo cuerpo, pero tengo entendido que estas lesiones solares inesperadas os resultan bastante molestas a las entidades corpóreas.*

Efectivamente; las entidades corpóreas somos así de tiquismiquis. Yo tampoco recuerdo haberme quemado en un día nublado, pero he estado buscando testimonios por internet y he encontrado datos fascinantes que desconocía. Por ejemplo, ¿sabías que la luz del sol que se cuela por los agujeros de transpiración de los cascos de ciclismo produce quemaduras solares con patrones estrafalarios en las cabezas de los ciclistas calvos? ¿Y que hay que vigilar de cerca a los gatos sin pelo (los llamados *sphynx* o gatos esfinge) en verano porque, pese a que también se pueden quemar si pasan mucho tiempo al sol, no se les puede untar crema solar?

*Bueno, casi es mejor que no se les pueda poner crema, porque se me ocurren pocas mascotas menos «acariciables» que un gato sin pelo embadurnado con crema solar.*

Comparto tu opinión, *voz cursiva*. De todas maneras, lo que quería señalar es que, a primera vista, no tiene ningún sentido que suframos quemaduras solares en los días nublados, cuando todo está más oscuro y fresco. Pero, para variar, la realidad es más compleja de lo que sugieren las primeras impresiones... Y, en este caso, el secreto de esas quemaduras inesperadas está en los otros «tipos» de luz que emite el Sol junto con la visible.

En el capítulo 16 he comentado que el Sol es una bola gigantesca de plasma incandescente, y que lo que produce la luz que emite es la rápida vibración de los átomos de su superficie, cuya temperatura ronda los 6.000 °C. Ahora bien, como la temperatura de un objeto es un reflejo de la velocidad *media* a la que se mueven sus partículas, algunos de los átomos de la superficie solar vibran más despacio y producen luz roja menos energética, mientras que las que se mueven más deprisa generan luz naranja, amarilla, verde, azulada y violeta. O sea, que la luz blanca del sol contiene todos los colores, porque está siendo emitida por átomos que se mueven a distintas velocidades.

Pero, ojo, porque, aunque la luz visible está compuesta por ondas electromagnéticas que tienen una longitud de onda de entre 380 y 740 nanómetros, eso no significa que no existan otros tipos de luz con longitudes de onda más cortas o largas.

*Ya, claro, ¿y dónde están esas longitudes de onda? ¿Por qué no las vemos?*

Están presentes miremos donde miremos, *voz cursiva*, pero nuestros ojos no son capaces de detectarlas porque no contienen receptores que se activen cuando este tipo de ondas inciden sobre ellos. Por ejemplo, la luz que tiene una longitud de onda más larga que el color rojo es la llamada *radiación infrarroja*, y abarca las ondas electromagnéticas que tienen una longitud de onda de entre un milímetro y setecientos nanómetros, más o menos. A efectos prácticos, estas ondas electromagnéticas solo son una forma más de «luz», pero no tenemos ningún color asignado a ella, porque nuestros ojos no la detectan. De la misma manera, existe otra forma de radiación electromagnética invisible al ojo humano que tiene una longitud de onda más corta que la violeta (entre cuatrocientos y diez nanómetros), y que recibe el apropiado nombre de *luz ultravioleta*.

*Ostras, ¿y existen otros tipos de luz más allá del infrarrojo y del ultravioleta?*

Claro, *voz cursiva*. Las microondas y las ondas de radio son formas de luz que tienen una longitud de onda aún mayor que la luz infrarroja, mientras que la de los rayos X y gamma es más corta que la de la luz ultravioleta. De estos otros «tipos de luz» invisible hablaré en los siguientes capítulos, pero, de momento, nos basta con saber que las ondas electromagnéticas pueden tener longitudes de onda que van desde los miles de kilómetros, en el caso de las ondas de radio menos energéticas, hasta una fracción minúscula del diámetro de un núcleo atómico, como ocurre con los rayos gamma más energéticos. Teniendo en cuenta que nuestros ojos solo son capaces de detectar luz que tiene una longitud de onda que va de los 380 nanómetros a los 740 nanómetros, te puedes hacer una idea de la gran cantidad de información que nos rodea y que nuestros sentidos no son capaces de captar (aunque, por suerte, hoy en día tenemos instrumentos que pueden hacerlo por nosotros).

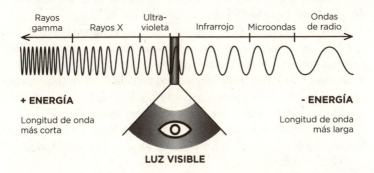

El caso es que, además de luz visible, todos esos átomos que vibran a diferentes velocidades sobre la superficie del Sol también producen esas ondas electromagnéticas invisibles al ojo humano, porque algunos se mueven lo bastante despacio como para producir luz infrarroja, mientras que otros vibran tan deprisa que emiten luz ultravioleta. De hecho, en la página siguiente tienes un gráfico en el que aparece representada la cantidad de luz que emite el Sol en cada una de las longitudes de onda.

*Espera, ¿cómo es que el pico de la curva está en el color verde? ¿Me quieres decir que el Sol emite más luz verde que de otros colores? Entonces, ¿por qué nos parece blanco?*

Porque, aunque es cierto que el Sol emite un poco más de luz verde que de otros colores, sigue emitiendo suficiente luz rojiza y azulada

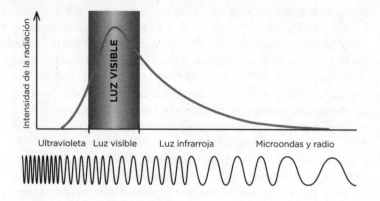

como para que nuestro cerebro acabe mezclándolas en un batiburrillo blanco en el que los colores individuales son indistinguibles.[1]

Pero no nos distraigamos, *voz cursiva*: lo que quería enseñar con este gráfico es que nuestra estrella también emite una gran cantidad de radiación electromagnética en el rango infrarrojo y ultravioleta. La infrarroja es la que nos proporciona la sensación de calor (a través de un proceso que explicaré en el capítulo 22), y la ultravioleta es la que nos amarga las vacaciones con las quemaduras solares.

*Un momento, un momento. ¿Me quieres decir que la radiación que nos calienta la piel no es la misma que nos produce las quemaduras?*

Así es, *voz cursiva*.

*¿Y cómo pretendes que me crea eso?*

Explicando cuál es el mecanismo que produce las quemaduras solares, por supuesto. En el capítulo 4 hemos visto que las partículas que salen disparadas de los elementos radiactivos son capaces de romper los enlaces químicos de las moléculas que componen nuestro ADN y que, si la célula afectada no consigue eliminar ese daño o repararlo correctamente, entonces corre el riesgo de continuar su crecimiento siguiendo unas instrucciones corrompidas que la pueden llevar a reproducirse sin control, formando un tumor.

Pues bien, resulta que las ondas electromagnéticas que tienen una longitud de onda más corta que la luz visible también son lo bastante energéticas como para romper los enlaces químicos que mantienen los átomos unidos. Esto se debe a que los electrones que absorben este tipo de radiación reciben tanta energía que se separan de su átomo, y este adopta una carga positiva, convirtiéndose en un ion que reaccionará con facilidad con cualquier átomo o molécula vecino y formará un compuesto nuevo. Esa capacidad para ionizar la materia es el motivo por el que este tipo de radiación electromagnética se llama *radiación ionizante*.

*Espera, que creo que me estoy liando. Entonces, ¿las ondas electromagnéticas también son una forma de radiación, como la radiación nuclear?*

Son una forma de radiación, en el sentido de que es algo que las cosas «irradian», pero recuerda que las ondas de la radiación electromagnética están hechas de sucesiones de campos eléctricos y magnéticos, mientras que la radiación nuclear está compuesta por partículas que se mueven a gran velocidad. De hecho, la radiación nuclear también entra dentro de la categoría de radiación ionizante, porque estas partículas ionizan los átomos cuando chocan con ellos.

*¡Oh, no! ¿Quieres decir que la radiación electromagnética es tan peligrosa como la nuclear?*

No, *voz cursiva*. Como he comentado, solo la radiación electromagnética que tiene una longitud de onda menor que la de la luz es capaz de ionizar los átomos y las moléculas y dañar el ADN de nuestras células. O sea, que los únicos tipos de onda electromagnética que te tienen que preocupar son la luz ultravioleta, los rayos X y los rayos gamma.

Es más, la radiación ultravioleta que emite el Sol es capaz de producir quemaduras en nuestra piel precisamente porque tiene suficiente energía para modificar la manera en la que están unidas ciertas moléculas de nuestro ADN, alterando las «instrucciones» que hay codificadas en ellas e incrementando las probabilidades de que se empiecen a reproducir sin control. Por suerte, las células poseen un mecanismo que les permite eliminar este problema de raíz: en cuanto detectan que su ADN ha sufrido muchos daños, se autodestruyen. Y, de hecho, esa capa de piel que se nos cae unos días después de ser quemados por el sol está compuesta por los millones de valientes células que han dado su vida por un bien mayor.

Por desgracia, este mecanismo no es perfecto y siempre existe la posibilidad de que alguna célula dañada no logre autodestruirse. En este caso, la célula acabará reproduciéndose sin control, sufriendo los problemas derivados de la exposición excesiva a la luz solar que todos conocemos, como por ejemplo los melanomas.[2] Así que usa crema solar, por favor.

*Entonces, si, por un lado, la luz ultravioleta es la que produce las quemaduras solares y, por otro, la gente se quema cuando el cielo está nublado, ¿significa eso que la luz ultravioleta es capaz de atravesar las nubes?*

Exactísimamente, *voz cursiva*: cada «tipo de luz» interacciona con la materia de manera diferente, por lo que muchos materiales son transparentes a unas longitudes de onda concreta, pero opacos a otras. Un buen ejemplo de este fenómeno es el vidrio de las ventanas, cuya composición química suele ajustarse para que sus átomos solo dejen pasar las longitudes de onda del rango visible, pero que bloqueen las de la luz ultravioleta, que son más energéticas.

*No soy capaz de ver la radiación ultravioleta, así que no me has convencido. ¿Me puedes demostrar con un experimento que existen materiales que absorben unas longitudes de onda, pero no otras?*

Pues no es complicado, porque este fenómeno se puede observar mirando una simple botella de vidrio verde, ya que tiene ese color porque sus átomos absorben las longitudes de onda pertenecientes al rango del azul y del rojo, pero las tonalidades verdes pueden pasar a través de ella.

*Bueno, ya, pero me refiero a que me demuestres que hay materiales que pueden bloquear o dejar pasar diferentes «tipos de luz» que son invisibles para el ojo humano.*

Qué exigente, *voz cursiva*. Veamos... No sé si te habrás fijado, pero los mandos a distancia tienen una pequeña bombilla en el extremo con el que apuntas hacia el televisor que parece bastante inútil a primera vista, porque nunca la ves encendida, pero lo cierto es que sí que emite luz cada vez que se pulsa un botón del mando, solo que no lo hace en el rango visible, sino que se trata de radiación infrarroja que nuestros ojos no pueden detectar.

Curiosamente, las cámaras de los teléfonos móviles sí que captan las longitudes infrarrojas más cercanas al rango visible, y, si apuntas con la cámara hacia el extremo del mando y miras la pantalla del móvil, verás que esa bombilla se ilumina con una luz rosada cada vez que se aprieta un botón. Ese tono rosáceo visible no está siendo emitido por la bombilla en la vida real: simplemente es el color visible al que la pantalla «traduce» la radiación infrarroja que es invisible para nosotros.

Pues bien, ahora coloca el mando a distancia dentro de una bolsa de basura negra y observa la bombilla infrarroja a través de la cámara del móvil. Si todo va bien, verás sin problemas la luz infrarroja del mando a través del plástico negro y opaco que la luz visible no es capaz de atravesar. Y eso ocurre precisamente porque la radiación infrarroja interacciona de manera diferente con el plástico de la bolsa, y puede pasar a través de él sin problemas.

---

Pues bien, este experimento ilustra por qué un cielo nublado no impide que nos quememos: el agua de las nubes absorbe la luz ultravioleta con menos intensidad que la visible o la infrarroja, así que, si estamos tomando el sol y el cielo se cubre, nos dará la sensación de que ya no corremos peligro porque las nubes bloquearán gran parte de la luz infrarroja que nos proporciona la sensación de quemazón y oscurecerán el paisaje dispersando la luz visible, pero, aun así, gran parte de la luz ultravioleta seguirá pasando a través de las nubes y bombardeando nuestras células.[3]

*Ostras... Entonces, ¿eso significa que meternos en el agua no sirve para protegerse de la radiación ultravioleta del Sol?*

Exacto, *voz cursiva*. La sensación refrescante de entrar en el agua puede dar la falsa impresión de que la piel está protegida de las quemaduras, pero lo cierto es que la luz ultravioleta pasa a través de ella como si fuera luz visible, y sigue haciendo la puñeta a tus células. De hecho, he encontrado un estudio en el que se midió qué cantidad de esta radiación alcanza las diferentes profundidades del océano, y parece que los primeros 2,5 centímetros de agua que hay bajo la superficie absorben el 33 % de la luz ultravioleta del Sol, particularmente las longitudes de onda más energéticas. Por su parte, los rayos de luz ultravioleta menos energéticos pueden alcanzar profundidades mucho mayores, de modo que a 13 metros aún queda el 15 % de la radiación ultravioleta que había entrado en el agua, mientras que a 25 metros llega el 10 %. O sea, que entrar en el agua solo sirve para protegerse del sol si nos sumergimos a una profundidad de más de 25 metros... Así que mi consejo es que no te compliques la vida y te pongas una crema solar que ofrezca la protección adecuada.[4]

*Captado, pero, si el agua es más transparente a la radiación ultravioleta que a la luz visible, ¿eso significa que los peces también sufren quemaduras solares?*

Pues sí, *voz cursiva*, y, aunque no es frecuente, pueden llegar a morir a causa de ellas. Al parecer, les ocurre con más frecuencia a los peces que viven en estanques poco profundos y que no tienen ninguna sombra bajo la que cobijarse, como sucede a menudo con los peces koi o las carpas.[5] Cuando un pez se «quema», sus escamas adoptan un color rosado antes de dar paso a úlceras que provocan su caída, revelando el cartílago y el músculo de debajo. Estas heridas no solo abren las puertas a las infecciones, sino que también pueden alterar la capacidad de los peces para regular la cantidad de sal que absorben de su entorno, provocando que sus riñones fallen.[6] Por tanto, si tienes peces en el exterior, los expertos recomiendan que cubras una parte del estanque con algo que dé sombra o que introduzcas plantas acuáticas en el agua para que se puedan resguardar del sol bajo sus hojas. Pero, hagas lo que hagas, no los embadurnes con crema solar.

*¡Mira! Al final sí que existía una mascota que se vuelve aún menos «acariciable» que un gato sin pelo si la untas con crema solar.*

Pues sí, al final sí. En cualquier caso, aunque la luz ultravioleta y la piel no se llevan demasiado bien, no penséis que cualquier forma de radiación electromagnética es dañina. De hecho, dediquemos los siguientes capítulos a hablar de otros tipos de ondas que son inofensivas.

# CAPÍTULO
# 21

## ¿Por qué me quedo sin wifi tan rápido, si tampoco estoy tan lejos del rúter?

La finitud o infinitud del universo es una de las cuestiones que más ha traído de cabeza al ser humano a lo largo de la historia. Mientras intentaban responder a esta pregunta, algunos pensadores levantaron la vista hacia el cielo nocturno y llegaron a la conclusión de que la oscuridad de la noche parecía demostrar que el universo tiene que ser finito. Su lógica era la siguiente: «Si el universo fuera infinito, homogéneo y estático y, además, contuviera una cantidad ilimitada de estrellas, el cielo nocturno debería estar completamente iluminado, porque deberíamos ver al menos una estrella en cada punto del firmamento. Como eso no ocurre, el universo debe de ser finito».

Este planteamiento es la llamada *paradoja de Olbers*, y en la actualidad sabemos que no es válido, porque un cielo nocturno oscuro como el nuestro no está necesariamente reñido con la posibilidad de que vivamos en un universo infinito. Es más, ¿se te ocurre dónde falla la lógica de esta «paradoja», *voz cursiva*?

*Bueno, imagino que no está teniendo en cuenta que la luz se debilita a medida que se propaga, así que, aunque el universo contuviera una cantidad infinita de estrellas, el brillo de las más lejanas sería demasiado débil como para ser perceptible desde la Tierra.*

Buen intento. Vamos a ver cómo se ajusta tu hipótesis a la realidad.

La intensidad de la luz disminuye con la distancia, pero lo hace a un ritmo mucho más elevado del que podría parecer, porque estamos acostumbrados a que las magnitudes que nos rodean evolucionen de manera lineal entre sí. Por ejemplo, una bañera tarda la mitad de tiempo en llenarse si doblamos el caudal del grifo, y la distancia que recorreremos en un día se dobla si duplicamos nuestra velocidad. Pero la luz es un poco menos intuitiva, porque su intensidad varía con el cuadrado de la distancia. Por tanto, si doblas la distancia que te separa de una bombilla, la intensidad de la luz que llega hasta tus retinas será cuatro veces menor, pero se volverá nueve veces más baja si la triplicas, dieciséis si la cuadruplicas... Bueno, si sabes elevar números al cuadrado, puedes imaginar cómo continúa la progresión.

El motivo por el que la luz se debilita a un ritmo tan acelerado mientras recorre el espacio es que sus ondas electromagnéticas se propagan de forma esférica alrededor de la fuente que la ha emitido, igual que el sonido. Pero, como hemos visto en el capítulo 10, la superficie de un objeto aumenta de manera cuadrática con su diámetro. Por tanto, a medida que el diámetro de esta esfera luminosa aumenta, la luz se va repartiendo por una superficie que se incrementa de manera cuadrática. Como resultado, la «cantidad» de luz que hay concentrada en cada punto de la superficie de la esfera en expansión (o la intensidad de esa luz, que es lo mismo) disminuye rápidamente mientras se aleja de la fuente de emisión.

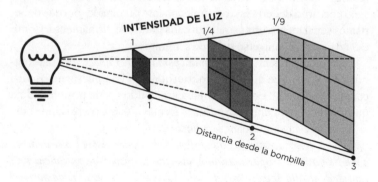

Por tanto, el motivo por el que no podemos ver estrellas muy lejanas a simple vista es que su luz está tan poco concentrada cuando llega a nuestras pupilas que ni siquiera es capaz de activar las células fotorreceptoras de nuestros ojos. Ahora bien, las cosas cambian si tenemos un telescopio, porque estos instrumentos poseen un espejo con una gran superficie que recoge mucha más luz que nuestros ojos y, además, sus lentes concentran toda esa luz en un haz lo bastante pequeño como para que pase a través de nuestra pupila. Esta luz concentrada es mucho más intensa que la original y nos permite ver objetos muy tenues y lejanos, así que, en cierta manera, un telescopio es un instrumento que sirve como una «ampliación» artificial de nuestras pupilas.

Ahora bien, como puedes imaginar, esta rápida pérdida de intensidad con la distancia no es un fenómeno exclusivo de la luz visible, sino que afecta a las ondas electromagnéticas que tienen cualquier otra longitud de onda..., incluyendo las que utilizan nuestros dispositivos electrónicos para transmitir información de forma inalámbrica.

*Un momento... ¿Cómo? ¿Me estás diciendo que los móviles emiten luz para comunicarse entre sí?*

Así es, *voz cursiva*, aunque es un tipo de luz que nuestros ojos no son capaces de detectar. El proceso es mucho más complejo de lo que voy a explicar, pero, en resumidas cuentas, nuestros dispositivos se comunican entre sí a través de pequeñas «bombillas» que parpadean constantemente y emiten pulsos de luz con dos longitudes de onda distintas en los que está codificada la información que se transmiten, como si fueran los unos y los ceros de un ordenador. Esas «luces» que utilizan nuestros dispositivos electrónicos son invisibles para nosotros, porque su longitud de onda ronda los 12,5 centímetros, lo que las coloca a caballo entre las microondas y las ondas de radio, muy lejos del rango de los 380 a los 740 nanómetros que nuestros ojos son capaces de detectar.

Teniendo esto en cuenta, el motivo por el que perdemos tan fácilmente la señal de wifi es que el rúter se comunica con nuestros ordenadores o nuestros teléfonos móviles a través de estas ondas electromagnéticas invisibles, que, igual que la luz, se debilitan de manera cuadrática con la distancia. Esto significa que, si, por ejemplo, nos encontramos a diez metros del repetidor de wifi y nos alejamos un metro más, la señal se volverá un 18 % más débil, pese a que solo estemos un 10 % más lejos. Por tanto, si nuestro teléfono las estaba pasando canutas para mantenerse conectado a diez metros del rúter, esa gran caída de la intensidad que se producirá al alejarnos un metro más acabará cortando la conexión... Y empezará a gastar los valiosos y escasos datos móviles que tenemos contratados.

*Captado, pero si la intensidad de la radiación electromagnética decae tan rápido con la distancia, ¿por qué podemos usar nuestros móviles para hablar con gente que está a miles de kilómetros de nosotros? ¿Cómo puede ser que la señal llegue tan lejos?*

Buena pregunta, *voz cursiva*. Ten en cuenta que nuestros teléfonos móviles no se comunican directamente entre sí porque, incluso aunque fueran capaces de emitir ondas tan intensas que se pudieran detectar a miles de kilómetros de distancia, la masa de nuestro propio planeta esférico impediría que llegaran al destinatario. Por suerte, existe una solución que permite solventar estos dos problemas a la vez: construir una red de antenas que capten la señal de cada teléfono móvil y la transmitan entre ellas hasta que alcancen el dispositivo con el que se quiere comunicar y que, además, sean lo bastante altas como para que se «asomen» por encima de la curvatura de la Tierra y puedan mandar señales hacia lugares más lejanos (o recibirlas desde más lejos).

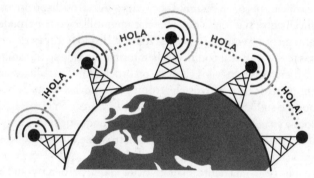

En las ciudades, las torres que contienen estas antenas suelen estar separadas por unos dos o tres kilómetros, pero en zonas rurales, donde la población está mucho más dispersa, las antenas más grandes podrían llegar a captar señales 3G y 4G emitidas por teléfonos móviles situados hasta a doscientos kilómetros de distancia.[1] Sea como sea, el caso es que la señal de los móviles se conserva durante su camino a nuestro destinatario porque va pasando por una multitud de antenas que la vuelven a emitir con la intensidad adecuada hasta que alcanza su destino.

**288**

*Ostras, ¿y cómo se comunican con la Tierra las sondas espaciales que se encuentran a cientos de millones de kilómetros? ¿Es que también hay una red de antenas instalada en el espacio?*

De momento no, *voz cursiva*. En este caso, la solución es diferente. Como la causa principal de esta rápida pérdida de intensidad es que las ondas electromagnéticas se propagan de manera esférica y solo una pequeña parte de la energía acaba dirigida en la dirección del destinatario de la información que contiene codificada. Por tanto, esa pérdida de señal se puede mitigar si se focaliza toda la intensidad de las ondas electromagnéticas en la dirección en la que quieres enviar el mensaje. Eso es precisamente lo que hacen las antenas parabólicas: el emisor de estas antenas produce un frente esférico de ondas, pero la geometría del plato provoca que todas las que inciden sobre ella reboten hacia la dirección en la que está apuntando.

Este mismo proceso no solo lo utilizan las sondas espaciales para mandar señales de radio a la Tierra desde lugares muy lejanos, sino que también se usa para recibir mejor esas señales: las agencias espaciales tienen enormes antenas parabólicas de varias decenas de metros de diámetro que recogen las débiles ondas de radio que inciden sobre su extensa superficie y las concentran en un punto muy pequeño para amplificarlas. En realidad, estas antenas que «observan» el cielo en busca de señales de radio hacen lo mismo que un telescopio de luz visible, en el sentido de que utilizan una gran superficie para amplificar una señal muy débil, permitiendo que se pueda observar con más facilidad. Por eso, este tipo de antenas se llaman *radiotelescopios*.

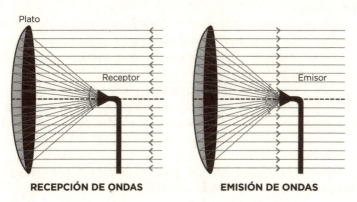

Para que te hagas una idea de cuánto aumenta la distancia a la que se pueden transmitir señales si se focalizan con una antena parabólica, la sonda Voyager 1 se lanzó en 1977 y sigue transmitiendo información a la Tierra mientras se aleja del Sol, a una distancia de 21.681.738.980 kilómetros de nuestra estrella en el momento en que escribo estas líneas. Y esta distancia habrá aumentado aún más cuando leas esta frase, porque se está alejando a unos diecisiete kilómetros por segundo, así que, si te interesa conocer su posición actual, te dejo un enlace en las «Notas» en el que se puede seguir «en vivo» la trayectoria tanto de la Voyager 1 como de la Voyager 2.[2]

*Sí, vale, muy interesante, pero ¿qué puñetas tiene que ver todo esto con la paradoja de Olbers?*

¡Cierto! Se me olvidaba, *voz cursiva*: me habías comentado que un universo infinito con un número ilimitado de estrellas es compatible con nuestro cielo oscuro porque la luz de las más lejanas perdería tanta intensidad durante su camino hasta la Tierra que sería imperceptible cuando llegara. Pero, en realidad, esa lógica tampoco es correcta porque, aunque la intensidad del brillo de una estrella disminuye de manera cuadrática con la distancia, nunca llega a desaparecer del todo. De hecho, para que un rayo de luz se extinga por completo, tendría que recorrer una distancia infinita. Por tanto, aunque en un universo infinito la luz de las estrellas más lejanas sería muy tenue cuando llegara a la Tierra, la concentración de estrellas en cada punto del cielo sería tan alta que todos esos débiles rayos de luz sumados seguirían iluminando el firmamento entero como si fueran los píxeles de una pantalla gigante.[3]

*Pues eso demuestra precisamente que la paradoja de Olbers está bien planteada: como la atenuación cuadrática de la luz no evitaría que el cielo entero estuviera iluminado en un universo infinito, eso debe de significar que vivimos en un universo finito, ¿no?*

Pues no necesariamente, *voz cursiva,* porque existen otros fenómenos que sí son capaces de proporcionarnos un cielo nocturno oscuro en un universo donde la cantidad de estrellas es infinita... Pero, ojo, porque esto solo puede ocurrir si el universo no es estático.

Me explico.

Hasta ahora hemos visto que la luz visible que nuestros ojos pueden detectar representa una fracción minúscula de todas las longitudes de onda que las ondas electromagnéticas pueden adoptar. Y, además, también he comentado que existen otras formas diferentes de «luz» que tienen propiedades distintas en función de cuál sea su longitud de onda, y que son invisibles al ojo humano, como las ondas de radio, la radiación infrarroja o la ultravioleta. O sea, que, en el fondo, lo que distingue cada uno de estos tipos de radiación electromagnética es lo «estiradas» que están sus ondas.

*Humm... Si la única diferencia entre estas ondas es lo «estiradas» que están, ¿eso significa que se puede transformar un tipo de radiación electromagnética en otro modificando su longitud de onda?*

Exacto, *voz cursiva*. Es más, si tienes coche, puedes transformar unas ondas en otras por tu cuenta con el siguiente experimento: ve con un amigo a una calle desierta y alejada del tráfico, baja del coche, camina unas decenas de metros calle abajo y dile a tu amigo que conduzca el coche por delante de ti pulsando la bocina en todo momento. Si prestas atención, notarás que el sonido de la bocina se vuelve cada vez más agudo cuando el coche se acerca, pero, cuando pasa de largo y se empieza a alejar, su tono se irá haciendo más grave.

*Es lo mismo que sucede cuando pasa una ambulancia, ¿no?*

Correcto, si no tienes a tu disposición un coche, también puedes presenciar este fenómeno si sales a la calle y esperas a que pase una ambulancia. Lo importante es que en ningún caso intentes hacer este experimento si estás *dentro* de la ambulancia, porque, independientemente de cómo hayas llegado allí, lo más probable es que no sea la situación más adecuada.

---

En cualquier caso, este fenómeno ocurre porque un coche que está en movimiento comprime las ondas de sonido que emite frente a él, mientras que las que se propagan en la dirección contraria se distancian entre sí. Como resultado, las que hay frente a la ambulancia tienen una longitud de onda más corta y su tono se vuelve más agudo,

mientras que las ondas que hay tras el vehículo están más separadas entre sí y suenan más graves, como hemos visto en el capítulo 8.

Esta distorsión de las ondas producida por el movimiento de la fuente que las emite se llama *efecto Doppler,* y no es un fenómeno exclusivo del sonido, sino que afecta a cualquier tipo de onda... Y, por supuesto, las ondas electromagnéticas de la luz no son una excepción: en cuanto una fuente de luz se empieza a mover, las ondas que emite en la dirección de su movimiento se comprimirán y las que deja atrás se van a estirar. Y, como el color de la luz visible depende de su longitud de onda, eso significa que las ondas de la luz que hay frente a esa fuente se comprimirán y se volverán más azuladas, mientras que las que quedan tras ella se estirarán y adoptarán un tono más rojizo.

*¡Ostras! ¿Eso significa que los faros de los coches tienen un color más azulado de lo normal cuando se acercan hacia nosotros?*

Qué va, *voz cursiva*. Aunque, técnicamente, este fenómeno ocurre a cualquier velocidad, no notamos sus efectos en nuestra vida diaria porque solo se vuelven perceptibles cuando la fuente de luz se mueve tremendamente deprisa. Para que te hagas una idea, si un coche se acerca hacia nosotros a 120 kilómetros por hora y sus faros emiten luz amarilla de 575 nanómetros, el efecto Doppler reducirá su longitud de onda unos 0,0000638 nanómetros. Teniendo en cuenta que la luz amarilla abarca más o menos el rango de longitudes de onda que va de los 560 a los 590 nanómetros, esa variación representa un cambio de tono tan mínimo que no es perceptible.

Para que la luz amarilla de los faros experimentara algún cambio de color apreciable, como por ejemplo, que adoptara un tono rojizo de 650 nanómetros, nuestro coche se tendría que desplazar a casi 36.600

kilómetros por segundo, una velocidad muy superior a la de las balas (0,33 kilómetros por segundo) o incluso a la de la Estación Espacial Internacional (7 kilómetros por segundo). De hecho, esos 36.600 kilómetros por segundo superarían con creces la velocidad que se necesita para escapar del dominio gravitatorio de nuestra galaxia desde la posición del Sol (551 kilómetros por segundo),[4] y, en teoría, nos permitirían salir al espacio intergaláctico... Pero, en la vida real, nuestro viaje terminaría muy rápido, porque un objeto que se moviera a través de la atmósfera a estas velocidades se desintegraría al instante como un meteoro, debido al intenso calor producido por la fricción del aire. Si este escenario ha despertado tu interés, dejo un enlace a un artículo de mi blog en las «Notas», donde se analiza con más detalle.[5]

*¡Espera un momento, escéptico de pacotilla! ¡Yo tengo la certeza de que alguna vez he visto coches alejándose de mí a esa velocidad sin que se desintegren!*

Esas luces rojas eran las luces traseras, no los faros, *voz cursiva*.

*¡Ah!... Cambiando de tema, si se necesitan velocidades tan altas para observar el efecto Doppler, ¿este fenómeno tiene alguna aplicación en nuestra vida cotidiana?*

Pues sí, *voz cursiva*. De hecho, aprovecho que estamos hablando de ir muy deprisa en coche para informarte de que podemos agradecer nuestras multas por exceso de velocidad al efecto Doppler.

Algunos radares de tráfico calculan la velocidad a la que los coches se acercan hacia ellos emitiendo ondas de radio y analizando cuánto cambia su longitud de onda después de que reboten sobre su carrocería. Esto es posible porque, si un coche se está moviendo hacia el radar, la onda de radio que reflejará tendrá una longitud de onda ligeramente más corta que la que había incidido sobre él, porque, entre el tiempo que transcurre desde que un pico de la onda rebota contra su superficie y hasta que llega el siguiente, el vehículo se habrá movido un poco en la dirección de la que proceden y la distancia que hay entre los dos se reducirá un poco tras el rebote. O sea, que, según cuánto cambie la longitud de onda de esas ondas de radio reflejadas, el radar puede calcular a qué velocidad se estaba moviendo el coche. Y, si íbamos demasiado flipados, se pondrá en marcha el maravilloso mecanismo que nos hará llegar una carta de la Dirección General de Tráfico.

Pero, además de ayudar a mantener las carreteras controladas, el efecto Doppler también tiene otras aplicaciones más... cósmicas.

En el capítulo 16 hemos visto que cada elemento tiende a emitir ciertas longitudes de onda muy concretas cuando sus átomos están excitados, y que este detalle se puede aprovechar para averiguar de qué están compuestas las estrellas: si se descompone la luz de una estrella con un prisma en sus colores primarios, en el arcoíris resultante se observarán líneas verticales especialmente brillantes que se corresponderán con los colores que los átomos están emitiendo con más intensidad. Pues bien, si una estrella se mueve lo bastante deprisa en nuestra dirección, el efecto Doppler comprimirá todas las longitudes de onda de su luz, y todas esas líneas se desplazarán hacia la región azul del espectro visible. Si, en cambio, la estrella se está alejando, la onda se estirará y las líneas se desplazarán hacia el color rojo.

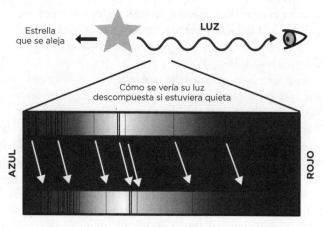

Por tanto, se puede averiguar la velocidad de una estrella y la dirección en la que se mueve descomponiendo su luz y midiendo cuánto se han desplazado estas líneas respecto a la posición en la que se encontrarían si la luz hubiera sido emitida desde una fuente estática. Y así es como sabemos, por ejemplo, que nuestro sistema solar da vueltas alrededor del núcleo galáctico a unos 230 kilómetros por segundo, y que esa velocidad es típica de las estrellas que se encuentran a esta distancia del centro de la galaxia, que rondan entre los 210 y los 240 kilómetros por segundo.

Ahora bien, en cuanto los astrónomos empezaron a utilizar este método para calcular a qué velocidad y en qué dirección se mueven las galaxias, notaron algo curioso: exceptuando los cuarenta miembros que forman el Grupo Local de galaxias al que pertenece la Vía Láctea, el resto de los centenares de miles de millones de galaxias que hay en el universo observable se están alejando de nosotros. Por tanto, parecía que el universo no era estático, como mucha gente había sostenido hasta entonces, sino que se estaba expandiendo. Y, por si eso fuera poco, esa expansión se acelera con la distancia, de modo que los objetos más lejanos se alejan mucho más deprisa de nosotros que los que están más cerca.

*¡Ah, vale, eso lo cambia todo! Si las galaxias que están más lejos se alejan más deprisa, eso significa que el efecto Doppler provocado por su movimiento habrá incrementado tanto la longitud de onda de la radiación electromagnética que emiten que su luz visible se habrá transformado en otros tipos de ondas menos energética que el ojo humano no puede ver, como la luz infrarroja. O sea, que un cielo nocturno oscuro es compatible con un universo infinito, pero solo si el universo está en expansión.*

Por ahí van los tiros, *voz cursiva*. Es cierto que el movimiento de las galaxias modifica la longitud de onda de la luz que emiten y contribuye a que ésta llegue a la Tierra convertida en formas de radiación electromagnética menos energéticas, pero existe otro mecanismo que estira esa luz aún más.

Que el universo «esté en expansión» no significa simplemente que las galaxias se estén moviendo a través del espacio y alejándose unas de otras, sino que el propio espacio se está hinchando y arrastrando consigo toda la materia que alberga, de manera parecida a la que la corriente de un río arrastra las cosas que flotan en el agua. Además, como el ritmo de esa expansión se incrementa con la distancia, la separación entre las regiones del universo que están más alejadas aumenta mucho más rápido que la de las cercanas. Y, a su vez, a medida que la distancia entre dos galaxias aumenta, la velocidad a la que se separan se acrecienta cada vez más.

De hecho, ahora mismo hay galaxias tan lejanas que se están distanciando de nosotros a velocidades superiores a la de la luz, por lo que la luz que están emitiendo nunca podrá llegar hasta nosotr...

*¡¿Qué?! ¡Creía que nada podía superar esa velocidad!*

Y así es, *voz cursiva*. Las leyes de la física impiden que cualquier objeto con masa sea acelerado hasta la velocidad de la luz, porque eso requeriría una cantidad de energía infinita, pero no impiden que el espacio se expanda tan deprisa que las galaxias que contiene se acaben alejando a una velocidad igual o superior a la de la luz. Si esta idea no te convence, piensa otra vez en la analogía del río: la velocidad a la que los seres humanos podemos nadar está limitada a unos pocos kilómetros por hora, pero si dejamos que el agua nos arrastre corriente abajo, podremos superar con creces ese límite de velocidad que nos impone nuestro propio cuerpo. Pues, salvando las distancias, eso es lo que les ocurre a esas galaxias que el espacio está arrastrando y alejando a velocidades superiores al límite impuesto por la luz.

En cualquier caso, el hecho de que el universo se esté expandiendo también afecta a las ondas electromagnéticas, porque el espacio intergaláctico va «estirando» la luz que pasa a través de él mientras se expande e incrementando su longitud de onda durante su camino hacia la Tierra. Y, cuanto más alejada esté la galaxia en cuestión, más estirada llegará su luz hasta nosotros. Este fenómeno se llama *corrimiento al rojo*, y es el causante de que la luz de las galaxias más lejanas llegue a la Tierra convertida en otros tipos de radiación electromagnética que son invisibles al ojo humano, como las microondas.

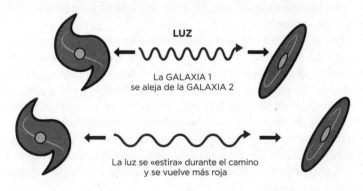

*Querrás decir «los» microondas.*

No, porque no me refiero al aparato que usas para calentar la comida, *voz cursiva,* sino a la región del espectro electromagnético de las microondas. El caso es que, técnicamente, nuestro cielo nocturno oscuro podría ser compatible con un universo infinito que contiene una cantidad ilimitada de estrellas, porque, debido al efecto Doppler y el corrimiento al rojo producido por la expansión del espacio, la luz de las más lejanas se habría convertido en radiación invisible en cuanto llegara a la Tierra. Pero, por supuesto, este escenario solo es compatible con un universo en expansión. Si fuera estático, no habría nada que modificara la longitud de onda de la luz visible emitida por una cantidad infinita de estrellas, y nuestro cielo nocturno estaría completamente iluminado.

*Vale, a ver si me ha quedado claro. Como el cielo nocturno no está completamente iluminado y el espacio se está expandiendo, eso significa que el universo es infinito, ¿no?*

Pues no, *voz cursiva*; lo cierto es que aún no sabemos si el universo es finito o infinito. Lo único que sabemos es que la luz más antigua que podemos observar fue emitida poco después del *big bang* (hace unos 13.800 millones de años) por unos objetos que hoy en día se encuentran a unos 43.000 millones de años luz de distancia, porque llevan mucho tiempo alejándose de nosotros a velocidades superlumínicas. El conjunto de todos esos objetos de los que podemos observar alguna luz forma el «universo observable», que tiene un diámetro de 96.000 millones de años luz.

Ahora bien, ¿el espacio continúa, para siempre, más allá de esta frontera, o tiene una extensión limitada? No lo sabemos, porque los objetos que se encuentran más allá de esta región se han estado alejando de nosotros a velocidades superiores a las de la luz desde hace miles de millones de años, así que su luz nunca podrá llegar hasta nosotros. Por tanto, como la luz de los objetos más lejanos ni siquiera puede llegar hasta nosotros, no sabemos si la cantidad de galaxias (y, por tanto, de estrellas) que hay ahí fuera es finita o infinita... Y, por consiguiente, el planteamiento de la paradoja de Olbers no ayuda mucho a esclarecer esta cuestión.

*Pues vaya chasco, con todo el* hype *que le has dado a este asunto en este capítulo.*

Bueno, *voz cursiva,* pero es que ahora llega un giro inesperado: aunque la paradoja de Olbers no nos sirva, lo cierto es que sí existe un brillo omnipresente en el firmamento que ilumina todos y cada uno de los puntos del cielo nocturno. Y del diurno también, por si fuera poco.

*¡Mentira! ¡Yo nunca he visto ese brillo!*

Lo sé, lo sé, no podemos ver ese brillo con nuestros propios ojos, porque no está hecho de luz visible, sino de microondas.

*¡Ajá! ¡Eso confirma lo que siempre había sospechado! ¡Vivimos en un universo infinito que contiene infinitos planetas en los que infinitas civilizaciones han inventado el microondas y todas están usándolo para calentar infinitos platos de...!*

¡Otra vez! ¡«Microondas» es el nombre de la «luz» cuyas ondas electromagnéticas tienen una longitud de onda de entre un milímetro y un metro, no solo del aparato que las utiliza para calentar la comida! Pero, bueno, si nuestros ojos fueran capaces de detectar este tipo de radiación, veríamos el cielo entero iluminado por un brillo de microondas muy uniforme que tendría una mayor intensidad en las longitudes de onda de entre tres milímetros y quince centímetros.[6]

*Ah, vaya... ¿Y de dónde sale entonces toda esa radiación?*

Pues, curiosamente, son los restos del brillo visible que iluminaba el universo entero poco después de su formación, cuya luz ha sido estirada por la expansión del espacio durante 13.800 millones de años.

Me explico.

Todo apunta a que, en sus orígenes, toda la energía del universo estaba comprimida en una *singularidad,* un estado tan extremadamente caliente y denso que los modelos físicos actuales no son capaces de describir. Y, por una causa que aún se desconoce, esa singularidad se empezó a expandir hace 13.800 millones de años, un evento que se conoce como el *big bang.*

La física actual sí que permite describir con gran precisión todo lo que ocurrió a partir del instante inmediato en el que esa singularidad se empezó a expandir: a medida que el universo se hinchaba, su energía se repartía por un volumen cada vez mayor, y su temperatura empezó a disminuir lo suficiente como para que aparecieran las cuatro fuerzas que rigen el universo y las partículas más fundamentales, los quarks, que comenzaron a unirse entre sí formando los protones y los neutrones que darían lugar a los núcleos atómicos de los dos primeros elementos químicos: el hidrógeno y el helio.

Ahora bien, durante los primeros centenares de miles de años de existencia del universo, la temperatura del espacio era tan alta que los electrones no se podían unir con los núcleos atómicos para formar átomos propiamente dichos, que tienen una carga eléctrica neutra. O sea, que, durante este periodo, el espacio estaba repleto de partículas con carga eléctrica (electrones, protones y núcleos de helio) que, al estar extremadamente calientes, emitían grandes cantidades de luz. Pero, claro, al mismo tiempo, la aglomeración de partículas cargadas que ocupaba el espacio era tan densa que cualquier rayo de luz que emitiera una de ellas acababa siendo absorbido o dispersado por alguna de sus vecinas poco después. Por tanto, aunque la materia estaba produciendo grandes cantidades de luz durante la infancia del universo, el espacio era opaco, porque esa luz no podía recorrer grandes distancias sin ser absorbida.

Unos 380.000 años después de que tuviera lugar el *big bang,* la temperatura ya había bajado lo suficiente (hasta unos 3.750 °C) como para que los electrones se empezaran a unir con los protones y los núcleos de helio, y formaran los primeros átomos neutrales. Y, a medida que la cantidad de partículas con carga eléctrica que flotaba por el espacio disminuía, la luz pudo empezar a cubrir grandes distancias a través del universo sin ser absorbida, y el espacio se volvió transparente.

Si la Tierra hubiera existido en este periodo, salir a la calle por la noche habría sido toda una experiencia porque... Bueno, porque no existiría la noche, ya que el cielo entero estaría iluminado por el brillo visible y uniforme que estaba emitiendo toda esa materia incandescente que inundaba el espacio. Pero, por suerte para los vampiros, esta situación no duró mucho tiempo, porque la materia se continuó enfriando hasta que dejó de emitir luz visible, y la expansión acelerada del espacio fue «estirando» toda esa luz residual y transformándola en radiación invisible para el ojo humano. Y aquí estamos, casi 13.800 millones de años después, observando los restos de la luz que inundaba el universo cuando solo tenía 380.000 años, ahora convertidos en un brillo de microondas que está presente en todos los puntos del cielo.

El brillo de esta *radiación de fondo de microondas* es muy uniforme en todo el cielo, pero, aun así, presenta pequeñas variaciones de intensidad en cada punto del firmamento que reflejan en qué regiones había más o menos materia en el momento en que el espacio se volvió transparente. Y, aunque los cúmulos de gas que emitieron la luz que se ha acabado convirtiendo en este fondo de microondas han estado evolucionando durante estos 13.800 millones de años, convirtiéndose en galaxias, estrellas y planetas, lo cierto es que empezaron a alejarse de nosotros a velocidades superiores a las de la luz hace miles de millones de años... Y ese ritmo no hará más que incrementarse con el tiempo. Por tanto, la única información que jamás tendremos sobre las galaxias que se encuentran en estas regiones lejanas del espacio es esa «fotografía» del universo primigenio que nos proporciona la radiación de fondo de microondas.

*O sea, que tratar de imaginar el aspecto que tienen hoy en día esas galaxias lejanas es como intentar deducir cómo sería la cara de un hermano al que nunca conociste, basándote únicamente en una ecografía que le hicieron cuando aún era un feto en las primeras etapas de la gestación.*

Uf... No sé qué decirte... Pero imagino que sí, que en cierta medida se podría ver así.

*Lo imaginaba. Por cierto, eso de que todo el cielo está iluminado por microondas me ha preocupado un poco... Esa luz residual que emitió el universo cuando era joven no estará friéndonos la cabeza como si fuéramos un paquete de comida precocinada, ¿no?*

Pero ¿qué obsesión tienes con los microondas?... Bueno, mira, ¿sabes qué te digo? Vamos a aclarar algunos conceptos sobre este tipo de radiación electromagnética para que veas que no tienes de qué preocuparte.

# CAPÍTULO
# 22

## ¿Por qué salen chispas cuando se mete un metal en el horno microondas?

Año 1945. Laboratorios Raytheon. Interior, seguramente, durante el día. Un técnico llamado Percy Spencer está trabajando cerca de un magnetrón, el tipo de aparato que generaba las microondas utilizadas por los sistemas de localización por radar de la época. El mecanismo era sencillo: el magnetrón emitía un pulso de microondas al aire, y, si esas ondas electromagnéticas incidían sobre algún obstáculo mientras se propagaban por la atmósfera, su superficie reflejaba parte de ellas hacia el lugar de donde habían venido. Por tanto, conociendo el tiempo que había transcurrido entre la emisión de las ondas y la detección del rebote, se podía calcular a qué distancia se encontraba el obstáculo... Y quien dice «obstáculo», dice «enemigo».

*Bueno, imagino que todos los obstáculos podrían considerarse enemigos, en cierta manera...*

No entremos en debates conceptuales, *voz cursiva,* porque, aunque esté ambientada en la Segunda Guerra Mundial, esta historia no tiene nada que ver con enemistades... A menos que consideres enemistad la relación que siempre ha existido entre el ser humano y la falta de un sistema para calentar la comida rápido, claro.

El caso es que Spencer estaba trabajando frente a un magnetrón en funcionamiento, cuando notó que la chocolatina que llevaba en el bolsillo se había fundido. No he encontrado ningún documento en el que se mencione si esa chocolatina estaba en su envoltorio o si su bolsillo terminó encharcado con cacao fundido y pegajoso, pero, incluso si ese fuera el caso, este héroe no se dejó amedrentar por la suciedad.

Es más, Spencer no se enfadó con esta anécdota, sino que se hizo una pregunta: las ondas electromagnéticas que emitía ese aparato, ¿se podrían utilizar para calentar otros tipos de comida?

Y, en efecto, tras poner a prueba el principio con varios alimentos que tenían un alto poder explosivo, como el maíz o los huevos, se dio cuenta de que su idea era viable, así que encerró el montaje en una caja metálica para confinar el campo eléctrico que producía el generador y, de paso, proteger al mundo de las potenciales «explosiones hueviles». Había nacido el horno microondas, que salió a la venta en 1947 con una altura de casi dos metros, un peso de trescientos kilos y un coste de casi 5.000 dólares (56.000 dólares, ajustados a 2018).

Pese a la épica de esta historia, otros compañeros de Spencer sostienen que la invención del horno microondas no fue un proceso casual e individual, y, en 1984, otro investigador de la misma empresa declaró que el descubrimiento de la capacidad que tienen las microondas para calentar la comida fue «un proceso en el que estuvieron involucradas tanto la suerte como las observaciones deliberadas de muchos individuos, [como por ejemplo] la sensación de calor que notaban al acercarse a los tubos de los magnetrones, la experimentación con palomitas de maíz, etcétera».[1] No sé qué diablos se esconde exactamente tras ese *etcétera,* pero, teniendo en cuenta cómo estaba avanzando la progresión, diría que no soy el único al que le gustaría que ese investigador hubiera sido más explícito.

De todas maneras, en realidad no importa mucho cuál de las dos historias es la correcta, porque la idea de que se pueden utilizar microondas para calentar la comida tampoco era nueva en aquella época. Por ejemplo, en un artículo de 1933 se habla sobre las exhibiciones de transmisión de energía sin cables que realizó aquel mismo año la empresa Westinghouse en la exposición Century of Progress, en Chicago.[2] En uno de tantos experimentos, la empresa enseñó al público que se podía calentar comida cuando esta se colocaba entre dos electrodos planos que generaban radiación de microondas. Este «microondas» tenía una potencia de unos diez kilovatios, más de diez veces superior a la de los microondas convencionales que se usan hoy en día, así que no me extraña que el autor del artículo mencione que podía «tostar pan en media docena de segundos», aunque también comenta que «bistecs, patatas, y otras carnes y vegetales sólidos necesitan varios minutos, así como la ebullición del agua». Curiosamente, en el artículo también se indica que la comida que se pasa de rosca en el microondas no sabe a quemado. Por ejemplo, menciona el caso de una tostada que permaneció en el microondas hasta que se convirtió en una «costra negra», pero que «no tiene ni el más mínimo sabor a chamuscado».

En esta convención de los años treinta no podía faltar un buen experimento temerario, y, según el artículo, uno de los efectos más curiosos de esta máquina era lo que llamaban «cóctel de radio»: al parecer, las personas que se exponían deliberadamente al campo eléctrico que producía este aparato experimentaban un estado de ánimo alegre, pero, si permanecían demasiado tiempo bajo su influencia, se deprimían y acababan sintiendo algo parecido a una resaca. Por si esto fuera poco, en la feria también se demostraba que la temperatura corporal de un ser humano aumentaba si se sometía al campo eléctrico del aparato mientras sujetaba un trozo de metal en cada mano. Para ser más concreto, el artículo explica que los cuerpos de los participantes alcanzaban unos 40,5 °C tras ser sometidos a las microondas a máxima potencia durante una hora, pero, llegados a este punto, el experimento se detenía porque no se querían alcanzar «temperaturas corporales que pudieran resultar peligrosas».

*Uf... No sabes cómo me horrorizan todas estas historias. ¿Y me quieres decir que estos aparatos letales siguen estando disponibles hoy en día, en nuestras cocinas, y que los usamos a diario para calentar la comida? ¿Es que nos hemos vuelto locos? ¡Voy a tirar mi microondas a la basura ya mismo antes de que me fría el cerebro!*

Ningún microondas te va a freír el cerebro, *voz cursiva*, no te preocupes. Los hornos de microondas que utilizamos hoy son perfectamente seguros.

*¡¿Pero cómo va a ser seguro un aparato que calienta las cosas a distancia usando unas ondas invisibles?!*

No entiendo qué te sorprende tanto, porque la existencia de ondas electromagnéticas invisibles que son capaces de incrementar la temperatura no es nada nuevo. De hecho, la radiación infrarroja que emite el Sol calienta nuestra piel cada día y nadie se lleva las manos a la cabeza, pese a que prácticamente es el mismo fenómeno que ocurre dentro de un horno microondas.

*Ya, claro, ¿y cómo sé yo que eso es verdad? ¿Me puedes demostrar que es la luz infrarroja que emite el Sol la que produce la sensación de calor, y no la visible?*

Por supuesto, *voz cursiva*, basta con que hagas este sencillo experimento: enciende una bombilla incandescente y otra fluorescente que tengan la misma luminosidad y coloca una mano cerca de la superficie de cada una. Si has conseguido seguir los complejos pasos de este experimento de forma correcta, notarás que la piel de la mano que está cerca de la bombilla incandescente se calentará, pero la otra no. Esto ocurre porque solo un 2,2 % de la energía que se introduce en el filamento de la bombilla incandescente termina convertida en luz visible[3] y el resto se disipa en forma de radiación infrarroja, mientras que la bombilla fluorescente genera mucha menos radiación infrarroja, porque el 85 % de la energía invertida acaba produciendo luz visible. O sea, que las bombillas incandescentes nos calientan más la mano que las fluorescentes, porque, pese a que las dos emiten la misma cantidad de luz visible, las primeras generan más radiación infrarroja.

---

*Ostras, es verdad... Pero ¿cómo puede ser que la luz infrarroja genere una mayor sensación de calor que la visible, si es menos energética?*

Porque nuestros cuerpos contienen un montón de agua, *voz cursiva*. Y, como hemos visto en el capítulo 2, el agua es una sustancia polar porque cada una de sus moléculas tiene un extremo con una ligera carga eléctrica positiva y otro con carga negativa. Este detalle es importante, ya que, cuando una onda electromagnética pasa a través del agua, las rápidas oscilaciones de los campos magnéticos y eléctricos cambiantes que la componen empiezan a atraer los polos de cada molécula en muchas direcciones distintas, incrementando así la velocidad a la que vibran.

*O sea, que el agua absorbe la radiación electromagnética, ¿no?*

Exacto, pero debido a la manera en la que están estructurados los electrones alrededor de sus moléculas, el agua no absorbe todas las longitudes de onda por igual: como hemos visto en el capítulo 19, parte de la razón por la que el agua es azul es que esta sustancia absorbe con más intensidad las tonalidades rojizas de la luz visible que las azuladas. Esto se debe a que el agua absorbe las longitudes de onda largas de la luz con más intensidad que las cortas, porque estas son capaces de girar, doblar y estirar sus moléculas con mucha más facilidad. De hecho, los tipos de radiación invisibles que tienen longitudes de onda aún más largas que la luz roja, como la luz infrarroja o las microondas, se ven absorbidas por el agua en una medida aún mayor que la luz visible de color rojo.

O sea, que el motivo por el que nuestra piel se calienta bajo el sol es que las moléculas de agua que contienen sus células se empiezan a mover fácilmente cuando incide sobre ellas su radiación infrarroja, con una longitud de onda de entre setecientos nanómetros y un milímetro. Y, como podrás imaginar, los hornos microondas se aprovechan de este mismo principio para calentar la comida: como casi toda la comida contiene una gran cantidad de agua, estos aparatos la iluminan con radiación electromagnética de onda larga que es capaz de sacudir sus moléculas con fuerza para que vibren más deprisa y aumente su temperatura.

Ahora bien, la radiación microondas que utilizan estos hornos tiene la ventaja de que su longitud de onda de 12,5 centímetros es mucho mayor que la de la radiación infrarroja. Como resultado, mientras que la radiación infrarroja solo calienta la superficie de nuestra piel, porque toda su energía se disipa en su capa más externa, las microondas son capaces de penetrar varios centímetros en los tejidos que componen la comida, así que no solo sacuden y calientan las moléculas de agua de su superficie, sino también las de su interior, como refleja la ilustración de la siguiente página.

*Que las microondas calientan la comida por dentro es debatible, porque, a menudo, está llena de «parches» fríos cuando la sacas.*

Ahí te doy la razón, *voz cursiva,* pero esos parches fríos no aparecen porque las microondas no sean capaces de pasar a través de la comida, sino porque no están distribuidas de manera uniforme en

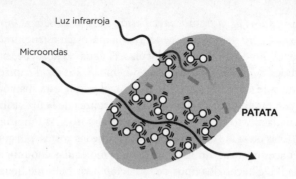

el interior del aparato. Dicho de otra manera, dentro de la cavidad del horno de microondas aparecen zonas en las que la intensidad del campo eléctrico es más baja que en otras y las moléculas de agua que pasan a través de esas zonas no llegan a ser sacudidas por las microondas con suficiente fuerza como para que lleguen a calentarse de forma sustancial. Teniendo esto en cuenta, la manera más sencilla de mitigar este efecto es colocar la comida un poco apartada del centro del plato rotatorio del microondas. De esta manera, reducirás la probabilidad de que una zona concreta del plato pase una y otra vez por la misma región donde la intensidad de las microondas es más baja, y obtendrás una mayor probabilidad de que la comida se caliente de manera uniforme.

*Lo tendré en cuenta a partir de ahora. Pero, oye, ¿y por qué los microondas utilizan esa longitud de onda tan concreta de 12,5 centímetros? ¿Es que esa cifra tiene algo especial?*

Se suele decir que se usa porque es la longitud de onda «resonante» del agua, o, lo que es lo mismo, la que hace vibrar estas moléculas con más facilidad, pero, en realidad, es una cuestión de normativa. Como la ley establece un rango de longitudes de onda muy limitado que se puede utilizar para este tipo de aplicaciones[4] y la siguiente longitud de onda más alta disponible requiere el uso de componentes más caros, los fabricantes acaban usando los 12,5 centímetros porque es la mejor opción entre las que hay. Pero, como digo, esta cifra no tiene nada de especial, porque el agua absorbe una gran cantidad de longitudes de onda diferentes dentro del rango de las microondas.

Total, que, si te dan «mal rollo» los hornos microondas porque te extraña que sean capaces de calentar la comida desde dentro, puedes estar tranquilo, porque no le están haciendo nada sospechoso a nuestros alimentos: simplemente están sacudiendo sus moléculas de agua para incrementar su temperatura, que, al fin y al cabo, es lo que hace cualquier otro método de cocción, de una manera u otra. O sea, que por mucho que haya charlatanes que se empeñen en decir que el microondas hace que la comida se vuelva cancerígena o radiactiva, o que destruye los nutrientes más que cualquier otra forma de cocción, puedes ver que estas afirmaciones son amarillismo puro sin fundamento.[5]

*En eso te creo, pero yo sigo sin fiarme de los microondas. Si esa radiación invisible es capaz de meterse en la comida y calentarla tanto, ¡imagina lo que debe hacerle al interior de tu cabeza mientras estás embobado viendo cómo la comida da vueltas en el plato!*

Estos aparatos tampoco le hacen nada a nuestras cabezas, *voz cursiva,* porque la estructura metálica del microondas actúa como una jaula de Faraday e impide que las ondas escapen al exterior.

*¿Y qué hay de la puerta? ¿Me vas a decir que esa redecilla ridícula impide que las microondas salgan hacia mi cara?*

Bueno, la puerta no bloquea las microondas por completo, porque no está diseñada para ello. En su lugar, el propósito de esta redecilla metálica es disipar la mayor cantidad posible de la energía de esas ondas para que la poca radiación electromagnética que consigue pasar a través de ella tenga una potencia minúscula e inofensiva. De hecho, si quieres entender cómo se las apañan unos simples agujeros para bloquear la mayor parte de la radiación electromagnética del microondas, el profesor Jess H. Brewer proponía una analogía que me ha parecido muy útil.[6]

Imaginemos un puerto resguardado por un muro y que ese muro posee un pasadizo que conecta con el mar abierto, por donde los barcos entran y salen. Pues bien, aunque en mar abierto haya un oleaje muy fuerte y las olas estén chocando con fuerza con el muro, las olas que se formarán en el interior del puerto serán mucho más bajas y no representarán ningún peligro para los barcos, ya que la mayor parte de su energía se habrá disipado en ese pasadizo. Si aplicamos esta analogía a la radiación electromagnética, la altura de las olas equivale a la amplitud de la onda o, lo que es lo mismo, a la intensidad máxima que alcanza en sus picos. En el caso de un horno microondas, solo una pequeña parte de la energía de las «olas» electromagnéticas que se forman en su interior es capaz de pasar por los pequeños agujeros de la rejilla de la puerta. Por tanto, aunque es cierto que las microondas pasan a través de la rejilla, su amplitud se reduce tanto durante el proceso que la potencia de la radiación que consigue escapar al exterior es minúscula y no representa ningún peligro.

Vamos a ponerle cifras al asunto, para quedarnos más tranquilos: las microondas que calientan nuestra comida tienen una potencia máxima que ronda los ochocientos vatios (W), pero la irradiancia de la radiación que escapa a través de la rejilla, medida a cinco centímetros de distancia, es de solo cinco milivatios por centímetro cuadrado ($mW/cm^2$). O sea, que si tienes la cara pegada a la rejilla del microondas, cada centímetro cuadrado de tu piel estará expuesta a una potencia de microondas de cinco milivatios.

*¿Y eso es mucho?*

Pues, mira, se necesita una potencia del orden de los cien milivatios por centímetro cuadrado para producir un aumento perceptible de la temperatura del tejido biológico,[7] así que, para tener un margen de seguridad amplio, se ha establecido que el límite seguro es cien veces menor o, lo que es lo mismo, un milivatio por centímetro cuadrado. Conociendo este dato, podría dar la impresión de que esos cinco milivatios por centímetro cuadrado que se experimentan cerca de la puerta del microondas superan peligrosamente ese límite, pero también hay que tener en cuenta que muy poca gente espera a que su comida acabe de calentarse con la cara pegada al microondas. En realidad, como la intensidad de una onda electromagnética disminuye con el cuadrado de la distancia, la irradiancia de las microondas que acaban incidiendo sobre nosotros ronda más bien los 0,05 milivatios por centímetro cuadrado, que es la cifra que se mediría a unos cincuenta centímetros de la puerta.[8]

Así que no te preocupes, *voz cursiva,* porque, a menos que el microondas tenga un agujero en la puerta o sufra alguna avería que haga que el magnetrón siga emitiendo radiación cuando está abierta, estás totalmente a salv...

*¡Me importa un pepino que la baja potencia de las ondas que salen por la puerta no pueda calentar mis tejidos! ¿Y si me provocan algún tipo de cáncer?*

Las microondas no pueden provocar cáncer, *voz cursiva,* porque, como hemos visto hace un par de capítulos, eso es algo que solo pueden conseguir las formas de radiación electromagnética que tienen una longitud de onda más corta que la luz visible (la ultravioleta, los rayos X o los rayos gamma), las únicas que tienen suficiente energía como para modificar los enlaces de las moléculas de ADN. Como ya he contado, lo único que pueden hacer las ondas microondas es menear las moléculas de agua y hacer que su temperatura aumente... Y la cantidad de esta radiación a la que estamos expuestos en nuestro día a día es tan baja que ni siquiera es capaz de conseguir eso, así que no hay ninguna manera de que altere la composición química de nuestro ADN y provoque cáncer.

*¡Espera un momento! ¡Me acabo de acordar de que en el capítulo anterior has dicho que la radiación electromagnética del wifi también tiene una longitud de onda de 12,5 centímetros! ¡Lo sabía! ¡Internet nos va a freír el cerebro a todos!*

La potencia de la señal de wifi también es demasiado baja como para que represente peligro alguno. Para que te hagas una idea, la potencia máxima que puede tener un rúter inalámbrico en Europa es de cien milivatios, pero, como la energía de esa señal de cien milivatios se va repartiendo por una superficie cada vez mayor a medida que se propaga de forma esférica por el espacio, la intensidad de la radiación que acaba incidiendo sobre cada centímetro de nuestra piel es minúscula. Por ejemplo, en un artículo se calcula cómo se disipa la señal de un rúter de 100 mW con la distancia y se concluye que se registrarían 0,0072 mW/cm$^2$ a 30 centímetros de él, pero que esa cifra se reduciría hasta 0,00009 y 0,000008 mW/cm$^2$ a 3 y 10 metros, respectivamente.[9]

*Bueno, vale, pero ¿qué hay de los teléfonos móviles?*

Ya va, *voz cursiva,* ya va. La potencia de las microondas que emiten los teléfonos móviles durante las llamadas ronda entre 600 y 3.000 milivatios,[10] pero antes de que cunda el pánico, ten en cuenta que la cantidad que acaba dirigida hacia nuestras cabezas es mucho menor, porque la energía de estas señales se dispersa de manera esférica en todas las direcciones. Al tratarse de dispositivos que mantenemos cerca de nuestras cabezas, la radiación de los móviles se evalúa en función de la cantidad de energía medida en vatios que absorbe cada kilo de nuestro tejido (W/kg) cuando emite la señal con la máxima potencia posible, algo que solo ocurre en condiciones muy concretas, como cuando la cobertura es muy mala. Y, por lo que he podido averiguar, las diferentes marcas y modelos de móviles actuales nos pueden exponer a un máximo de entre 0,22 y 1,5 vatios por kilo durante una llamada, una cifra que se encuentra dentro de los límites que se consideran seguros de 1,6 vatios por kilo para el tejido del cerebro y de 4 vatios por kilo para las manos.

*Humm... ¿Y qué hay del cáncer que producen los teléfonos móviles?*

Es otro bulo más, porque, pese a que la gente ha utilizado estos dispositivos con una frecuencia cada vez mayor durante los últimos treinta años, no se ha observado ningún incremento en la incidencia de esta enfermedad que se pueda relacionar con su uso,[11] lo que tampoco es ninguna sorpresa, porque la radiación de microondas que emiten los móviles tiene la misma longitud de onda inofensiva que el wifi.

O sea, que, como dice Ignacio Crespo, compañero divulgador, amigo y, más importante aún, médico, lo peor que te puede hacer una llamada de teléfono móvil es calentarte un poco la oreja. ¿Crees que ya podemos dejar tranquilos a nuestros lectores hipocondriacos, *voz cursiva*?

*No, aún no. Si la radiación electromagnética de los móviles y el wifi es tan inofensiva como dices, ¿por qué hay gente a la que estas ondas le producen un gran malestar?*

Ese es un tema más delicado, porque es cierto que hay gente que *dice* experimentar todo tipo de malestares cada vez que se encuentra cerca de los dispositivos electrónicos que emiten este tipo de radiación, como picores, dolores de cabeza o mareos, entre otras cosas. Pero, claro, el problema es que, como hemos visto, las ondas electromagnéticas que nos rodean en la vida cotidiana tienen una intensidad demasiado baja como para producir ningún tipo de efecto sobre el cuerpo.

*Pero es que a lo mejor hay gente que es más sensible a estas radiaciones, ¿sabes?*

Eso podría ser un argumento convincente, *voz cursiva*... Si no fuera porque esta posibilidad ya se barajó y se puso a prueba en su momento, pero los resultados de esos estudios indican que la gente que tiene «hipersensibilidad» a estos dispositivos solo desarrolla esos síntomas negativos cuando *cree* que está sometida a su radiación electromagnética, independientemente de si lo está o no.

Por ejemplo, me pareció curioso un estudio en el que participaron 147 personas en el que a la mitad de los participantes se les mostró un documental que hablaba de los efectos negativos del wifi, mientras que la otra mitad vio un vídeo que no tenía nada que ver con el tema. Tras la proyección, a cada uno de los participantes se le colocó una antena sobre la cabeza, con el pretexto de que se querían comprobar los efectos que tenía la radiación electromagnética del wifi sobre ellos y que la antena servía para «acercar la señal a su cuerpo lo máximo posible». A continuación, los participantes pasaron quince minutos con las antenas pegadas sin saber que, en realidad, todo era una farsa y no estaban recibiendo ningún tipo de señal electromagnética. Aun así, pese a que no estaban siendo expuestos a ningún tipo de radiación, el 54 % de los participantes del estudio afirmaron que habían experimentado síntomas de malestar durante esos quince minutos, y, como era de esperar, la proporción de los participantes que notó estos efectos negativos era mayor en el grupo que previamente había visto el documental sobre los supuestos peligros del wifi. Por tanto, los autores de este estudio concluyeron que lo que produce los síntomas negativos no es la radiación electromagnética del wifi o del móvil, sino la ansiedad que producen los temores infundados a este tipo de tecnología, alimentados por los medios de comunicación alarmistas.[12]

Y este no es el resultado de un solo estudio, por supuesto, sino que está apoyado por la literatura médica. En las «Notas» dejo un metaanálisis de 46 estudios de doble ciego que se realizaron sobre el tema y que llegó a la misma conclusión: cada vez que este tipo de pruebas se llevan a cabo con gente que padece «hipersensibilidad electromagnética», los síntomas negativos solo aparecen cuando *creen* estar expuestos a un campo electromagnético.[13] De hecho, si tienes algún amigo al que le incomodan los campos electromagnéticos y tiene ganas de comprobar si se trata de un fenómeno psicológico o no, puedes proponerle este experimento.

En primer lugar, entra en la habitación en la que se encuentra el rúter, di a tu amigo que se vaya lo más lejos posible y cierra la puerta. A continuación, deja el rúter en posición apagada o encendida y tápalo con algo que oculte las lucecillas. Pide a tu amigo que vuelva a entrar en la habitación y pregúntale si cree que el rúter está apagado o encendido, apunta su respuesta y el estado real del aparato. Vuelve a echarle del cuarto... Y repite este experimento diez o veinte veces más. O cincuenta. Cuantas más, mejor, desde el punto de vista estadístico.

La cuestión es que, si las ondas electromagnéticas tienen una influencia real sobre tu amigo, experimentará ese malestar siempre que el rúter esté encendido, independientemente de que sepa si lo está o no, y, como resultado, debería acertar al menos un 80 % o un 90 % de las veces que hagas la prueba. Ahora bien, si, tras hacer el recuento, te das cuenta de que ha acertado alrededor de un 50 %, que es el resultado que cabría esperar por pura estadística, eso significará que no está reaccionando ante ningún estímulo físico, sino ante la idea que él tiene de si ese rúter escondido está encendido o apagado.

---

Eso sí, no obligues a nadie a hacer este experimento en contra de su voluntad, porque, aunque sea un fenómeno psicológico, la gente que lo experimenta lo pasa mal de verdad. Pero, al menos, les podría resultar útil saber que la ayuda de un profesional sanitario es la única manera de deshacerse de estas sensaciones tan molestas y, en algunos casos, incapacitantes.

*Humm... Bueno, lo voy a considerar. Una última cuestión: en el capítulo anterior te había preguntado si la radiación de fondo de microondas nos está friendo el cerebro, y aún no me has aclarado esa duda. ¿Debería preocuparme?*

Perdona, *voz cursiva*. La irradiancia de la radiación de fondo de microondas es de unos 0,000000314 milivatios por metro cuadrado, una cifra tan baja que no tiene el más mínimo efecto sobre nosotros. Así que la respuesta a tu pregunta es que no; la luz que emitió el universo cuando se volvió transparente no está friéndote la mollera.

*Captado. Pero, oye, ¿no ibas a hablar de por qué es mala idea meter metales en el microondas?*

¡Ostras, tienes razón! Esta vez el rodeo se me ha ido de las manos.

Ahora que más o menos entendemos cómo se las apañan las microondas para calentar las cosas, hay que tener en cuenta que existen otras sustancias con moléculas polares que las microondas también son capaces de sacudir y calentar, aparte del agua, como el amoniaco o el etanol. Pero, ojo, que también existen sustancias que no se calientan en el microondas porque sus moléculas no son polares y no interaccionan con tanta intensidad con este tipo de radiación electromagnética, como el vidrio o el plástico de los recipientes especiales para estos aparatos.

Eso sí, existe otra familia de materiales que se comporta de manera bastante más violenta dentro del microondas: la de los metales.

Cuando metemos un trozo de metal en un horno microondas, los campos eléctricos y magnéticos oscilantes de su radiación electromagnética atraen los electrones libres del metal y tienden a concentrarlos en las partes más angulosas y puntiagudas del objeto. El movimiento de esos electrones libres a través del metal no solo produce calor, sino que, además, las regiones en las que se acumulan adoptan una gran carga eléctrica. O sea, que si prestaste atención en los capítulos 14 y 15, te imaginarás cómo puede acabar esta situación: esos

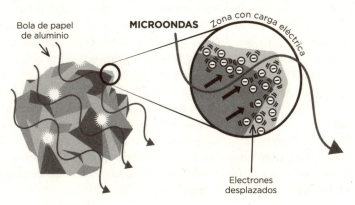

electrones apiñados en el mismo sitio estarán ardiendo en deseos de formar un arco eléctrico para saltar sobre la estructura metálica del microondas... Y, si lo consiguen, existe la posibilidad de que chamusquen los componentes del aparato o, si se dan las circunstancias adecuadas, de que provoquen un incendio.

Si tienes mucha curiosidad por ver ese espectáculo de chispas cutre que se forma cuando metes un trozo de metal en el horno microondas, te propongo otro experimento: entra en YouTube y escribe en el buscador algo del estilo: «Microondas chispas metal» para que aparezca ante ti una gran cantidad de vídeos con diferentes grados de imprudencia en los que podrás observar este fenómeno sin arriesgarte a prender fuego a la casa.

*Intuyo que hay algún significado oculto tras este experimento...*

Sí, el significado es que no hay que meter metales en el microondas. Recordadlo siempre, niños.

Podría terminar el capítulo con esta lección de seguridad, pero, en su lugar, me gustaría contar una anécdota sobre microondas que me ha parecido bastante curiosa.

*¿Te refieres a la forma de radiación electromagnética o al aparato?*

A ambos, *voz cursiva*. En 1998, el radiotelescopio Parkes, de Australia, empezó a detectar unas señales de radio a las que bautizaron con el nombre de *peritones* y que parecían importantes, porque se asemejaban a los llamados *pulsos de radio rápidos,* unos destellos fugaces de onda larga que se observan de vez en cuando en el cielo y cuya causa aún es desconocida. Por tanto, esos peritones podrían llegar a revelar información sobre estos misteriosos eventos astronómicos.

Ahora bien, los astrónomos se empezaron a oler que los peritones no tenían un origen astronómico cuando se dieron cuenta de que casi siempre se detectaban durante el horario de oficina y predominantemente entre semana. Además, la longitud de onda de estas señales rondaba entre los doce y los trece centímetros, una cifra sospechosamente parecida a la que utilizan muchos aparatos electrónicos. Después de detectar estas misteriosas señales durante quince años, por fin se descubrió su verdadero origen: provenían de los magnetrones de los hornos microondas que había repartidos por las instalaciones, que producían un perfil de radiación similar al de un pulso de radio rápido cuando el aparato se apagaba.[14]

O sea, que, al final, el origen de estas señales no era un fenómeno astronómico desconocido, sino unos hambrientos astrónomos desprevenidos.

*¿Se supone que eso es una especie de juego de palabras fonético?*

Era un intento, sí. ¿No te ha gustado?

*Para que te hagas una idea, ha sido tan malo que se podría considerar que el libro está defectuoso.*

Vale, captado. En cualquier caso, aprovechemos que estamos hablando de calentar cosas para comentar otro fenómeno térmico cotidiano que determinadas personas nos intentan vender como si fuera un milagro.

# CAPÍTULO 23

## ¿Cómo puede alguien caminar sobre ascuas sin quemarse?

Hay una serie de trucos que cierta gente utiliza para intentar demostrar que tienen algún tipo de fortaleza mental o espiritual superior que, en el fondo, no son más que demostraciones más o menos extravagantes de principios físicos muy sencillos y que cualquiera puede realizar. Un ejemplo es el truco de la cama de clavos que he comentado en el capítulo 6, cuyo secreto es que el peso del cuerpo queda repartido por suficientes puntos como para que en ninguno de ellos ejerza suficiente fuerza sobre nuestra piel para atravesarla. ¿Doloroso? Tal vez. ¿Sobrenatural? Para nada. Otro ejemplo es la gente que se apoya lanzas sobre el cuello y las «dobla», pero esas lanzas no son tan mortales como las pintan, porque el mango está hecho de un material tan elástico que cede con mucha facilidad ante el peso de la persona y la punta no llega a presionar con suficiente fuerza como para hacer daño. ¿Molesto? No lo dudo. ¿Sobrenatural? Tampoco.

Y luego está la peña que camina sobre ascuas...

*Eh, eh, eh, de esos no puedes decir nada, porque no hay ningún truco posible: nadie puede negar que las ascuas están lo bastante calientes como para quemar a una persona. Por tanto, si te paseas sobre ascuas y no te pasa nada, eso es que hay alguna fuerza sobrenatural implicada.*

No necesariamente, *voz cursiva*. De hecho, no es más que otro truco que utiliza una propiedad física de la materia para llevar a cabo una «proeza» que impresiona mucho a primera vista, pero que, en realidad, es muchísimo menos peligrosa de lo que parece. En este caso, la clave está en que, igual que unos materiales conducen la electricidad mejor que otros, el calor también se transmite con más facilidad a través de ciertas sustancias.

Como he repetido varios millones de veces a lo largo del libro, la temperatura de un objeto no es más que un reflejo de lo rápido que se mueven o vibran sus átomos. Esto significa que, cuando una sustancia caliente entra en contacto con otra que está fría, el calor se transmitirá de la primera a la segunda a través de las colisiones entre sus partículas: cuando los átomos rápidos y calientes chocan con los fríos que se mueven más despacio, el empujón acelera los átomos fríos, e incrementa su temperatura, mientras que los átomos calientes perderán velocidad y se enfriarán. Y, como imaginarás, este proceso de transferencia de calor no se detendrá hasta que los átomos de los dos objetos hayan alcanzado una temperatura intermedia.

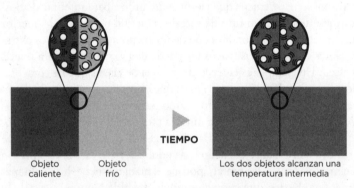

Objeto caliente    Objeto frío          Los dos objetos alcanzan una temperatura intermedia

TIEMPO

Cada una de las sustancias que nos rodea transmite su calor a otras o lo absorbe a un ritmo diferente, porque su *conductividad térmica* es distinta. Habrás notado este fenómeno en tus propias carnes si alguna vez te has bañado en una playa del Mediterráneo un soleado día primaveral, cuando la temperatura del aire y del agua es más o menos la misma: la sensación térmica es muy agradable mientras estás tumbado en la arena, pero en cuanto entras en el agua, parece que te hubieran teletransportado a las orillas de la Antártida. ¿Por qué diablos tenemos la sensación de que el agua está tan fría, si se encuentra a la misma temperatura que el aire? Porque su conductividad térmica es mucho mayor, así que «absorbe» el calor de nuestro cuerpo mucho más deprisa que el aire, aunque se encuentre a la misma temperatura.

*Ya, claro, ¿y qué tiene que ver la velocidad a la que se transmite el calor con la temperatura que notamos? Si las dos cosas están a 15 ºC, no deberíamos sentir ninguna diferencia entre ambas.*

Te equivocas, *voz cursiva*: incluso aunque dos sustancias se encuentren a la misma temperatura, nos puede dar la impresión de que una está más caliente que la otra precisamente porque nuestros cuerpos no detectan cuál es la temperatura de las cosas, sino su conductividad térmica, o, lo que es lo mismo, lo rápido o despacio que nos transmiten calor.

Si no me crees, te propongo un experimento: busca un objeto de madera o de papel y otro de metal, como un libro y un ordenador apagado con la carcasa de aluminio, o una caja de cartón y el marco metálico de un cuadro, eso da igual. Lo importante es que sean dos objetos que no se encuentren cerca de ninguna fuente de calor y estén a temperatura ambiente. En cuanto tengas estos objetos localizados, llega la parte más compleja del experimento: posa una mano sobre cada uno de ellos. Y, ahora, dime: ¿cuál te parece que está más frío?, ¿el objeto de madera o el de metal?

*Diría que el de metal está más frío.*

Exacto, *voz cursiva,* el metal parece más frío que la madera, aunque ambos están claramente a temperatura ambiente. Si, aun así, sigues sin creerte que los dos objetos están a la misma temperatura, puedes hacer dos cosas: comprobarlo con un fenómeno infrarrojo, o, si no tienes uno a mano, dejar los dos objetos en una habitación oscura durante unas horas para asegurarte de que los dos están a temperatura ambiente y repetir el experimento.

*He hecho las dos pruebas y lo confirmo: la temperatura de las dos cosas es la misma, pero el metal sigue pareciendo más frío.*

Sé que no puedes hacer el experimento porque no tienes cuerpo y que no han pasado varias horas, pero, de todas maneras, gracias por seguirme el rollo. El caso es que, igual que ocurre en el caso del agua y el aire, el motivo por el que nos da la impresión de que el metal está más frío que la madera es que el primero tiene una conductividad térmica mayor. Dicho de otra manera, los átomos de los metales se transmiten el movimiento entre sí con mucha más facilidad y, por tanto, «roban» calor a nuestro cuerpo mucho más deprisa cuando las moléculas más rápidas de nuestras manos calientes chocan con ellos. Como resultado, nuestro cuerpo interpreta que el metal está más frío que la madera, aunque realmente no lo esté.

*Pues, mira, no lo entiendo. ¿Qué tipo de disparate evolutivo termina dotándonos de la capacidad para notar la conductividad térmica de las cosas, en lugar de su temperatura?*

No es ningún disparate, *voz cursiva*: que la conductividad térmica tenga un papel tan importante en la percepción de la temperatura tiene mucho sentido, porque, desde el punto de vista evolutivo, lo que representa un peligro no es la temperatura en sí de un objeto, sino el ritmo al que transmite su calor a nuestro cuerpo o nos lo roba, que es lo que realmente determina cuánto tiempo tenemos para reaccionar antes de que resultemos heridos.

Por ejemplo, por poner una cifra al asunto, si solo percibiésemos la temperatura de las cosas, notaríamos la misma sensación térmica tanto si estuviéramos rodeados de agua a 5 °C como de aire a la misma temperatura. En este escenario, si nos cayéramos en un lago así de frío, no notaríamos que nuestro cuerpo pierde calor a toda velocidad y probablemente acabaríamos pasando más tiempo de la cuenta en el agua, porque no tendríamos urgencia por salir, lo que incrementaría el riesgo de sufrir hipotermia. Pero como, por suerte, sí que percibimos la conductividad térmica de las cosas, nuestra reacción inmediata ante el frío intenso es volver a la orilla lo más rápido posible. En cambio, aunque el roce del aire a 5 °C sobre nuestra piel no es agradable, no nos genera una respuesta tan precipitada porque no representa un peligro tan inmediato, ya que su conductividad térmica es mucho menor.

Para que te hagas una idea de la diferencia que supone estar sumergidos en agua o en aire frío en términos de tiempos de supervivencia, una persona desnuda a la intemperie, a una temperatura de 10 °C, podrá sobrevivir más de veinticuatro horas (suponiendo que no esté soplando el viento, porque, como veremos en el siguiente capítulo, esa cifra se reduciría). En cambio, si esa misma persona desnuda estuviera nadando en una masa de agua a la misma temperatura, entonces moriría de hipotermia en un plazo de entre una y seis horas, ya que el agua reduciría su temperatura corporal mucho más deprisa debido a su mayor conductividad térmica. Si reducimos aún más la temperatura, una persona expuesta al aire a cero grados probablemente podría sobrevivir más de seis horas, pero tan solo duraría entre 15 y 45 minutos si estuviera sumergida en una masa de agua así de fría.

*Un corrección: no te podrías «sumergir» en agua a cero grados, porque a esa temperatura estaría congelada.*

No necesariamente, *voz cursiva,* ya que el agua puede mantenerse líquida por debajo de los cero grados si contiene sales disueltas. En cualquier caso, si tienes curiosidad por este tema, en las «Notas» dejo el enlace a una tabla en la que podrás comparar los tiempos de supervivencia esperados en el agua y en el aire a diferentes temperaturas.[1]

Pero, bueno, volviendo a lo que íbamos, la conductividad térmica es precisamente el fenómeno que permite a la gente realizar el «milagro» de caminar sobre ascuas de forma segura: las ascuas están muy calientes, pero, como no conducen muy bien el calor, transmiten su energía a nuestros pies a un ritmo lo bastante bajo como para que podamos pasar por encima... Siempre y cuando no permanezcamos un tiempo excesivo sobre ellas durante cada paso, claro.

*Puedes decir lo que quieras, pero a mí no me convences hasta que me proporciones alguna cifra.*

Tienes razón, *voz cursiva.* La conductividad térmica se cuantifica a través de la cantidad de energía que se transmite a través de una capa de un metro de espesor de un material determinado en el que, además, hay una diferencia de 1 °C entre sus dos caras. Como resultado, la unidad que se utiliza para representar esta magnitud es el vatio por metro y grado (W/m °C).

Por ejemplo, a 20 °C, el aire tiene una conductividad térmica de 0,023 vatios por metro y grado, pero la del agua es unas 26 veces mayor y ronda los 0,60 vatios por metro y grado. Por poner un par de ejemplos más, la conductividad térmica de los diferentes tipos de acero oscila entre 43 y 58 vatios por metro y grado a 20 °C, mientras que la del cobre y la plata, que conducen el calor aún mejor, son de 386 y 406 vatios por metro y grado, respectivamente.

*¿Y en qué punto de esa escala caen las ascuas?*

Pues imagino que este tipo de demostraciones se llevan a cabo con carbón vegetal, porque es más accesible que el mineral, pero no he conseguido encontrar cuál es la conductividad térmica de este tipo de carbón concreto cuando está incandescente. En cambio, sí que he podido encontrar datos del lignito, un tipo de carbón mineral que parece tener una pureza comparable al vegetal. A 700 °C, la conductividad térmica del lignito ronda los 0,837 vatios por metro y grado Kelvin, así que su habilidad para transmitir el calor es un poco mejor que la del agua a 20 °C.

*¡Ajá! Pues entonces sí que es una proeza sobrenatural, porque una masa de agua a 700 °C nos quemaría al instante..., si pudiera mantenerse en estado líquido a esa temperatura, obviamente.*

No tan rápido, *voz cursiva,* porque hay que tener en cuenta que el carbón es un sólido. O sea, que, al contrario que el agua, la temperatura de un montón de ascuas no va a ser uniforme, ni se adherirán a nuestra piel como lo hace un líquido. De hecho, al ser fragmentos de material sólido, las ascuas solo entran en contacto con algunos puntos de la superficie de nuestros pies cada vez que damos un paso sobre ellas, por lo que la cantidad de calor que transmiten es mucho menor. O sea, que aunque caminar sobre ascuas es una buena demostración de un principio físico, no es ninguna proeza sobrehumana.

En realidad, lo verdaderamente milagroso sería que alguien consiguiera caminar sobre una plancha de acero a 700 °C sin quemarse, pero, por supuesto, eso sería una locura, porque la conductividad térmica de este metal ronda entre los 21 y los 32 vatios por metro y grado a esa temperatura.[2] Es más, si alguna vez has apoyado los antebrazos sobre una mesa metálica que ha estado al sol en pleno agosto en la terraza de un bar, sabrás que este «experimento» sería un peligro incluso aunque la plancha de acero se encontrara a «solo» 100 °C (con una conductividad térmica de entre 12,5 y 58 vatios por metro y grado Kelvin). Y, si fuera de cobre o de plata, sería peor aún.

Eso sí, quiero dejar bien claro que esto no es un reto. Estos ejemplos tienen una finalidad puramente comparativa.

*Vale, vale, si voy por la calle y veo una pasarela incandescente de plata, intentaré no pisarla sin zapatos. En cualquier caso, ¿qué es lo que hace que unos materiales tengan una mayor conductividad térmica que otros?*

Buena pregunta, *voz cursiva*. Como la temperatura es el resultado de lo rápido que se mueven las moléculas, lo rápido que se transmite el calor a través de un material dependerá de la facilidad que tengan sus moléculas para «pasar» su movimiento de unas a otras. Por ejemplo, la conductividad térmica del aire es muy baja porque las moléculas de gas están muy separadas, de modo que, si una molécula del aire se calienta porque choca con un átomo que se mueve muy deprisa, le costará transmitir ese calor a las que la rodean, porque la probabilidad de que choque con alguna será bastante baja. La conductividad térmica de los líquidos es más alta que la de los gases, porque sus moléculas están mucho más cerca unas de otras, al haber menos espacio entre ellas, y el movimiento se transmite entre ellas con una facilidad mucho mayor. Este es el motivo por el que el agua líquida tiene una conductividad térmica mucho mayor que el vapor de agua, pese a que, en los dos casos, estamos hablando de la misma sustancia.

*E imagino que la conductividad térmica de los sólidos es aún más alta que la de los líquidos, ¿no?*

Efectivamente, *voz cursiva*: como los átomos de un sólido están anclados formando una estructura rígida, cualquier colisión que tenga lugar contra uno de esos átomos se transmitirá rápidamente a sus vecinos, y su temperatura se incrementará mucho más deprisa.

Además, la conductividad térmica de un sólido aumenta cuanto mayor es la «rigidez» de los enlaces que unen sus átomos, ya que, cuanto mayor sea la fuerza que los une, más rápido se podrá transmitir el movimiento de uno a otro. Teniendo esto en cuenta, no es de extrañar que el material que tiene una mayor conductividad térmica, el diamante (1.200 vatios por metro y grado), sea también el más duro, porque el origen de estas dos propiedades se encuentra en la fuerza extrema con la que están unidos sus átomos de carbono.

Curiosamente, la conductividad térmica se puede utilizar para comprobar si un supuesto diamante es auténtico o no, porque, por muy bien lograda que esté una gema de imitación, no podrá replicar esta propiedad que es exclusiva de la composición química de los diamantes. Es más, como, debido a su alta conductividad térmica, un diamante auténtico estará mucho más frío al tacto que uno de imitación, se dice que hay joyeros muy experimentados que pueden distinguir uno de otro notando la sensación térmica que les proporciona al ponérselo sobre la punta de la lengua.

*¿Estás seguro de que eso es verdad? Porque a mí me suena un poco a Hollywood.*

Pues, sinceramente, no he podido encontrar ninguna fuente fiable en la que se verifique esta historia, pero parece encajar con el hecho de que en algunos lugares de habla inglesa se refieren al diamante como *ice* («hielo»). Pero, sea cierta o no, la verdad es que un diamante siempre se notará al menos un poco más frío al tacto que cualquier otro material que se encuentre a la misma temperatura, de modo que me parece un ejemplo curioso de cómo es posible distinguir dos materiales que son muy parecidos visualmente gracias a las propiedades que le otorgan su composición química y su estructura atómica.

Por cierto, hablando de ponerse en la lengua materiales que tienen buena conductividad térmica, ¿alguna vez se te ha ocurrido lamer un poste de metal muy frío en invierno, *voz cursiva*?

*No tengo cuerpo, pero reconozco que es algo que siempre he querido probar.*

Yo tampoco he tenido la ocasión, pero, si lo hicieras, correrías el riesgo de que tu lengua se quedara pegada al poste, porque gracias a su alta conductividad térmica, el metal absorbe rápidamente el calor del agua que cubre nuestra lengua y la congela enseguida, cementando nuestras papilas gustativas sobre la superficie del poste. En este caso, el motivo por el que los metales suelen ser buenos conductores del calor es el mismo por el que lo son de la electricidad: además de estar hechos de una red de átomos muy juntos, unidos por enlaces fuertes, los metales cuentan con electrones libres que se pueden mover a través de su estructura con relativa libertad y transmitir su movimiento a sus vecinos fácilmente.

Por supuesto, si algún día te encuentras en esta lamentable situación, no intentes separar la lengua del poste a la fuerza, porque lo único que conseguirías es que tus papilas gustativas se queden pegadas al poste de metal como quien desabrocha una tira de velcro. En su lugar, echa agua fría sobre el punto de contacto hasta que el hielo se funda y puedas separarla.

*Qué analogía con el velcro más innecesaria. Por cierto, has estado hablando sobre los materiales con conductividades térmicas altas, pero*

*¿qué hay de los que tienen una conductividad muy baja? ¿Hay alguno que sea capaz de frenar por completo el paso del calor?*

De nuevo, buena pregunta, *voz cursiva*. Hemos visto que la conductividad térmica es una propiedad que determina lo rápido que el calor se puede transmitir a través de un material, y que ese calor pasa de una molécula a otra a través de sus choques. Sabiendo esto, ¿en qué situación crees que el calor lo tendrá más difícil para propagarse a través de un medio?

*Humm... No sé. ¿En nuestra imaginación?*

No, *voz cursiva,* en el vacío. Como en el vacío no hay materia, el calor no se puede transmitir de un lado a otro a través de las colisiones entre moléculas. De hecho, ese es precisamente el motivo por el que los recipientes que están diseñados para retener el calor durante mucho tiempo suelen tener paredes separadas por una capa de vacío: la ausencia de moléculas de aire que choquen con sus paredes internas reduce muchísimo el ritmo al que la sustancia que contiene transfiere su calor al entorno.

*Ya, bueno, pero incluso el café más caliente se acabará enfriando dentro del mejor termo del mercado si le das tiempo suficiente. ¿Cómo es que estos recipientes disipan el calor de la sustancia que contienen, si entre sus dos capas no hay moléculas de aire que lo puedan transmitir al exterior?*

Porque, aunque un objeto que se encuentra en el vacío no pueda transmitir el calor a su entorno a través de colisiones entre moléculas, sí lo hace en forma de radiación electromagnética. Pero no te preocupes, *voz cursiva,* que de este proceso hablaré con más detalle en el último capítulo.

*OK, creo que podré esperar. Pero si el vacío conduce tan mal el calor, ¿por qué no lo usamos como aislante térmico en todas las aplicaciones de nuestra vida diaria?*

Como he comentado cuando hablábamos sobre el trágico destino de los globos de helio, un recipiente vacío tiene que soportar el esfuerzo compresivo que ejerce sobre él la atmósfera. Por tanto, dadas las complicaciones ingenieriles que eso supone, en la mayor parte de las aplicaciones de nuestra vida diaria se utiliza aire como material aislante, ya que presenta una conductividad térmica lo bastante baja como para que sea la solución más fácil y barata. ¿Qué hay entre las paredes de los edificios? Aire. ¿Entre los cristales de las ventanas dobles? Más aire. ¿Por qué las chaquetas de invierno son tan abrigadas? Porque están rellenas de materiales que retienen un montón de aire entre sus fibras.

*Ahora que lo dices, ya que hemos estado hablando de la sensación térmica y del agua, y has sacado el tema de los abrigos, me ha surgido una duda.*

Me quieres preguntar por qué hace más frío o más calor cuando hay mucha humedad, ¿verdad?

*Pues sí. ¿Cómo lo sabías?*

Porque te conozco como si estuvieras dentro de mi cabeza.

# CAPÍTULO
# 24

## ¿Por qué hace más frío o más calor cuando hay mucha humedad?

Cuando fui a estudiar a Barcelona, el haber nacido y crecido en Ibiza supuso una ventaja desde el punto de vista social, porque, como la mayor parte de la gente de mi edad tenía curiosidad por saber cómo es la vida en una isla que es mundialmente conocida por su vida nocturna, era bastante fácil entablar una conversación amena con alguien que acababa de conocer.

Pero, además de las preguntas del tipo «¿Tenéis colegios allí?» o comentarios como «Pensaba que allí no quedaba nadie en invierno», un detalle que me llamó la atención durante estas primeras conversaciones con mis nuevos amigos de Barcelona es que parecía que pensaban que vivía en Canarias, en lugar de en Baleares, en el sentido de que asumían que Ibiza era un paraíso tropical en el que hace calor todo el año. Y, aunque es cierto que en Ibiza las temperaturas invernales son bastante suaves, siempre tenía que aclarar que, pese a que no se alcanzan temperaturas tan bajas como en muchos sitios de la Península, aquí también hace rasca en invierno, porque la humedad de la isla acentúa mucho la sensación de frío (la expresión «Se te cala en los huesos» era un recurso bastante frecuente). De hecho, esa misma humedad es la que hace que el calor veraniego isleño sea bastante más insoportable.

Por suerte, este argumento parecía convencer a mis interlocutores, porque todos hemos podido notar alguna vez que tanto la sensación de frío como la de calor se incrementa con la humedad. La pregunta es: ¿por qué?

*Mira, te puedes ahorrar el capítulo, porque te puedo responder ahora mismo: el agua tiene una conductividad térmica mayor que el aire, así que, cuando hay mucha humedad, el agua que hay en el ambiente nos roba o nos transmite calor a un ritmo más elevado que el aire seco. Como resultado, parece que hace más frío o más calor de lo que el termómetro sugiere. Punto final.*

Pues, mira, la explicación parece muy lógica a primera vista y mucha gente asume que es cierta..., pero no lo es, porque, por suerte, la verdadera respuesta es más complicada.

*Conociendo tu tendencia a irte por las ramas, yo diría «por desgracia».*

Bueno, como estamos llegando al final del libro, intentaré que la explicación sea más llevadera, *voz cursiva*. Empecemos viendo por qué el aire húmedo nos hace sentir más calor, que es el caso más sencillo.

Nuestros cuerpos se deshacen del calor que les sobra a través del sudor: nuestra piel expulsa agua caliente y esta se evapora, llevándose consigo el calor. Este mecanismo tan simple es una de las habilidades que nos proporcionaba a los seres humanos una mayor ventaja cuando aún vivíamos en sociedades de cazadores recolectores, ya que, aunque la mayor parte de los animales salvajes son más rápidos que nosotros en distancias cortas, sus cuerpos se sobrecalientan enseguida porque no tienen una manera eficiente de regular su temperatura corporal, así que la fatiga los consume rápidamente. En cambio, pese a nuestra lentitud, el sudor nos permitía perseguir a estos animales más rápidos a lo largo de grandes distancias hasta que cayeran agotados. O sea, que, aunque en el contexto histórico actual el sudor sea algo desagradable, se trata de una de las características que nos han permitido a los humanos llegar a la cima de la pirámide alimenticia.

*No estarás intentando glorificar el sudor porque sudas mucho, ¿no?*

Eh... Cambiando de tema, el verdadero motivo por el que los días húmedos parecen más calurosos que los secos es que el ritmo al que se evapora el agua disminuye cuando hay mucha humedad, así que a nuestro cuerpo le cuesta mucho más deshacerse de esa energía sobrante.

*Ah, sí, ahora que lo dices, creo que había oído algo al respecto. El motivo por el que el ritmo al que se evapora el sudor disminuye cuando hay mucha humedad es que el aire no es capaz de absorber más agua, porque está saturado, ¿verdad?*

No del todo, *voz cursiva*. Es cierto que este fenómeno se suele intentar explicar utilizando argumentos como que el agua se «disuelve» en el aire o que el aire la absorbe como una esponja hasta que ya no cabe más, pero ese razonamiento no es correcto, porque, en realidad, hay tanto espacio vacío entre las moléculas de los diferentes gases que componen la atmósfera que estos no tienen ningún efecto sobre la cantidad de vapor de agua que «cabe» entre ellas. Dicho de otra forma: cada gas de la mezcla va a su bola, y responde a los cambios de presión y de temperatura a su manera, sin afectar a los demás.

Para entender mejor a qué me refiero, levantemos la vista a las nubes: se suele decir que las nubes se forman cuando la temperatura del aire disminuye y su capacidad para «cargar» agua se reduce, de modo que todas las moléculas de agua que «sobran» se empiezan a condensar y forman gotas, igual que una sal que se precipita y forma cristales cuando la temperatura del líquido saturado en la que está disuelta disminuye. Pero, de nuevo, esta lógica no se puede aplicar a las nubes, porque el vapor de agua no está disuelto en el aire y el resto de los gases de la atmósfera no tienen ningún efecto sobre las moléculas de esta sustancia.

En realidad, aunque es cierto que las nubes se forman cuando una masa de aire caliente asciende hacia una región más fría de la atmósfera, las moléculas de vapor de agua se condensan y forman gotas de agua líquida porque la velocidad a la que se mueven disminuye cuando se enfrían, y eso permite que se unan entre ellas con más facilidad y formen masas más grandes. O sea, que, si elimináramos todos los demás gases de esa masa de aire ascendente y nos quedáramos solo con el vapor de agua, esta sustancia se seguiría condensando y formando nubes de todas maneras cuando se enfriara (asumiendo que la presión y la temperatura no cambiaran, claro), porque se trata de un proceso que no depende de lo que hagan los demás gases.

Es posible que esta idea de que el aire «absorbe» el agua cuando está caliente y la libera cuando se enfría provenga del hecho de que el nitrógeno, el oxígeno y el resto de los gases atmosféricos no sufren ningún cambio aparente cuando se enfrían, mientras que el agua se evapora y se condensa. Pero, en realidad, estos otros gases no sufren cambios aparentes en nuestra vida diaria porque solo se condensan si están sometidos a temperaturas extremadamente bajas.

*Humm... De verdad te quiero creer, pero entonces, ¿por qué la humedad se expresa con un porcentaje? ¿Una humedad del cien por cien no significa que en el aire ya no cabe más agua?*

No exactamente, *voz cursiva*. La magnitud a la que te refieres es lo que se llama *humedad relativa*, y refleja la relación que hay entre la presión del vapor de agua del entorno y la presión de vapor del agua a una temperatura determinada.

*Me está costando leer esta frase, y no sé si es porque te ha dado un jamacuco mientras la escribías o porque me he perdido algo.*

No, no, todo está en orden. En la frase anterior he mencionado dos conceptos diferentes: la presión a la que se encuentra el vapor de agua que hay en el ambiente (la *presión del vapor*) y la llamada *presión de vapor* del agua líquida a la temperatura que haya en ese momento, que es el concepto del que he hablado en el capítulo 7 y que permite que el agua empiece a hervir.

Dicho de otra manera, la humedad relativa refleja la proporción de moléculas de agua líquida que se están evaporando en un lugar concreto respecto a la proporción de moléculas de vapor de agua que se condensan. Por ejemplo, si la humedad relativa es cero, eso significa que toda el agua líquida que hay en nuestro entorno se está evaporando, pero que no hay vapor de agua condensándose. A medida que la humedad relativa aumenta, el agua de nuestro entorno se sigue evaporando, pero la fracción de moléculas de vapor de agua que se están convirtiendo de nuevo en líquido es cada vez mayor, así que el ritmo neto de la evaporación disminuye. Cuando la humedad relativa llega al cien por cien, se habrá alcanzado una situación de equilibrio en la que hay tantas moléculas de agua líquida evaporándose como vapor de agua condensándose.

Este es el motivo por el que la humedad relativa del aire puede superar el cien por cien sin problemas: cuando esto ocurre, simplemente nos encontramos en una situación en la que en el ambiente hay más vapor de agua condensándose que agua líquida evaporándose.[1] En la naturaleza, como la atmósfera está llena de pequeñas partículas de polvo, humo y sal a las que las moléculas de agua se pueden pegar e iniciar la formación de gotas de agua con facilidad, las nubes se suelen empezar a formar cuando el aire alcanza una humedad relativa de entre el 101 % y el 102 %, pero se pueden alcanzar valores más altos en el laboratorio si se utilizan agua y aire muy puros y recipientes muy lisos.

*Vale, un momento, a ver si lo he entendido. Con esto me quieres decir que, si dejo un vaso de agua al aire libre un día en el que la humedad es del cien por cien, el nivel del agua no cambiará porque habrá tantas moléculas de agua evaporándose de su superficie como volviendo a condensarse sobre ella, ¿no?*

Exactamente, *voz cursiva*. O, por poner un ejemplo menos forzado, la ropa tampoco se va a secar si tiendes la colada a la sombra en un día húmedo, porque habrá tanta agua condensándose sobre ella como evaporándose del tejido. Y, por supuesto, esta también es la razón por la que los días húmedos nos parecen mucho más calurosos que los secos: nuestro cuerpo se intenta deshacer del calor que le sobra a través de la evaporación del sudor, pero las moléculas de vapor de agua que hay en el aire se condensan sobre nuestra piel al mismo ritmo que el sudor se evapora, y nos transmiten el calor que generan al pasar del estado líquido al gaseoso, así que nos quedamos en las mismas, termodinámicamente hablando.

Por tanto, cuanto mayor sea la humedad del aire, mayor será la sensación de calor que experimentaremos. De ahí que exista el concepto de *temperatura de bochorno*, que precisamente existe para dar una idea de cuál es la sensación térmica que producen diferentes combinaciones de temperatura y humedad. Por ejemplo, un día en el que el aire está a 30 °C y su humedad relativa es del 80 % experimentaremos una sensación térmica de 37 °C. Como aún tenemos muchas cosas de las que hablar, no pondré más ejemplos, pero dejo en las «Notas» un enlace a una tabla para que conozcas la sensación que producen diferentes combinaciones de humedad y temperatura, si tienes curiosidad.[2]

*Captado. Entonces, supongo que lo de que el aire húmedo parezca más caliente que el seco no tiene nada que ver con la conductividad térmica del vapor de agua que contiene, ¿no?*

Supones bien, *voz cursiva*. De hecho, la conductividad térmica del vapor de agua es más baja que la del aire seco, así que, técnicamente, el aire húmedo nos transmite peor el calor.[3] O sea, que, a menos que la humedad sea tan alta que se estén formando pequeñas gotas de agua en suspensión en el ambiente y vayamos por la calle mojados, la conductividad térmica del agua no influye en el bochorno que sentimos los días húmedos y calientes. En resumidas cuentas, el motivo por el que notamos más calor los días húmedos no es porque la conductividad térmica del aire aumente, sino porque todo ese vapor de agua merma la capacidad de nuestro cuerpo para deshacerse del calor que le sobra a través del sudor.

*Pero, si eso es cierto, ¿por qué notamos más frío cuando hay humedad, si el sudor no tiene nada que ver con esta sensación y el aire húmedo conduce peor el calor que el seco?*

Buena pregunta, *voz cursiva*. Aunque se han hecho experimentos para intentar cuantificar el efecto de la humedad del aire sobre la sensación de frío, la causa de esta sensación invernal tan común no está del todo clara. Por ejemplo, en un estudio, los investigadores sometieron a nueve personas desnudas a temperaturas de 9 °C y 14,5 °C y una humedad relativa del 30 % y el 80 % durante 100 minutos.[4] Para averiguar cómo reaccionaban sus cuerpos ante el frío y la humedad, se observó su respuesta fisiológica (como la intensidad con la que tiritaban) y se realizaron mediciones de su temperatura interior y exterior en intervalos regulares a lo largo del experiment...

*Un momento, ¿cómo que su temperatura «superficial» e «interior»?*

Que su temperatura se monitoreó con un termómetro normal y otro rectal, vaya. En cualquier caso, cuando el estudio finalizó, las variaciones entre la temperatura corporal de cada participante cuando la humedad era alta o baja eran tan pequeñas que no había ninguna diferencia estadística entre ambos. Es más, en otro análisis del ejército canadiense se revisó la literatura disponible sobre la relación entre el frío y la humedad, y se llegó a la misma conclusión: parece que el vapor de agua del aire no es el responsable *directo* de que sintamos más frío los días de invierno húmedos.[5]

O sea, que, a primera vista, estas pruebas parecen indicar que la humedad del aire no tiene ningún efecto significativo sobre nuestra temperatura corporal y que, por tanto, la sensación térmica que produce el aire frío debería ser la misma, independiente de que sea húmedo o seco.

*¡Bah! ¡No me creo nada! ¿Y qué hay de toda esa gente que está leyendo estas líneas y que juraría por su familia que siempre ha notado más frío cuando viaja a ciertos lugares húmedos? ¿Acaso los estás llamando mentirosos?*

Para nada, *voz cursiva,* a mí también me da la impresión de que el aire húmedo es más frío. Lo único que he comentado es que nuestra temperatura corporal no parece verse afectada por el grado de humedad del aire frío, pero eso no significa que no *sintamos* más frío cuando hay humedad. De hecho, existen mecanismos que nos pueden hacer sentir más frío sin que nuestra temperatura corporal se vea afectada.

Por ejemplo, se ha sugerido que los días fríos y húmedos se forman diminutas gotas de agua líquida en el aire que se posan sobre las zonas que rodean nuestros receptores nerviosos. Como la conductividad térmica del agua líquida sí que es mayor que la del aire, estas diminutas gotas de agua incrementarían la sensación de frío. Otra posible explicación a este fenómeno es que, al contrario de lo que ocurre en los experimentos que he citado, la mayor parte de la gente no sale desnuda a la calle cuando la temperatura es baja (ni cuando hace calor). En este caso, esas mismas gotas de agua diminutas se podrían estar colando en nuestra ropa, impregnando el tejido, incrementando su conductividad térmica y facilitando la pérdida de calor del cuerpo.

Por tanto, la moraleja del asunto es que, aunque el aire húmedo nos hace sentir más frío, curiosamente, no reduce nuestra temperatura corporal en una medida mucho mayor que el aire seco. Ahora bien, existe otro factor que sí afecta tanto a nuestra sensación de frío y a la temperatura de nuestro cuerpo que puede llegar a ser peligroso: el viento.

En el capítulo anterior he comentado que el calor se transmite de los objetos calientes a los fríos a través de las colisiones que se dan entre sus moléculas, así que, si nuestra temperatura corporal es de 36 °C y unos investigadores nos meten desnudos en una cámara que está a 5 °C, las moléculas de la superficie de nuestra piel colisionarán con las de gas que están en contacto con ellas y que se mueven más despacio. Cada una de estas colisiones incrementará la velocidad de las moléculas de aire, pero la de nuestras moléculas se reducirá, y, por tanto, nuestra temperatura corporal irá bajando.

Si nuestros cuerpos no produjeran calor propio, como ocurre con un objeto inanimado, como una placa de metal o un listón de madera, entonces las colisiones de las moléculas de aire continuarían enfriándonos hasta que nuestra temperatura corporal se igualara con la de la atmósfera, pero, por suerte, una de las ventajas que tiene estar vivo y ser un mamífero es que nuestro cuerpo genera calor constantemente, por lo que, aunque el aire que nos rodea nos esté robando calor todo el rato, somos capaces de «reponer» ese calor y mantener nuestra temperatura estable durante décadas.

*¿Me quieres decir que, en realidad, el aire que nos rodea nos está intentando matar durante las veinticuatro horas del día?*

Pues sí, *voz cursiva,* casi parece que la naturaleza odie a los seres vivos, especialmente a los que viven en climas fríos, porque el riesgo de que nuestra temperatura corporal baje hasta superar niveles peligrosos se incrementa cuanto menor es la temperatura del aire: cuanto más frío haga, más rápido perderemos calor y más le costará a nuestro cuerpo mantener el ritmo de producción de energía necesaria para que nuestra temperatura se mantenga en un nivel compatible con la vida... Y si, encima, el viento empieza a soplar, las cosas empeoran aún más.

El viento incrementa la velocidad a la que nos enfriamos por varios motivos. Por un lado, el ritmo al que el aire que nos rodea le «roba» el calor a nuestro cuerpo depende tanto de la temperatura del gas como de la cantidad de moléculas que colisionan con nuestra piel en un momento dado, así que, si el viento empieza a soplar, la cantidad de moléculas de gas que impactan con nuestra piel cada segundo se incrementará, y nuestra temperatura corporal disminuirá más deprisa. Por otro lado, la corriente de aire aleja de nosotros las moléculas de gas caliente que rodean nuestra piel y permite que un flujo renovado de moléculas frías choque con ella de forma constante. Y, por último, el viento favorece la evaporación de la humedad de la piel, llevándose consigo su calor.

Por tanto, como el viento realmente acelera el ritmo al que perdemos calor, se puede calcular de manera aproximada cuánto se incrementa la sensación de frío en función de la velocidad con la que sopla el aire y su temperatura. Por ejemplo, un viento de cincuenta kilómetros por hora provoca que la sensación térmica sea de –8 °C cuando la temperatura es de cero grados. De nuevo, en las «Notas» incluyo el enlace a una tabla con muchos más valores.[6]

Como puedes imaginar, la velocidad del viento también reduce el tiempo que podemos sobrevivir a la intemperie en situaciones de frío extremo. En la tabla que acabo de mencionar, aparece representado el tiempo que tardan nuestras extremidades en congelarse en función de la temperatura y la velocidad del viento, pero, para que te hagas una idea, una ráfaga de viento de solo 16 kilómetros por hora puede reducir ese periodo a menos de 30 minutos y proporcionar una sensación térmica inferior a −30 °C cuando la temperatura ronda los −20 °C. A −25 °C, una corriente de aire de 80 kilómetros por hora producirá sensaciones térmicas inferiores a −50 °C, y reducirá el tiempo de congelación de nuestras extremidades a menos de 5 minutos. Por supuesto, estas cifras no son absolutas y pueden variar según la edad de una persona, cómo vaya vestida, su porcentaje de grasa corporal o incluso su tamaño, pero reflejan la gran influencia que tiene el viento sobre la sensación térmica.

De hecho, el tamaño influye de manera bastante curiosa en el ritmo al que un organismo pierde su calor corporal, porque, como hemos visto en el capítulo 10, un cuerpo pequeño tiene una superficie mucho mayor en proporción con uno grande. Como resultado, un organismo de menor tamaño no solo tendrá una superficie de contacto proporcionalmente mayor con el aire frío que uno grande, sino que, además, también irradiará su calor en forma de radiación infrarroja a través de un área más amplia (de este proceso hablaré con más detalle en el siguiente capítulo).

Teniendo esto en cuenta, no es de extrañar que un bebé tenga un mayor riesgo de sufrir hipotermia que un adulto, y que los animales de sangre caliente más pequeños tengan que producir energía a un ritmo extremadamente elevado para compensar todo el calor que disipan constantemente a su entorno. Por ejemplo, el corazón de un ser humano adulto late entre cincuenta y cien veces por minuto cuando está en reposo, pero el ritmo cardiaco de los mamíferos más pequeños conocidos, las musarañas de la especie *Suncus etruscus,* que pesan entre 1,8 y 3 gramos, ronda las 1.200 pulsaciones por minuto en la misma situación. Este ritmo metabólico tan frenético permite a estos animales generar suficiente calor para mantener su temperatura corporal en el rango compatible con la vida, pero, para poder sostenerlo, cada día tienen que consumir entre 1,5 y 2 veces su propio peso en comida.

En el otro extremo de la balanza metabólica tenemos a los elefantes, unos animales con un corazón que late 30 veces por minuto y que «solo» necesitan consumir entre 100 y 300 kilos de comida al día... Lo que no es mucho, proporcionalmente, si consideramos que los elefantes pesan varias toneladas. Y, en gran medida, esta eficiencia energética se debe a que estos animales retienen su calor con facilidad, porque tienen una superficie muy pequeña en relación con su gran tamaño.

*Muy curioso, sí, pero ya te has ido por las ramas. Creo que hablo en nombre de todos nuestros lectores si te digo que, después de todo lo que has dicho, quiero saber qué pasaría si la temperatura de mi hipotético cuerpo bajara demasiado, y cómo podría remediarlo.*

Pues la verdad es que no sé cuál es la temperatura corporal a la que una *voz cursiva* empieza a mostrar síntomas de hipotermia, pero la cifra ronda los 35 °C en el caso de los seres humanos. A medida que nuestra temperatura baje, empezaremos a tiritar, nuestro ritmo cardiaco se acelerará, los vasos sanguíneos se contraerán y podremos llegar a experimentar episodios de confusión, pérdida de coordinación y alteraciones en el habla.

Curiosamente, los estados más avanzados de hipotermia pueden producir síntomas tan poco intuitivos como la *desnudez paradójica*, llamada así porque la persona afectada siente la urgencia de quitarse la ropa, aunque su temperatura corporal sea muy baja. No se conoce la causa exacta de este comportamiento paradójico, pero se cree que el frío extremo puede confundir a la región del cerebro que procesa la temperatura o producir la dilatación repentina de los vasos sanguíneos, lo que permite que la sangre pase repentinamente a las extremidades y produzca una falsa sensación de calor sofocante. En esta situación, la gente también tiende a adoptar otro comportamiento instintivo que consiste en buscar un espacio cerrado en el que refugiarse y ponerse en posición fetal, en un intento desesperado por preservar el calor.[7]

*Qué mal rollo... ¿Y qué hacemos si encontramos a alguien al borde de la hipotermia?*

Pues es bastante sencillo: llamar a los servicios sanitarios y darle calor hasta que lleguen. Se le pueden dar bebidas calientes, envolverla en mantas térmicas o, si no se tienen, proporcionarles botellas llenas de agua caliente que se puedan colocar bajo las axilas o entre las piernas. Si no queda otro remedio o hay suficiente confianza, también podemos proporcionarle calor a la persona afectada con nuestro propio cuerpo. Las probabilidades de que la persona sobreviva disminuirán cuanto más baje su temperatura corporal y más tiempo pase sin recibir atención médica. En los casos más graves, cuando el cuerpo de la víctima baja de 28 °C, la mortalidad es muy alta.

*Vaya... ¿Y no existen casos de gente que, contra todo pronóstico, haya sobrevivido a situaciones extremas de hipotermia?*

Los hay, *voz cursiva,* los hay. Por ejemplo, en 1999, una radióloga llamada Anna Bågenholm sufrió un accidente mientras esquiaba y pasó ochenta minutos sumergida bajo el hielo de un riachuelo. Aunque Bågenholm pudo evitar el ahogamiento entrando en una burbuja de aire que encontró bajo el hielo, su cuerpo estaba a 13,7 °C cuando consiguieron rescatarla, la segunda temperatura corporal más baja que jamás se ha registrado. Bågenholm fue trasladada al hospital en un estado de hipotermia profunda, y su sistema circulatorio se conectó a una máquina que calentaba su sangre antes de devolvérsela a las venas para incrementar su temperatura corporal. Cuatro horas después, su temperatura había vuelto a la normalidad, pero, aun así, tardó diez días en despertarse. Cuando volvió en sí, estaba paralizada de cuello para abajo, y fue recuperando sus funciones motoras a lo largo de los siguientes dos meses que pasó en la unidad de cuidados intensivos.

*¡Qué barbaridad! ¿Y me estás diciendo que este es el «segundo» caso de hipotermia más extremo que se conoce? ¿Cuál fue el primero?*

En principio sí, *voz cursiva.* Al parecer, una niña de siete años llamada Stella Berndtsson sobrevivió tras experimentar una temperatura corporal de solo 13 °C en 2010. No encuentro ninguna referencia de este «récord», más allá de una especie de nota de prensa de un hospital sueco,[8] así que no me atrevo a afirmar que esa sea la temperatura corporal más baja que se ha registrado.

De todos modos, el caso más estremecedor que he encontrado en este campo es el de Anne Greene, una mujer que vivió en Oxford en el siglo XVII y que fue condenada a ser ejecutada en la horca, acusada de haber cometido un infanticidio. Lo que había ocurrido en realidad es que había dado a luz a un bebé muerto tras ser violada por el nieto de su señor, y, temiendo las represalias, lo había intentado ocultar, pero, cuando lo encontraron, la culparon de haberlo matado. Anne fue ahorcada el 14 de diciembre de 1650, y, por su propia petición, algunos de sus amigos intentaron asegurarse de que tenía una muerte rápida colgándose de sus piernas. Cuando la ejecución terminó, su cuerpo fue donado a los estudiantes de medicina de la Universidad de Oxford para sus prácticas de disección... Pero, al día siguiente, cuando estaban a punto de prepararla, se dieron cuenta de que Anne aún tenía pulso y respiraba con debilidad, a pesar de lo fría que estaba.

Por suerte, los médicos consiguieron que Anne recuperara su temperatura corporal vertiéndole un mejunje «medicinal» caliente en la garganta, frotando sus extremidades con fuerza, practicándole sangrías, aplicándole cataplasmas calientes e introduciéndole enemas de humo de tabaco.[9] Vaya por delante que yo no soy médico, pero, aun así, me atrevería a afirmar que alguna de esas medidas no era *absolutamente* necesaria.

Sea como sea, el caso es que Anne sobrevivió a la ejecución, y la gente interpretó que Dios había intervenido para salvarla porque era inocente y su condena había sido injusta. Como resultado, los tribunales dieron su crimen por perdonado y Anne pudo continuar viviendo su vida con libertad... O, mejor dicho, con la poca libertad que le permitía la época.

*Uf... Pues, mira, menos mal que la intervención divina siempre está ahí para echarle un cable a esa pobre gente con hipotermia.*

La mano de Dios no tuvo nada que ver en estos casos, *voz cursiva*. En realidad, lo que incrementó las probabilidades de sobrevivir de estas mujeres fue el mismo frío que produjo su hipotermia, porque, cuando la temperatura de nuestro cuerpo baja, también lo hacen nuestro ritmo metabólico y la cantidad de oxígeno que necesitamos para mantenernos con vida. Hasta cierto punto, este detalle protege a las víctimas de hipotermia de los daños cerebrales letales o irreversibles que una persona con una temperatura corporal normal experimentaría después de pasar unos pocos minutos sin oxígeno, de manera que alarga el tiempo que pueden aguantar sin recibir tratamiento antes de que empiecen a sufrir secuelas graves. Y eso es precisamente lo que ocurrió en el caso de estas mujeres: pese a que sus constantes vitales eran muy débiles y pasaron mucho tiempo con bajos niveles de oxígeno, pudieron permanecer con vida gracias a la disminución de su ritmo metabólico.

De hecho, mientras leía sobre el caso de Anna Bågenholm, me ha llamado la atención que se mencionara que su caso es uno de los más graves de hipotermia *accidental*. En un primer momento me ha extrañado este matiz, porque no imaginaba por qué alguien se iba a someter a la hipotermia de forma voluntaria, pero, al parecer, durante algunas intervenciones médicas se reduce la temperatura corporal de los pacientes de forma deliberada para protegerlos de los daños por la falta de oxígeno, como ocurre en algunas operaciones de corazón.

*Desde luego, no vas a conquistar el nicho de mercado de los hipocondriacos con este libro.*

No, desde luego que no... Y lo digo como hipocondriaco. Pero, por suerte, la mayor parte de los habitantes de la Tierra podemos respirar tranquilos, porque el riesgo de sufrir hipotermia es bastante bajo en la mayor parte de los lugares habitados del planeta.

*¿Cómo que «los habitantes de la Tierra»? ¿Estás sugiriendo que no podríamos respirar tan tranquilos si viviéramos en otros planetas?*

Qué pregunta más oportuna, *voz cursiva*.

# CAPÍTULO
# 25

### ¿Qué le pasaría a un astronauta si se quitara el casco en el espacio exterior?

Te propongo una manera fácil de ganar dinero. Convence a tus amigos para ver una película de ciencia ficción aleatoria, de temática espacial, y diles que estás dispuesto a apostar dinero a que, en algún punto de la trama, un astronauta perderá el casco en el espacio y su cabeza se hinchará y explotará, o se congelará de manera casi instantánea. Si, por el motivo que sea, alguien aceptara tu apuesta en lugar de mirarte con cara rara y pedirte que, por favor, no le dirijas la palabra en una temporada, entonces probablemente ganarás un dinerillo.

*¡Qué buena idea! ¡Esa es una de las ventajas de saber un poco sobre ciencia, que estás al tanto de lo que ocurre en este tipo de situaciones que solo se dan en las películas!*

¿Qué?... ¡No, no, *voz cursiva*! He propuesto esta apuesta porque es un estereotipo clásico de las películas de ciencia ficción, no porque se ajuste lo más remotamente a la realidad. Siento decepcionarte, pero, en la vida real, si un astronauta se quitara el casco, ni le explotaría la cabeza, ni se congelaría de inmediato.

*No sé qué clase de lectores te piensas que tienes, pero a mí esta noticia me alegra, no me decepciona.*

Tienes razón, *voz cursiva*; me he acostumbrado a pedir perdón por inercia cada vez que desmiento una fantasía poco realista de Hollywood. En cualquier caso, el objetivo de este capítulo es explicar por qué la exposición al vacío no nos mata de manera tan inmediata como sugieren las películas... Y que incluso existe la posibilidad de quitarse el casco de astronauta en el espacio y vivir para contarlo.

En primer lugar, la idea de que a un astronauta le explote la cabeza al quitarse el casco *parece* tener alguna verosimilitud a primera vista, porque, como hemos visto en el capítulo 6, eso es precisamente lo que les ocurre a los globos cuando ascienden por la atmósfera: a medida que la presión del aire que los rodea disminuye, el gas que contienen se va expandiendo hasta que su envoltura revienta. Pero, claro, los seres humanos y los globos tenemos algunas diferencias, entre las que se encuentran un cráneo que no está completamente lleno de aire y unas paredes que no están hechas de mallas elásticas, sino de hueso rígido. Por tanto, ni el relleno de nuestros cráneos ni su estructura son los adecuados para que nuestro cráneo se hinche y explote si nos exponemos directamente al vacío del espacio.

*Bueno, sí, eso tiene sentido. ¿Pero qué pasaría con los órganos que sí están llenos de aire, como los pulmones? ¿No podrían llegar a explotar por la diferencia de presión?*

Buena pregunta, *voz cursiva*. Un recipiente cerrado lleno de aire puede llegar a explotar al exponerlo al vacío si sus paredes son lo bastante débiles como para ceder al empuje de la presión de su interior, pero nuestros pulmones están rodeados por las costillas, los músculos de la caja torácica y la piel, así que si nos expusiéramos al vacío a cuerpo desnudo, el aire a presión atmosférica que contienen no empujaría las paredes pulmonares con bastante fuerza como para sobreponerse a la resistencia de todos estos tejidos y romperlos. Ahora bien, como habrás notado, nuestros pulmones están conectados con el mundo exterior a través de nuestra laringe y la boca.

*¡Ya veo por dónde vas! ¡En cuanto nos quitáramos el casco, el vacío del espacio succionaría el aire de nuestros pulmones como si nuestra laringe fuera una pajita hecha de carne!*

Qué analogía más desagradable, *voz cursiva*. Aunque, sí, tienes razón: el aire saldría disparado de nuestros pulmones en cuanto nos quitáramos el casco en el espacio. Pero, ojo, que esto no ocurriría porque el vacío «chupe» el aire de nuestros pulmones, ya que el vacío en sí no produce ninguna fuerza de succión. En realidad, lo que forzaría las moléculas del aire a toda velocidad a través de nuestra laringe sería la propia expansión del aire.

*Creo que no termino de seguirte.*

Este fenómeno se puede explicar con un experimento más cotidiano que puedes realizar por tu cuenta: si llenamos de aire una botella de plástico al nivel del mar, la cerramos y subimos por una montaña de varios miles de metros de altura, la botella se irá hinchando a medida que nos acerquemos a la cima. Esto ocurre porque la presión del aire que contiene la botella es más alta que la que encontramos en alturas superiores, así que, a medida que ascendemos, la presión a su alrededor disminuye, y el plástico va cediendo ante la fuerza del aire, que empuja la botella desde dentro. O sea, que la baja presión atmosférica que hay a gran altitud no habrá «tirado» de las paredes de la botella hacia fuera, sino que será la fuerza interna de la botella la que habrá empujado desde dentro (igual que ocurre con los globos de helio mientras ascienden).

Además, si hacemos un agujero en la botella en la cima de la montaña, el aire escapará rápidamente al exterior, y el recipiente de plástico se deshinchará. Pero, de nuevo, esto no ocurrirá porque la menor presión atmosférica del entorno haya «succionado» esas moléculas de aire, sino porque la propia fuerza que ejerce el aire en el interior de la botella las habrá empujado al exterior. Y, por supuesto, el flujo de aire se detendrá en cuanto la presión en el interior de la botella se iguale con la de la atmósfera que la rodea.

---

Es más, este fenómeno me recuerda a otro cliché que es bastante recurrente en las películas de Hollywood: alguien dispara una bala contra una de las paredes de un avión en pleno vuelo, y abre un agujero que se expande rápidamente y succiona a varios pasajeros hacia el exterior. A primera vista, podría parecer que esta escena tiene cierta verosimilitud porque, al abrir un agujero en el fuselaje, el aire a alta presión de la cabina saldrá a toda velocidad hacia la atmósfera a menor presión que rodea la aeronave...

*... Pero eso no es más que otra exageración de Hollywood, ¿verdad?*

Sí, sí, no te preocupes. Si el agujero es pequeño, el aire que hay dentro del avión saldrá rápidamente a través de él, produciendo una corriente que tal vez tendrá la fuerza suficiente como para levantar algunos papeles, pero poco más. En cuanto la presión de la cabina se iguale con el exterior, esa corriente se detendrá, y lo único que quedará será un simple agujero ventoso y molesto.[1] Aun así, eso no significa que un agujero en el fuselaje de un avión no pueda arrastrar a una persona al exterior... Pero tiene que ser enorme, como podrás imaginar.

Un ejemplo es el vuelo 243 de Aloha Airlines que operaba entre Hilo y Honolulu en 1988, en Hawái. Este avión sufrió una descompresión explosiva durante un vuelo que arrancó una sección de 5,6 metros de longitud del techo de manera instantánea, y la corriente de aire que escapó del avión a través de este agujero tenía tanta fuerza que arrastró a una de las azafatas al exterior. Su cuerpo nunca se encontró. El resto de los ocupantes estaban sentados con el cinturón abrochado y no hubo que lamentar más víctimas, aunque decenas de pasajeros sufrieron heridas de diferente consideración, y fueron atendidos tras el aterrizaje de emergencia.[2]

*¡Ostras!... Entonces los cinturones de seguridad de los aviones sí que sirven para algo.*

Por supuesto, *voz cursiva*, aunque es cierto que este escenario en particular es muy improbable. En realidad, la función principal de los cinturones de seguridad de los aviones es protegernos de las turbulencias: si la aeronave experimenta una bajada brusca, nos podemos golpear con la cabeza contra el techo y hacernos mucho daño. Por ejemplo, desde 1980, siete personas han muerto como consecuencia de las lesiones experimentadas durante turbulencias en todo el mundo,[3] y 303 pasajeros y 221 tripulantes sufrieron lesiones a causa de ellas en Estados Unidos entre 2002 y 2017.[4] O sea, que es mejor que hagas caso a la tripulación de los aviones, porque, cuando insisten en que nos pongamos el cinturón, saben de lo que hablan.

*OK, OK. Pero ¿a qué venía todo esto?*

¡Ah, cierto! Lo de los pulmones en el vacío... Gracias, *voz cursiva*.

Si nos quitamos el casco mientras estamos en el espacio, a nuestros pulmones les ocurrirá lo mismo que a una botella de plástico agujereada llena de aire o al fuselaje perforado por la bala del malo de la película mientras vuela a gran altitud: de repente, el aire a presión que contienen se verá forzado a salir a través del agujero que lo conecta con el exterior, que, en nuestro caso, es la laringe y la boca. Esa rápida corriente de aire es un peligro, porque podría provocar lesiones en el delicado e intrincado tejido pulmonar mientras sale disparada hacia el vacío.

*¿Y si cierras la boca y aguantas la respiración para que el aire no salga?*

Eso no haría más que empeorar las cosas, *voz cursiva,* porque, aunque la expansión repentina del aire no haría que los pulmones reventasen, sí que podría ejercer suficiente presión sobre sus paredes como para dañar sus tejidos. O sea, que el primer consejo de supervivencia que debes tener en cuenta en caso de que algún día te encuentres en el espacio sin casco es que no intentes aguantar la respiración. En su lugar, hay que mantener la calma y dejar que el aire de los pulmones salga al vacío.

Ahora bien, ten en cuenta que los pulmones no son los únicos órganos de nuestro cuerpo que contienen gas que pueda expandirse y salir disparado hacia el espacio a toda velocidad a través de algún orificio. Para que te hagas una idea de a qué me refiero, en 1965 se llevó a cabo un estudio en el Manned Spaceflight Center de Houston (Texas) sobre los efectos de la exposición a vacío del espacio sobre el organismo, en el que sometieron a 126 perros a condiciones de vacío durante periodos de entre cinco segundos y tres minutos.[5] Durante las pruebas, los investigadores notaron que la rápida despresurización del ambiente no solo hacía que el gas saliera de sus pulmones, sino también de sus estómagos e intestinos gruesos, arrastrando consigo vómitos y heces por cada extremo correspondiente de los perros. Y, por si esto fuera poco, estos episodios también iban acompañados de expulsiones de orina.

*Vaya, no recuerdo haber visto esa escena en las películas.*

Creo que esa parte se la saltan porque resta bastante épica a los protagonistas, pero creo que los lectores merecían saberlo para que este fenómeno no les pille desprevenidos si alguna vez se encuentran en esta situación.

De todas maneras, parece que estas eyecciones escatológicas serían un mal menor, porque, si esos gases no escaparan durante la despresurización, su expansión podría producir una depresión cardiovascular que podría dar como resultado la inconsciencia, al hinchar nuestro tracto intestinal y desplazar el diafragma o presionar el nervio vago. Este detalle me ha parecido interesante, porque se trata de un fenómeno del que se tuvo que proteger Felix Baumgartner cuando saltó desde una altura de 39 kilómetros: aunque llevaba puesto un traje hermético que mantenía su cuerpo sometido a una presión tolerable, la baja presión del aire que lo rodeaba podía hacer que los gases del interior de su cuerpo se expandieran y le produjeran intensos dolores abdominales, así que, para prevenir este escenario, los médicos de su equipo le aconsejaron que comiera alimentos bajos en fibra antes del salto, para que su digestión no produjera demasiados gases.[6]

*Deja de quitarle épica a estas hazañas increíbles con estos detalles escatológicos, por favor te lo pido.*

Vale, ya paro, *voz cursiva*. Dejando los asuntos intestinales de lado, los investigadores del estudio de 1965 también notaron que, durante la exposición al vacío, los perros se hinchaban tanto que se quedaban inmovilizados. Aunque parte de esta hinchazón podía provenir de la expansión de los gases de su tracto intestinal, la causa principal de este fenómeno es que el agua contenida bajo la piel de estos animales se estaba convirtiendo en vapor. Este fenómeno ocurría porque, como hemos visto en el capítulo 7, el agua empieza a hervir cuando está sometida a bajas presiones, incluso aunque su temperatura sea muy inferior a los 100 ºC a los que hierve a presión atmosférica.

Pero, ojo, que esta hinchazón debida a la exposición al vacío también se ha llegado a observar en seres humanos. Por ejemplo, en 1960, el coronel Joseph Kittinger saltó tres veces desde un globo de helio durante una investigación sobre las eyecciones de emergencia a gran altura. En su último salto, en el que ascendió hasta una altura de 31 kilómetros, uno de sus guantes se despresurizó, y su mano se hinchó hasta alcanzar el doble de su tamaño original, precisamente porque el agua subcutánea de su extremidad se convirtió en vapor.

Como inciso, me parece bastante interesante cómo Kittinger describió su caída a 988 kilómetros por hora:[7]

> No hay manera de visualizar esa velocidad. [A esa altura] no hay nada en lo que te puedas fijar para comprobar a qué velocidad te mueves. No tienes percepción de la profundidad. Si vas en coche con los ojos cerrados, no tienes ni idea de la velocidad a la que te mueves. Lo mismo ocurre cuando estás en caída libre desde el espacio. No hay señales. Sabes que

vas muy rápido, pero no lo notas. No hay un viento de 988 kilómetros por hora soplando contra ti. Lo único que oía era mi propia respiración dentro del casco.

*Sí, sí, fascinante. Pero, cuando dices que «el agua contenida bajo la piel» se evapora cuando estamos expuestos al vacío, ¿te refieres a que la sangre empieza a hervir debido a la baja presión?*

No, no; el sistema circulatorio es un sistema cerrado que está presurizado, así que el agua de nuestra sangre no hervirá, aunque la presión de nuestro entorno sea muy baja. Esta hinchazón que he comentado la produce la evaporación del agua que está atrapada en los fluidos que hay entre las células. Ahora bien, aunque nuestra sangre no empezará a hervir si nos quitamos el casco en el espacio, lo que sí puede ocurrir es que parte de los gases que hay disueltos en la sangre dejen de estarlo y formen burbujas, produciendo el mismo síndrome de descompresión que experimentan los buceadores de los que he hablado en el capítulo 2.

Pero bueno, aunque la sangre no nos hervirá si nos quitamos el casco en el espacio, sí lo hará cualquier líquido corporal que esté expuesto directamente al vacío espacial, como por ejemplo la saliva de la boca. Uno de los pocos seres humanos que ha podido experimentar este curioso fenómeno en sus propias carnes es Jim LeBlanc, un ingeniero aeroespacial de la NASA que, en 1966, llevaba puesto un traje espacial de prueba en una cámara de vacío cuando, de repente, el tubo que mantenía presurizado el traje se soltó. En menos de diez segundos, el traje había perdido todo el aire, y, cuatro segundos después, la falta de oxígeno había dejado al ingeniero inconsciente. Por suerte, los responsables pudieron volver a presurizar la cámara de inmediato y se apresuraron en proporcionar oxígeno a LeBlanc. Solo veinticinco segundos tras el inicio del incidente, el ingeniero ya había vuelto en sí sin mayores consecuencias que un dolor de oído. LeBlanc afirma que lo último que recuerda antes de quedar inconsciente es «la saliva burbujeando sobre la lengua», pero, curiosamente, si su exposición al vacío hubiera sido más prolongada, esa saliva hubiera hervido hasta quedarse congelada.[8]

*¿Cómo que «hervir hasta congelarse»? ¿En qué mundo absurdo ocurre eso?*

**347**

En el nuestro, *voz cursiva,* porque, como hemos visto, una masa de agua que se encuentre a cualquier temperatura contendrá moléculas que se mueven a distintas velocidades. En cuanto la presión baja, las moléculas más rápidas (calientes) del agua van escapando de la masa hasta que solo quedan atrás las más lentas de todas, las que se mueven tan despacio que se pueden unir entre ellas y formar una estructura rígida, o hielo, que es lo mismo. De hecho, este fenómeno también se observó en el estudio de los perros y la cámara de vacío: «Mientras estaban en condiciones de baja presión, la saliva y la orina que habían secretado se congelaron y deshidrataron parcialmente».

*Basta ya de citar el estudio de los perros en el vacío, ¿no? En cualquier caso, aunque ya hemos visto que nuestra cabeza no explotará si nos quitamos el casco en el espacio, este dato demuestra que Hollywood acertó con lo de que nos congelaríamos rápidamente.*

Bueno, a ver, es cierto que, en esta situación, nos enfriaríamos hasta congelarnos si estuviéramos muy lejos del Sol… Pero, desde luego, no sería un proceso tan inmediato como sugieren las películas.

En los capítulos anteriores hemos visto que el calor se transmite de unos objetos a otros a través del choque de sus moléculas. Por ejemplo, si nos zambullimos en una piscina de agua fría, la temperatura de nuestro cuerpo bajará rápidamente porque las moléculas de nuestra piel transmitirán su movimiento a los trillones de moléculas de agua que chocan con ellas todo el rato. No lo he mencionado hasta ahora, pero este proceso de transmisión de calor por el contacto directo se llama *conducción*. De hecho, al calentarse, el agua caliente que nos rodea ascenderá hacia la superficie porque tiene una menor densidad, y otras moléculas más frías ocuparán su lugar, listas para robar aún más calor a nuestros cuerpos. Este otro mecanismo se llama *convección*.

Pero, claro, el calor no se puede transmitir por convección o conducción en el vacío del espacio, porque contiene solo unos pocos átomos por centímetro cúbico. Por tanto, por muy alta o baja que sea la temperatura de estos pocos átomos, o, lo que es lo mismo, por muy rápido o despacio que choquen con nosotros, no serán capaces de cambiar la temperatura de nuestro cuerpo.

*Ostras, entonces, ¿en el espacio mantenemos nuestra temperatura corporal para siempre sin enfriarnos?*

Pues no, *voz cursiva*, porque existe otro mecanismo que puede enfriar y calentar las cosas sin necesidad de que sus moléculas entren en contacto con otras: la *radiación*.

Si eres la típica persona que no puede parar de toquetear el fuego en las barbacoas, habrás notado que se puede sentir la presión del calor sobre la piel incluso cuando estás alejado de las llamas (en realidad, no hace falta que te pongas a encender hogueras para hacer este «experimento», porque notarás la misma sensación frente a un radiador). Pero este fenómeno podría parecer un poco extraño a primera vista, porque, al fin y al cabo, el aire caliente que está en contacto con el fuego (o con el radiador) no sale proyectado hacia nosotros, sino que asciende hacia los cielos (o el techo de nuestra casa) sin rozarnos en ningún momento. Por tanto, ¿de dónde sale ese calor que notamos sobre la piel?

*Pues imagino que debe de salir de la radiación infrarroja que emiten los objetos calientes, que parece que naciste ayer.*

Exactamente, *voz cursiva*. En el capítulo 20 hemos visto que el Sol emite diferentes formas de radiación electromagnética porque los átomos de su superficie vibran a velocidades diferentes, de manera que los más rápidos emiten radiación ultravioleta y visible, mientras que los más lentos producen luz infrarroja. Pues bien, en realidad, cualquier objeto emitirá radiación electromagnética de distintas longitudes de onda si su temperatura se encuentra por encima de los $-273{,}15$ °C.

*No lo entiendo; ¿qué tiene de especial esa cifra?*

Que se trata de la temperatura más baja posible, la que se corresponde con el momento en que los átomos o moléculas están completamente quietos. En cualquier caso, lo que quiero decir es que todos los objetos que nos rodean en nuestro día a día generan algún tipo de radiación electromagnética porque sus átomos no están completamente quietos... Y eso incluye nuestros propios cuerpos, claro. Como, por suerte, nuestra temperatura corporal ronda los 36 °C, la radiación que emitimos está en el rango infrarrojo del espectro electromagnético.

*Vaya, qué casualidad, ¿ahora resulta que esa supuesta luz que supuestamente emiten nuestros cuerpos es radiación infrarroja supuestamente invisible?*

Pues sí, *voz cursiva,* así es. Si no me crees, ten en cuenta que esta radiación infrarroja invisible al ojo humano que emitimos tanto nosotros como el resto de los cuerpos de nuestro entorno es precisamente la que detectan las cámaras de visión nocturna para captar imágenes en total oscuridad, pese a que no haya luz visible rebotando por el ambiente.

En cualquier caso, una cosa que aún no había comentado es que esta emisión constante de luz infrarroja hace que los átomos vayan perdiendo energía lentamente y se enfríen, ya que cada vez se mueven más despacio. Y este detalle es importante, porque, aunque en el vacío del espacio no hay suficiente materia como para calentar las cosas por contacto directo, cualquier objeto que se encuentre en él se irá enfriando a través de la emisión de calor a su entorno en forma de radiación infrarroja.

Ahora bien, la velocidad a la que bajará la temperatura de ese objeto dependerá de la región concreta del espacio en la que se encuentre. Por ejemplo, nos conviene recordar que en el centro de nuestro sistema solar se encuentra el Sol, una descomunal barbacoa de plasma de 1,4 millones de kilómetros de diámetro que emite cantidades ingentes de radiación infrarroja al espacio de manera incesante. Y, como hemos visto en el capítulo 22, este tipo de radiación también es capaz de sacudir y calentar los átomos cuando incide sobre ellos. O sea, que el ritmo al que un astronauta se enfriará en el vacío dependerá de lo lejos de nuestra estrella que se encuentre. De hecho, si ese astronauta está cerca de la Tierra, a 150 millones de kilómetros del Sol, la radiación solar será lo bastante intensa como para calentar las partes iluminadas de su cara descubierta hasta unos 120 ºC.[9]

*¡¿Qué?! ¡Entonces nos tostaríamos enteros si nos quitáramos el casco en el espacio! ¡Lo contrario de lo que dicen las películas!*

No te precipites, *voz cursiva,* que aún nos quedan otros matices por considerar. Por ejemplo, hay que tener en cuenta que el Sol solo calentaría las partes del astronauta que estuvieran iluminadas, así que, aunque la cara del astronauta del ejemplo anterior alcanzaría los 120 ºC, su cogote se seguiría enfriando, porque, al no estar iluminado, seguiría perdiendo energía a través de la emisión de radiación infrarroja.

**LUZ SOLAR**

**LUZ INFRARROJA**

La cara iluminada del astronauta se calienta

La cara ensombrecida se enfría por la emisión de radiación infrarroja

Por tanto, un astronauta perdido en el espacio tendría que estar rotando para que su cuerpo entero se tostara, como si fuera una especie de pollo *a l'ast*.

*¡Qué curioso! Nunca hubiera imaginado que* a l'ast *fuera la abreviatura de* a l'astronauta.

Nunca te acostarás sin saber algo más, *voz cursiva*.

Ahora bien, aunque las partes iluminadas de nuestra piel se quemarán más deprisa cuanto más cerca estemos de nuestra estrella, si nos encontramos lo bastante lejos del Sol, irradiaremos nuestro calor corporal en forma de radiación infrarroja a un ritmo mayor del que la radiación del Sol nos puede calentar, y nos iremos enfriando, aunque el proceso no será tan rápido como sugieren las películas. Por ejemplo, los usuarios de Stack Exchange llegaron a la conclusión de que la temperatura de un cuerpo humano tardaría entre cuatro y dieciocho horas en alcanzar los cero grados necesarios para que su interior empiece a congelarse, aunque estas cifras son solo orientativas, porque se trata de un problema bastante complejo.[10]

*Entendido; los planos de los astronautas convirtiéndose en un bloque de hielo en cuanto salen al espacio no son demasiado realistas. Dejando eso de lado, ¿qué temperatura acabaría alcanzando nuestro cadáver si se quedara tirado en el espacio?*

De nuevo, depende de la distancia a la estrella más próxima. Por ejemplo, la radiación solar es casi siete veces más intensa en las inmediaciones de la órbita de Mercurio que en la de la Tierra, así que el cuerpo de un astronauta perdido en el espacio terminaría chamuscado a esta distancia del Sol. En cambio, un astronauta que flotara por el espacio interestelar (donde estaría tan alejado de cualquier estrella que se podría considerar que la intensidad de la radiación que incide sobre él es nula) continuaría irradiando calor en forma de radiación infrarroja hasta que su cuerpo alcanzara unos –270 °C, solo 2,7 °C por encima de la temperatura más baja posible. Llegados a este punto, la energía proporcionada por la radiación del fondo de microondas será lo único que impedirá que su temperatura disminuya aún más... Pero, con el paso de miles de millones de años, a medida que el universo se expanda y esta radiación omnipresente se debilite lentamente, el cuerpo del astronauta se irá acercando cada vez más a esa temperatura mínima posible de –273,15 °C.

Recapitulando, esto es lo que te ocurrirá si te quitas el casco en el espacio: el aire saldrá de tus pulmones, es probable que orines, defeques y vomites descontroladamente de manera involuntaria, te quedarás inconsciente por la rápida pérdida de oxígeno, tu cuerpo se hinchará porque el agua que hay bajo tu piel se evaporará, y, para rematar el asunto, la radiación solar tostará las partes de tu cara expuestas al Sol, y, las que no lo estén, tarde o temprano terminarán congelándose (a no ser que seas un cadáver rotatorio, en cuyo caso puede que tu temperatura termine siendo un poco más uniforme).

*Menudo panorama. Casi me gustaba más la idea de que me explotara la cabeza. ¿Y no hay alguna manera de sobrevivir a esta peliaguda situación?*

La cosa está complicada, *voz cursiva,* pero, si estamos cerca de una nave o de una estación espacial en el momento en que nos quitamos el casco, existe la posibilidad de salir con vida.

En primer lugar, hay que tener en cuenta que vamos a perder la consciencia al cabo de solo diez o veinte segundos después de que nos quitemos el casco, ya que el aire saldrá de nuestros pulmones de manera muy brusca y las condiciones de vacío acelerarán la pérdida de oxígeno a través de nuestro tejido pulmonar. Esos pocos segundos de consciencia serán muy valiosos, porque representan el tiempo que tendremos para tomar medidas que nos pueden salvar la vida, ya sea a través de la activación de algún protocolo de seguridad que nos permita volver a presurizar el traje, ya sea simplemente avisando a nuestros compañeros de la estación espacial y moviéndonos hacia un lugar en el que puedan recuperar nuestro cuerpo inconsciente con facilidad.

En cuanto perdamos el sentido, nuestros salvadores solo tendrán unos cuatro minutos para recogernos antes de que la hipoxia acabe con nosotros. Si alguien consigue agarrarnos en menos de cuatro minutos y volver a meternos en un entorno habitable, entonces lo más probable es que nos recuperemos de la experiencia sin sufrir secuelas a largo plazo. Por ejemplo, en el experimento de los perros, se descubrió que aquellos que habían estado sometidos al vacío durante menos de dos minutos sobrevivían y volvían a la normalidad tras presurizar la cámara en la que se encontraban, sin tomar ninguna otra medida adicional.

*O sea... Me estás diciendo que, si me quito el casco en el espacio, mi supervivencia depende casi por completo de que alguien me agarre y me meta en la nave en cuestión de minutos.*

Así es, *voz cursiva*.

*Pues qué bajón. Pero, bueno, al menos ya tenemos moraleja: si, por algún motivo, nos tuviéramos que quitar el casco espacial, siempre es mejor hacerlo sobre la superficie de un planeta con atmósfera.*

No creo que esa sea una buena regla, *voz cursiva*, porque no todos los planetas tienen una atmósfera tan benevolente como la de la Tierra.

Por ejemplo, incluso suponiendo que existieran trajes espaciales capaces de protegernos del clima infernal de Venus, quitarnos el casco en este planeta sería una idea terrible, porque su densa atmósfera ejercería una presión noventa veces mayor a la de la atmósfera terrestre sobre cada punto de nuestro cuerpo. A modo de comparación, la mayor presión que ha experimentado un ser humano ronda las 71 atmósferas, y se vivió durante el experimento francés Hydra 10, en el que tres buceadores llegaron a setecientos metros de profundidad. Pero, claro, para alcanzar esta profundidad, los buceadores pasaron por un largo proceso de adaptación que consistía en pasar días confinados en cámaras submarinas a diferentes profundidades para que sus cuerpos se acostumbraran gradualmente al cambio de presión, tanto en el descenso como durante el ascenso. En total, los buceadores pasaron 42 días de presurización y despresurización para realizar esta inmersión.[11]

Desconozco cuál sería el efecto exacto de aplicar las noventa atmósferas de presión de la superficie venusiana sobre nuestras cabezas de forma repentina, pero, en realidad, eso tampoco importa mucho, porque también hay que tener en cuenta que la temperatura sobre la superficie de Venus ronda los 460 °C, así que, incluso aunque la presión no nos matara instantáneamente, las temperaturas infernales de este planeta no tardarían mucho en hacerlo. Y, por si eso fuera poco, el aire estaría compuesto en un 96,5 % de dióxido de carbono, con trazas de monóxido de carbono y dióxido de azufre... Así que de poco nos serviría para respirar.

*¡Un momento! Suponiendo que pudiéramos sobrevivir a estas condiciones, ¿no notaríamos cierto olor a cerilla quemada en la atmósfera de Venus debido a la presencia del dióxido de azufre?*

Es posible, *voz cursiva,* aunque teniendo en cuenta que la concentración de dióxido de azufre que se considera inmediatamente peligrosa ronda las cien partes por millón (ppm)[12] y la del aire venusiano es de unas 150 partes por millón, es posible que el efecto irritante de este gas nos impidiera sentir ese agradable aroma.

Podría parecer que las cosas mejorarían un poco si nos quitáramos el casco en un planeta como Marte, pero, aunque seguramente no experimentaríamos una muerte tan violenta sobre este planeta, la atmósfera marciana es tan poco densa que sus efectos sobre nuestro cuerpo serían similares a los del vacío (escape del aire de los pulmones, pérdida de la consciencia, hinchamiento del cuerpo, etcétera). En este caso, la diferencia sería que la tenue atmósfera marciana probablemente nos enfriaría un poco más deprisa que el vacío, porque su atmósfera debería ser lo bastante densa como para acelerar el proceso a través de la convección y la conducción. Una vez convertidos en cadáveres, nuestro cuerpo se iría congelando y descongelando a lo largo del año, porque la superficie de Marte alcanza los 20 °C durante el verano local, por lo que sospecho que, con el tiempo, nuestros restos se irían deshidratando hasta quedar disecados.

Y, de nuevo, intentar respirar el aire marciano no nos serviría de nada, no solo porque no seríamos capaces de hinchar nuestros pulmones debido a la baja presión atmosférica, sino porque, además, la atmósfera está compuesta principalmente por dióxido de carbono con trazas de argón..., que, por cierto, son gases completamente inodoros.

*Uf, si así están las cosas, casi prefiero quitarme el casco en el espacio.*
Sí, el asunto no está como para lanzar cohetes (al espacio).

En realidad, el único mundo de nuestro sistema solar que tiene una presión atmosférica lo bastante alta como para que podamos respirar en ella es Titán, el satélite de Saturno. Pero, claro, en este caso, solo podríamos inspirar unas pocas veces, porque los –180 °C de su aire provocarían hemorragias en nuestros pulmones rápidamente. De hecho, este desagradable fenómeno ocurre a temperaturas mucho más altas en nuestro propio planeta: en 1983, los científicos de la base antártica rusa Vostok tuvieron que llevar mascarillas que les calentaban el aire antes de que lo respiraran, porque la temperatura en la zona bajó hasta los –89,2 °C. Este récord fue batido en 2018, cuando se midieron –97,8 °C en el continente congelado; esta vez, las mediciones se realizaron por satélite.[13]

Por si el frío extremo no fuera suficiente, la atmósfera de Titán está compuesta por nitrógeno e hidrógeno, además de trazas de metano, que llegan a representar el 5 % del gas al nivel de su superficie,[14] así que, incluso aunque su temperatura fuera más alta, moriríamos asfixiados por la ausencia de oxígeno en el aire.

*Y por la peste a cuesco que echaría la atmósfera con todo ese metano.*

Siento decepcionarte, *voz cursiva,* pero la atmósfera de Titán no huele a pedos. El motivo es que, aunque mucha gente piense lo contrario, el metano es un gas inodoro que, junto con el nitrógeno, el dióxido de carbono y el hidrógeno, representa el 99 % de la masa de una flatulencia que está compuesta por gases que no tienen ningún olor. En realidad, el responsable del mal olor es ese 1 % restante que está compuesto por gases menos conocidos y más pestilentes, como el sulfuro de hidrógeno, el metanotiol o el sulfuro de dimetilo.

*No sé qué clase de ente incorpóreo te piensas que soy, pero este dato no me ha decepcionado en absoluto. Es más, me reconforta saber que los futuros colonos de Titán no tendrán que soportar el desagradable tufo de una ventosidad omnipresente mientras se asfixian.*

Tienes razón, no sé por qué clase de ente incorpóreo te había tomado. Pero, bueno, teniendo en cuenta el historial de barbaridades que llevamos acumuladas a lo largo del libro, creo que este es el dato «sorprendente» más alegre con el que podemos concluir este capítulo.

# EPÍLOGO

Imagino que hay dos tipos de personas diferentes que pueden estar leyendo estas líneas, así que me gustaría terminar este libro con un mensaje personalizado para cada uno de ellos.

Si perteneces al grupo de gente que salta directamente a las últimas páginas de los libros cuando los hojea en la librería, quiero preguntarte qué puñetas esperabas encontrar al final de un libro de divulgación científica. Lo siento, pero aquí no hay ninguna trama trepidante con un final épico que te ayude a decidir si te vas a llevar el libro a casa.

A los que habéis alcanzado estas páginas de «forma legal», leyendo todos los capítulos con diligencia, simplemente os deseo que este libro haya conseguido responder a todas esas preguntas que os llevaban atormentando desde vuestra infancia o que, al menos, hayáis encontrado información que os sirva para desentrañar esas cuestiones sin resolver por vuestra cuenta. Ahora bien, si habéis llegado hasta aquí, es probable que seáis gente curiosa que hace mucho tiempo que ha notado que obtener la respuesta a una pregunta a menudo provoca que aparezcan varias preguntas nuevas. O sea, que en cuanto aparquéis este libro en la estantería, no solo es posible que hayan quedado cuestiones sin responder, sino que, además, ahora estéis atormentados por preguntas adicionales.

Pero, ojo, porque aunque eso pueda parecer frustrante, en realidad, ese tormento es positivo: al fin y al cabo, nuestro conocimiento sobre el universo ha avanzado con el paso de los siglos precisamente porque cada descubrimiento abría ante nosotros un montón de nuevas incógnitas que nos animaban a seguir investigando el mundo que nos rodea. Por tanto, aconsejo que no os desaniméis y que sigáis buscando respuestas a las preguntas que os atormentan, porque podríais llegar a encontrar preguntas que nadie se había hecho antes. Y si conseguís encontrar la respuesta, añadiréis un poco más de información a la colección de cosas que sabemos sobre el universo.

*¡Ya, claro! Tú quieres que la gente siga haciéndose preguntas para que te las envíen por correo electrónico a <jordipereyra@cienciadesofa.com> y así asegurarte de que no te quedas sin ideas para los artículos de tu blog.*

Bueno, vale, reconozco que soy un beneficiario colateral de la curiosidad del ser humano... Pero te recuerdo que tú dejarías de existir si no fuera así, *voz cursiva*.

*¡Es verdad! ¡Recuerda, lector anónimo: nunca dejes de hacerte preguntas! ¡Mantén viva la llama de la curiosidad por el bien de todos! ¡Por favor!*

# NOTAS

## 1. ¿Por qué se evaporan los charcos, aunque no hiervan?

1. <https://en.wikipedia.org/wiki/Brownian_motion#History>.
2. «Health effects of mercury exposure», Agency for Toxic Substances and Disease Registry (ATSDR), <www.atsdr.cdc.gov/mercury/docs/healtheffectsmercury.pdf>.
3. Herman Gibb y Keri Grace O'Leary, «Mercury exposure and health impacts among individuals in the artisanal and small-scale gold mining community: a comprehensive review», *Environ Health Perspect,* 122(7), julio de 2014, págs. 667-672, <www.ncbi.nlm.nih.gov/pmc/articles/PMC4080518/>.

## 2. ¿Por qué la sal desaparece cuando se disuelve?

1. Stephan Schwarz, «The case of the bottled Nobel medals», *Gamma Γ,* 150, 2008, págs. 8-13, <https://schwarzstephan.files.wordpress.com/2015/11/medals-gamma4.pdf>.
2. Wikipedia, «List of signs and symptoms of diving disorders», <https://en.wikipedia.org/wiki/List_of_signs_and_symptoms_of_diving_disorders>.
3. CIESM, «The Messinian Salinity Crisis from mega-deposits tomicrobiology – A consensus report», *CIESM Workshop Monographs,* 33, 2008, <https://www.researchgate.net/publication/284976378_The_Messinian_Salinity_Crisis_from_Megadeposits_to_Microbiology_-_A_Consensus_Report>.
4. Daniel García-Castellanos *et al.,* «Catastrophic flood of the Mediterranean after the Messinian salinity crisis», *Nature,* 442, 10 de diciembre de 2009, págs. 778-781, <https://www.nature.com/articles/nature08555>.
5. Craig R. Glenn, «Beach Sand», Return to the Ask-An-Earth-Scientist, <https://www.soest.hawaii.edu/GG/ASK/beach_sand.html>.

6. Zegers *et al.*, «Oldest gold: deformation and hydrothermal alteration in the early archean shear zone-hosted Bamboo Creek Deposit, Pilbara, Western Australia», *Economic Geology,* 97(4), 2002, págs. 757-773, <https://pubs.geoscienceworld.org/segweb/economicgeology/article-abstract/97/4/757/22204/oldest-gold-deformation-and-hydrothermal>.

## 3. ¿Por qué tienen ese olor los metales?

1. Andrea Rinaldi, «The scent of life. The exquisite complexity of the sense of smell in animals and humans», *EMBO Reports,* 8(7), julio de 2007, págs. 629-633, <https://www.ncbi.nlm.nih.gov/pmc/articles/PMC1905909/>.

2. Albrecht Mannschreck, Erwin von Angere, *J. Chem. Educ.*, «The scent of roses and beyond: molecular structures, analysis, and practical applications of odorants», 88(11), 2011, págs. 1.501-1.506, <https://pubs.acs.org/doi/pdf/10.1021/ed100629v>.

3. Elsa Velasco, «El genoma del almendro revela cómo las almendras dejaron de ser amargas y tóxicas», *La Vanguardia,* 13 de junio de 2019, <https://www.lavanguardia.com/ciencia/20190613/462854576334/genoma-almendras-amargas-dulces.html>.

4. Duan *et at.,* «Crucial role of copper in detection of metal-coordinating odorants», *Proc Natl Acad Sci USA,* 109(9), 28 de febrero de 2012, págs. 3492-3497, <https://www.ncbi.nlm.nih.gov/pmc/articles/PMC3295281/>.

5. Royal Society of Chemistry, «Organic chemistry», *J. Chem. Soc.,* Abstr., 58, 1890, págs. 20-76, <https://pubs.rsc.org/en/Content/ArticleLanding/1890/CA/ca8905800020#!divAbstract>.

6. «Ueber Thioderivate der Ketone», Baumann, E.; Fromm, E., <https://zenodo.org/record/1425557#.XL7Ic-gzZPY>.

7. Elizabeth K. Wilson, «A fantastic stink», *Chemical Engineering & News,* 81(26), 30 de junio de 2003, <http://pubs.acs.org/cen/science/8126/8126giantplant.html>.

8. «Bismuthum», *Report on the Progress of Pharmacy,* 1885, pág. 241, <https://archive.org/stream/proceedingsofame3218amer/proceedingsofame3218amer_djvu.txt>.

9. Philip Ball, «A 'metallic' smell is just body odour», *Nature,* 25 de octubre de 2006, <https://www.nature.com/news/2006/061023/full/news061023-7.html>.

## 4. ¿Por qué los plátanos son ligeramente radiactivos?

1. Roman. A. Zubarev, «Role of stable isotopes in life – Testing isotopic resonance hypothesis», *Genomics Proteomics Bioinformatics,* 9(1-2), abril de 2011, págs. 15-20, <https://www.ncbi.nlm.nih.gov/pmc/articles/PMC5054155/>.

2. Katz *et al.*, «Course of deuteriation and some physiological effects of deuterium in mice», <https://www.physiology.org/doi/abs/10.1152/ajplegacy.1962.203.5.907>.

3. «Tritium», *Encyclopedia Britannica,* <https://www.britannica.com/science/tritium>.

4. Canadian Nuclear Safety Comission, «Tritium», CNSC, diciembre de 2012, <https://nuclearsafety.gc.ca/eng/pdfs/Fact_Sheets/January-2013-Fact-Sheet-Tritium_e.pdf>.

5. *Radiation Pocket Guide,* World Nuclear Association, <http://www.world-nuclear.org/uploadedFiles/org/WNA/Publications/Nuclear_Information/pocket_guide_radiation.pdf>.

6. Ghiassi-Nejad *et al.*, «Long-term immune and cytogenetic effects of high level natural radiation on Ramsar inhabitants in Iran», *Journal of Environmental Radioactivity,* 74(1-3), 2004, págs. 107-116, <https://www.sciencedirect.com/science/article/pii/S0265931X03002947?via%3Dihub>.

7. John Matson, «Fact or fiction?: Lead can be turned into gold»,. *Scientific American,* 31 de enero de 2014, <https://www.scientificamerican.com/article/fact-or-fiction-lead-can-be-turned-into-gold/>.

8. «International team discovers element 117», *Oak Ridge National Laboratory Review,* <https://web.archive.org/web/20150923175349/http://web.ornl.gov/info/ornlreview/v43_2_10/article02.shtml>.

9. Kiona N. Smith, «The day England outlawed alchemy», *Forbes,* 13 de enero de 2018, <www.forbes.com/sites/kionasmith/2018/01/13/the-day-england-outlawed-alchemy/>.

## 5. Qué pesa más, ¿un kilo de plumas o un kilo de plomo?

1. N. Reddye Y. J. Yang, «Structure and properties of chicken feather barbs as natural protein fibers», *Polym Environ,* 15(81), 2007, <https://doi.org/10.1007/s10924-007-0054-7>.

2. Jefferson Lab., «How much of an atom is empty space?», <https://education.jlab.org/qa/how-much-of-an-atom-is-empty-space.html>.

3. «What would happen to a teaspoon of neutron star material if released on earth?», Physics Stack Exchange, respondida el 26 de marzo de 2016, <https://physics.stackexchange.com/questions/10052/what-would-happen-to-a-teaspoon-of-neutron-star-material-if-released-on-earth>.

## 6. ¿Adónde van los globos de helio?

1. «Hindenburg statistics», Airships.net, <https://www.airships.net/hindenburg/size-speed/>.

2. «Where does space begin?», AeroSpace Engineering, <https://web.archive.org/web/20151117034012/http://aerospaceengineering.aero/where-does-space-begin/>.

3. David C. Catling y Kevin J. Zahnle, «The planetary air leak», *Scientific American*, 300(5), junio de 2009, págs. 36-43, <http://faculty.washington.edu/dcatling/Catling2009_SciAm.pdf>.

4. «Origin of the Earth's atmosphere», Eastern Illinois University, <http://www.ux1.eiu.edu/~cfjps/1400/atmos_origin.html>.

5. David R. Williams, «Mars fact sheet», NASA Goddard Space Flight Center, <https://nssdc.gsfc.nasa.gov/planetary/factsheet/marsfact.html>.

## 7. ¿Se puede hervir un huevo en la cima del Everest?

1. Martin Lersch, «Towards the perfect soft boiled egg», *Khymos,* 9 de abril de 2009, <https://blog.khymos.org/2009/04/09/towards-the-perfect-soft-boiled-egg/>.

2. Howard D. Backer, «Water disinfection for travelers», Centers for Disease Control and Prevention, 31 de mayo de 2017, <https://wwwnc.cdc.gov/travel/yellowbook/2018/the-pre-travel-consultation/water-disinfection-for-travelers>.

3. Michael Nedelman, «Ice cream salesman's wife and mother suffocated by dry ice in a car», CNN, 2 de agosto de 2018.

4. *Journal of Researches into the Géology and Natural History of the Various Countries Visited by H. M. S. Beagle,* Nueva York, Appleton, 1878, pág. 324, <http://darwin-online.org.uk/converted/pdf/1878_Researches_F33.pdf>.

5. UCSC Physics, *Triple Point of Water,* YouTube, 13 de marzo de 2018, <https://www.youtube.com/watch?v=Juz9pVVsmQQ>.

## 8. ¿Qué pasa cuando un avión alcanza la velocidad del sonido? ¿Y por qué los globos de helio nos ponen la voz aguda?

1. *Russia Meteor Sound Shockwave»,* <https://www.youtube.com/watch?v=QvnrGzo8ljI>.

2. «Speed of sound in various gases», Physics of Music, <https://pages.mtu.edu/~suits/SpeedofSoundOther.html>.

3. «How voice pitch influences our choice of leaders», Casey A. Klofstad, Stephen Nowicki, Rindy C. Anderson, *American Scientist*, <https://www.americanscientist.org/article/how-voice-pitch-influences-our-choice-of-leaders>.

4. Joe Wolfe, «Speech and helium speech», University of Nort South Wales, <https://newt.phys.unsw.edu.au/jw/speechmodel.html>.

5. Randy Worland, «Demonstrating the effect of air temperature on wind ins-

trument tuning», 161st Acoustical Society of America Meeting, 26 de mayo de 2011, <http://acoustics.org/pressroom/httpdocs/161st/Worland.html>.

6. E. Durkee, «Structural temperaturas at supersonic flight from B-58A and F-105D aircraft», *Technical Report n.º AFFDL-TR-65-162,* Air Force Flight Dynamics Laboratory, Research and Technology Division, Air Force Systems Command, Wright-Patterson Air Force Base, Ohio, noviembre de 1985, <https://apps.dtic.mil/dtic/tr/fulltext/u2/476767.pdf>.

7. Jeremy Hsu, «SR-71 Blackbird: supersonic spy aircraft», Space.com, 20 de julio de 2012, <https://www.space.com/16666-sr-71-blackbird.html>.

8. Timothy P. Barela, «Back in the saddle», Ejectionsite, <http://www.ejectionsite.com/insaddle/insaddle.htm>.

9. Jenniskens *et al.,* «The mass and speed dependence of meteor air plasma temperatures», *Astrobiology,* 4(1), 2004, págs. 81-94, <https://leonid.arc.nasa.gov/AST119.pdf>.

10. «Meteor», Swinburne University of Technology, <http://astronomy.swin.edu.au/cosmos/M/Meteor>.

11. Richard A. Muller, «Sound channel», conferencia en la Universidad de Berkeley, <https://www.youtube.com/watch?v=k4ygiQHSNDc>.

12. «Ozone in the atmosphere», *Astrophysics Science Project Integrating Research and Education,* University of Utah, 2012, <http://sunshine.chpc.utah.edu/Labs/OurAtmosphere/ozone_main.html>.

## 9. ¿Podemos llegar antes a donde sea si viajamos contra la rotación de la Tierra?

1. Merwin Sibulkin, «A note on the bathtub vortex and the Earth's rotation», *American Scientist,* 71, págs. 352-353, julio-agosto de 1983, <http://by.genie.uottawa.ca/~mcg4345/AdditionalNotes/BathtubVortex.pdf>.

2. Jordi Pereyra, «¿Por qué la gravedad cambia de un lugar a otro del planeta?», Ciencia de Sofá, 19 de noviembre de 2018, <https://cienciadesofa.com/2018/11/por-que-la-gravedad-cambia-de-un-lugar-a-otro-del-planeta.html>.

## 10. ¿Por qué las hormigas no se hacen daño al estrellarse contra el suelo?

1. «How common are skydiving accidents?», Seeker, 15 de septiembre de 2011, <https://www.seeker.com/how-common-are-skydiving-accidents-1765419215.html>.

2. Vunk *et al.,* «Feline high-rise syndrome: 119 cases (1998-2001)», *Journal of Feline Medicine and Surgery,* 6(5), págs. 305-312, 1 de octubre de 2004, <https://journals.sagepub.com/doi/abs/10.1016/j.jfms.2003.07.001>.

3. Jordi Pereyra, *El universo en una taza de café: respuestas sencillas a enigmas de la ciencia y el cosmos,* Barcelona, Paidós, 2015.

4. Robert B. Suter, «Ballooning: data from spiders in freefall indicate the importance of posture», *The Journal of Arachnology,* 20, 1992, págs. 107-113, <http://www.americanarachnology.org/JoA_free/JoA_v20_n2/JoA_v20_p107.pdf>.

5. The Meteoritical Society: International Society for Meteoritics and Planetary Science, <https://www.lpi.usra.edu/meteor/metbull.php>.

6. Philip Baum, «Vesna Vulović: how to survive a bombing at 33000 feet», *Green Light Aviation Security Training & Consultancy,* entrevista de diciembre de 2001, <https://web.archive.org/web/20170810012910/http://www.avsec.com/vesna_vulovic__how_to_survive_a_bombing_at_33000_feet/>.

7. Véase <http://www.greenharbor.com/fffolder/ffresearch.html>.

8. Dan Koeppel, «How to fall 35.000 feet and survive», *Popular Mechanics,* 29 de enero de 2010, <https://www.popularmechanics.com/adventure/outdoors/a5045/4344036/>.

9. «Juliane Koepcke: how I survived a plane crash», BBC News, 24 de marzo de 2012, <https://www.bbc.com/news/magazine-17476615>.

10. Hal Susskind, «20.000 feet – without a chute. The Alan Magee Story», *Hell's Angels Newsletter,* febrero de 1996, <http://www.303rdbg.com/magee.html>.

11. Yanoviak *et al.,* «Evolution and ecology of directed aerial descent in arboreal ants», *Integrative and Comparative Biology,* 51(6), págs. 944-956.

12. Snorri Gudmundsson, «Aircraft Drag Analysis», *General Aviation Aircraft Design: Applied Methods and Procedures,* Oxford, Butterworth-Heinemann, 2013, págs. 661-760, <https://www.sciencedirect.com/topics/engineering/pressure-drag>, <https://www.sciencedirect.com/science/article/pii/B9780123973085000155>.

13. «Fastest speed in speed skydiving (male)», *Guiness World Records,* <http://www.guinnessworldrecords.com/world-records/fastest-speed-in-speed-skydiving-(male)>.

## 11. ¿Qué pasaría si nos tiráramos por un agujero excavado a través de la Tierra?

1. Fraiser Cain, «What if we dug a tunnel through earth?», PHYS.org, 30 de noviembre de 2015, <https://phys.org/news/2015-11-dug-tunnel-earth.html>.

2. Alexander R. Klotz, «The gravity tunnel in a non-uniform earth», *American Journal of Physics,* 83(231), 2015, <https://aapt.scitation.org/doi/full/10.1119/1.4898780>.

3. John Wilson, «The voyage out – Journeys to New Zealand», Te Ara – The Encyclopedia of New Zealand, <https://teara.govt.nz/en/the-voyage-out/page-1>.

## 12. ¿Es cierto que la Luna nos afecta tanto como dicen?

1. «Virgin Mary toast fetches 28.000$», BBC News, <http://news.bbc.co.uk/2/hi/4034787.stm>.

2. *Op. cit.*

3. Dan Caton, «Natality and the Moon revised: do birth rates depend on the pase of the Moon?», *Bulletin of the Astronomical Society,* 33(4), 2001, pág. 50, <http://www.dancaton.physics.appstate.edu/Birthrates/AASstuff/ThisStudy.pdf>.

4. «The myth of moon cycles and menstruation», Clue, 14 de julio de 2016, <https://helloclue.com/articles/cycle-a-z/myth-moon-phases-menstruation>.

5. I. W. Kelly *et al.,* «The Moon was full and nothing happened», *Skeptical Inquirer,* 10(2), invierno de 1985-1986, págs. 129-143, <https://www.csicop.org/si/show/the_moon_was_full_and_nothing_happened?hc_location=ufi>.

6. Donald A. Redelmeier y Eldar Shafir, «The full moon and motorcycle mortality: population based double control study», BMJ Publishing Group, diciembre de 2017, <https://www.bmj.com/content/359/bmj.j5367>.

7. «Sleep patterns could be affected by the full moon», NHS, 26 de julio de 2013, <https://www.nhs.uk/news/mental-health/sleep-patterns-could-be-affected-by-the-full-moon/>.

## 13. Si cargamos una batería, ¿pesará más?

1. David Nield, «How to charge your devices the right way», *Popular Science,* 23 de agosto de 2017, <https://www.popsci.com/charge-batteries-right>.

2. Rafi Letzer, «Why does cold weather drain your battery?», LiveScience, 4 de enero de 2018, <https://www.livescience.com/61334-batteries-die-cold-weather.html>.

3. A. Brazma, H. Parkinson, T. Schlitt, M. Shojatalab, «A quick introduction to elements of biology: cells, molecules, genes, functional genomics, microarrays», MIT, octubre de 2001, <https://lost-contact.mit.edu/afs/ific.uv.es/user/t/tortosa/public/biology_intro.html>.

## 14. ¿Por qué, a veces, tocar el coche da calambre?

1. Department of Physics, University of California Santa Barbara, <http://web.physics.ucsb.edu/~lecturedemonstrations/Composer/Pages/56.03.html>.

2. «Efecto triboeléctrico», Wikipedia, <https://es.wikipedia.org/wiki/Efecto_triboel%C3%A9ctrico#Serie_triboel%C3%A9ctrica>.

3. Robert N. Renkes, «Fires at refueling sites that appear to be static related – Summary», Petroleum Equipement Institute, marzo de 2010, <https://www.pei.org/sites/default/files/PDF/refueling_fire_incidents.pdf>.

4. Katherine Winters, «The impact of triboelectrification on the Ares I-X launch and considerations for other launch vehicles», <https://ams.confex.com/

ams/14Meso15ARAM/webprogram/Manuscript/Paper190923/15ARAM-P9_1 KW.pdf>.

5. «Characteristics of a storm», Lightning and Atmospheric Electricity Research, NASA Global Hydrology Resource Center, <https://web.archive.org/web/20160127161244/http://thunder.msfc.nasa.gov/primer/primer2.html>.

6. «How hot is lightning?», National Weather Service, NOAA, <https://www.weather.gov/safety/lightning-temperature>.

7. *Un rayo a 103 000 FPS,* The Slo Mo Guys, YouTube, 6 de marzo de 2019, <https://www.youtube.com/watch?v=qQKhIK4pvYo>.

8. Elizabeth Goldbaum, «Lightning can warp rocks at their core», LiveScience, 10 de agosto de 2015, <https://www.livescience.com/51789-lightning-warps-rocks-atoms.html>.

9. Marty Ahrens, «Lightning fires and lightning strikes», National Fire Proyection Association (NFPA), junio de 2013, <https://www.nfpa.org/-/media/Files/News-and-Research/Fire-statistics-and-reports/US-Fire-Problem/Fire-causes/os lightning.ashx?la=en>.

10. Fred W. Wright Jr., «Florida's fantastic fulgurite find», *Weatherwise,* 51(4), julio-agosto de 1998, <http://www.usfcam.usf.edu/CAM/exhibitions/1998_12_McCollum/supplemental_didactics/06.Florida%27s.pdf>.

11. Navarro-González *et al.,* «Peleoechology reconstruction from trapped gases in a fulgurite from the late Pleistocene of the lybian desert», *Geology,* 35(2), febrero de 2007, págs. 171-174, <https://web.archive.org/web/20111020150156/http://quest.nasa.gov/projects/spacewardbound/docs/NavarroGonzalez_etal_2007.pdf>.

## 15. ¿Te puede caer un rayo y vivir para contarlo?

1. «Annual rates of lightning fatalities by country», Ronal L. Holle. 20th International Lightning Detection Conference, 2008, <https://www.vaisala.com/sites/default/files/documents/Annual_rates_of_lightning_fatalities_by_country.pdf>.

2. Ritenour *et al.,* «Lightning injury: a review», *Elsevier,* 34, 2008, págs. 585-594, <https://apps.dtic.mil/dtic/tr/fulltext/u2/a627751.pdf>.

3. New Jersey State Council of Electrical Contractors Associations, Inc., «The fatal current», *Bulletin,* 2(13), febrero de 1987, <https://www.asc.ohio-state.edu/physics/p616/safety/fatal_current.html>.

4. Angela Chen, «How exactly did lightning kill 323 reindeer in Norway», The Verge, 29 de agosto de 2016, <https://www.theverge.com/2016/8/29/12690402/lightning-strike-kills-norway-reindeer-death-why-science>.

5. Chandima Gomes, «Lightning safety of animals», *International Journal of Biometeorology,* 56, noviembre de 2012, págs. 1101-1023, <https://link.springer.com/article/10.1007/s00484-011-0515-5>.

6. «When thunder roars, go indoors!», Center for Disease Control and Prevention (CDC), <https://www.cdc.gov/features/lightning-safety/index.html>.

7. Conor Dillon, «Lightning risk 'much higher for animals'», DW, 29 de agosto de 2016, <https://www.dw.com/en/lightning-risk-much-higher-for-animals/a-19511426>.

8. «Worker deaths by electrocution», U. S. Department of Health and Human Services, Centers for Disease Control and Prevention (CDC), 1998, <https://www.cdc.gov/niosh/docs/98-131/pdfs/98-131.pdf>.

9. Richard D. Moccia, «Fish electrocution», University of Guelph, julio de 1991, <http://animalbiosciences.uoguelph.ca/aquacentre/information/articles/fish-electrocution.html>.

10. «Lightning strike may have killed 50 Canada geese outside of Montreal», CBC News, 16 de junio de 2018, <https://www.cbc.ca/news/canada/montreal/lightning-strike-may-have-killed-50-canada-geese-outside-of-montreal-1.4709566>.

11. Versión digitalizada de la carta original, «Are birds on the wing killed by lightning?», <https://archive.org/stream/naturevolume28unkngoog/naturevolume28unkngoog_djvu.txt>.

12. G. W. Murdochs, «Are birds on the wing killed by lightning?», *Nature,* 49, pág. 601, 26 de abril de 1894, <https://www.nature.com/articles/049601c0>.

13. «Transport certification update», Federal Aviation Administration, <https://web.archive.org/web/20131020160551/<https://www.faa.gov/aircraft/air_cert/design_approvals/transport/Cert_Update/Edition21-30/media/Edition 23.pdf>.

14. Mark Stenhoff, *Ball Lightning: An Unsolved Problema in Atmospheric Physics,* Nueva York, Springer, 2006, págs. 113-114.

15. Jianyong Cen *et al.,* «Observation of the optical and spectral characteristics of ball lightning», *Physical Review Letters,* 112(3), 17 de enero de 2014, <https://journals.aps.org/prl/pdf/10.1103/PhysRevLett.112.035001>.

## 16. ¿Por qué el fuego no tiene sombra? ¿De qué están hechas las llamas?

1. Steven R. James, «Hominid use of fire in the lower and middle Pleistocene: a review of the evidence», *Current Anthropology,* 30(1), febrero de 1989, págs. 1-26, <https://web.archive.org/web/20151017032715/http://faculty.ksu.edu.sa/archaeology/Publications/Hearths/Hominid%20Use%20of%20Fire%20in%20the%20Lower%20and%20Middle%20Pleistocene.pdf>.

2. Bonta *et al.,* «Intentional fire-spreading by firehawk raptors in Northern Australia», *Journal of Ethnobiology,* 37(4), 2017, págs. 700-718, <https://bioone.org/journals/Journal-of-Ethnobiology/volume-37/issue-4/0278-0771-37.4.700/Intentional-Fire-Spreading-by-Firehawk-Raptors-in-Northern-Australia/10.2993/0278-0771-37.4.700.short>.

3. «The combustion of carbon subnitride, NC4N, and a chemical method for the production of continuous temperatures in the range of 5000-6000 °K», *Journal of the American Chemical Society,* 78(9), 2020 [1 de mayo de 1956], <https://pubs.acs.org/doi/pdf/10.1021/ja01590a075>.

4. W. Ramsay, M. Travers, «On the companions of Argon», Proceedings of the Royal Society of London, 13 de junio de 1898, <https://royalsocietypublishing.org/doi/pdf/10.1098/rspl.1898.0057>.

5. Joachim Köppen, «Spectra of gas discharges», Observatoire Astronomique de Strasbourg, 21 de junio de 2007, <http://astro.u-strasbg.fr/~koppen/discharge/>.

6. B. V. Ettling, «The colors of smoke and flame», *Fire and Arson Investigator,* 30(4), abril-junio de 1980, págs. 39-41, <https://www.ncjrs.gov/App/Publications/abstract.aspx?ID=72891>.

## 17. ¿Por qué (casi) todos los metales son grises?

1. «Can a light be gray?», John the Math Guy, 7 de octubre de 2017, <http://johnthemathguy.blogspot.com/2017/10/can-light-be-gray.html>.

2. «Why copper is reddish in color», *Flinn Scientific Chem.*, Fax 10307, 2016, <https://www.flinnsci.com/api/library/Download/485982234af046b491724d3736c93c51>.

3. «Relativistic quantum chemistry», Wikipedia, <https://en.wikipedia.org/wiki/Relativistic_quantum_chemistry>.

## 18. ¿Por qué es mejor llevar camisetas blancas en verano?

1. Shkolnik *et al.,* «Why do Bedouins wear black robes in hot deserts?», *Nature,* 283, 1980, págs. 373-375, <https://www.nature.com/articles/283373a0>.

2. Nancy Owano, «Silver and white cars are cooler, says study», Phys.org, 25 de octubre de 2011, <https://phys.org/news/2011-10-silver-white-cars-cooler.html>.

3. N. K. Bansal, S. N. Garg y S. Kothari, «Effect of exterior surface colour on the thermal performance of buildings», *Building and Environment,* 27(1), enero de 1992, págs. 31-37, <https://www.sciencedirect.com/science/article/pii/036013239290005A>.

4. Alessandro Rogora y Paola Leardini, «Light and color in architecture: a shared experience between Scandinavia and the Mediterranean», en P. Zennaro (comp.), *Colour and Light in Architecture,* Knemesi, Verona, 2010, págs. 513-518, <http://rice.iuav.it/255/1/04_rogora-leardini.pdf>.

5. «What does it mean to be hot?», NASA Earth Observatory, <https://earthobservatory.nasa.gov/features/HottestSpot/page2.php>.

6. «Industrial soot linked to the abrupt retreat of the 19th century glaciers», NASA, 3 de septiembre de 2013, <https://science.nasa.gov/science-news/science-at-nasa/2013/03sep_soot>.

7. «Albedo», Wikipedia, <https://en.wikipedia.org/wiki/Albedo#Trees>.

8. *Ibid.*, <https://en.wikipedia.org/wiki/Albedo#Snow>.

9. «Thermodynamics: Albedo», NSIDC, <https://nsidc.org/cryosphere/seaice/processes/albedo.html>.

10. «WASP-12b», Wikipedia, <https://en.wikipedia.org/wiki/WASP-12b>.

11. «WASP-104b», Wikipedia, <https://en.wikipedia.org/wiki/WASP-104b>.

12. «TrES-2b», Wikipedia, <https://en.wikipedia.org/wiki/TrES-2b>.

13. «Super black», Wikipedia, <https://en.wikipedia.org/wiki/Super_black>.


## 19. Piénsalo, ¿por qué la espuma es siempre de color blanco?

1. «Recovery of silver from mirrors», Finishing.com, 2011-2019, <https://www.finishing.com/575/18.shtml>.

2. «Suggested practices for museum security as adopted by The Museum, Library, and Cultural Properties Council of ASIS International and The Museum Asociation Security Committee of the American Asociation of Museums», SecurityCommittee.org, mayo de 2006, <http://www.securitycommittee.org/securitycommittee/Guidelines_and_Standards_files/SuggestedPracticesRev06.pdf>.

3. «Ocean color», NASA Science, <https://science.nasa.gov/earth-science/oceanography/living-ocean/ocean-color>.

4. «¿Por qué el mar es azul?», Ciencia de Sofá, <https://www.youtube.com/watch?v=g_3Sb4aWyFU>.

5. «Why are clouds white?», ScienceBlogs, 1 de abril de 2013, <https://scienceblogs.com/builtonfacts/2013/04/01/why-are-clouds-white>.

6. Jesse Ferrell, «What is the best time for a rainbow?», AccuWather, 15 de junio de 2010, <https://www.accuweather.com/en/weather-blogs/weathermatrix/what-is-the-best-time-of-day-for-a-rainbow/32588>.

7. Les Cowley, «Moonbow – Lunar rainbow», Atmospheric Optics, <https://www.atoptics.co.uk>.

8. Bulina *et al.*, «New class of blue animal pigments based on frizzled and kringle protein domains», *Journal of Biological Chemistry,* 279(42), noviembre de 2004, págs. 43367-43370, <http://www.jbc.org/content/279/42/43367.full>.

9. Giraldo *et al.*, «Coloration mechanisms and phylogeny of Morpho butterflies», *Journal of Experimental Biology,* 219, 2016, págs. 3936-3944, <http://jeb.biologists.org/content/jexbio/219/24/3936.full.pdf?with-ds=yes>.

10. Helen Fields, «Why are some feathers blue?», Smithsonian.com, marzo de 2012, <https://www.smithsonianmag.com/science-nature/why-are-some-feathers-blue-100492890/>.

11. Vignoli *et al.*, «Pointillist structural color in *Pollia* fruit», Proceedings of the National Academy of Sciences (PNAS), 109(39), págs. 15712-15715, 10 de septiembre de 2012, <https://www.pnas.org/content/109/39/15712>.

## 20. ¿Por qué se nos quema la piel, aunque esté nublado?

1. Phil Plait, «Why are there no green stars?», Discover, 29 de julio de 2008, <http://blogs.discovermagazine.com/badastronomy/2008/07/29/why-are-there-no-green-stars/#.XYOoOSXtbFM>.
2. Adam Hadhazy, «Science of summer: what causes sunburns?», Livescience, 9 de julio de 2013, <https://www.livescience.com/38039-what-causes-sunburns.html, <https://www.livescience.com/38039-what-causes-sunburns.html>.
3. Josep Calbó, David Pagès y Josep-Abel González, «Empirical studies of cloud effects on UV radiation: A review», *Reviews of Geophysics,* 2005, 43(2), pág. RG2002, <https://agupubs.onlinelibrary.wiley.com/doi/full/10.1029/2004RG000155>.
4. Esther M. Fleischmann, «The measurement and penetration of ultraviolet radiation intro tropical marine water», *Limnology and Oceanography,* 34(8), diciembre de 1989, <https://aslopubs.onlinelibrary.wiley.com/doi/pdf/10.4319/lo.1989.34.8.1623>.
5. «Can fish get sunburned? Decorative ponds and gardens Q&A», The Pond Guy Blog, junio de 2011, <https://blog.thepondguy.com/2011/06/21/can-fish-get-sunburned-decorative-ponds-water-gardens-qa/>.
6. Richard D. Moccia, «Sunburn in fish», University of Guelph, julio de 1991, <http://animalbiosciences.uoguelph.ca/aquacentre/information/articles/sunburn-in-fish.html>.

## 21. ¿Por qué me quedo sin wifi tan rápido, si tampoco estoy tan lejos del rúter?

1. «Mobile base stations», Mobile Network Guide, <https://mobilenetworkguide.com.au/mobile_base_stations.html>.
2. Véase <https://voyager.jpl.nasa.gov/mission/status/>.
3. V. Guruprasad, «An optical solution for Olber's paradox», Cern Document Server, 1999, <http://cds.cern.ch/record/400799/files/9909340.pdf>.
4. Kafle *et al.,* «On the shoulders of giants: properties of the stellar halo and the milky way mass distribution», *The Astrophysical Journal,* 794(1), 24 de septiembre de 2014, <https://arxiv.org/pdf/1408.1787.pdf>.
5. Jordi Pereyra Marí, «Respuestas (XCIV). ¿A qué velocidad hay que conducir para ver verde la luz de un semáforo en rojo?», Ciencia de Sofá, 2 de enero de 2019, <https://cienciadesofa.com/2019/01/respuestas-xciv-a-que-velocidad-hay-que-conducir-para-ver-verde-la-luz-de-un-semaforo-en-rojo.html>.

6. «CMB Spectrum», NASA Goddard, <https://asd.gsfc.nasa.gov/archive/arcade/cmb_spectrum.html>.

## 22. ¿Por qué salen chispas cuando se mete un metal en el horno microondas?

1. Evan Ackerman, «A brief history of the microwave oven», IEEE Spectrum, 30 de septiembre de 2016, <https://spectrum.ieee.org/tech-history/space-age/a-brief-history-of-the-microwave-oven>.

2. «Cooking with short waves», en Hugo Gersback (comp.), *Short Wave Craft, The Radio Experimenter's Magazine,* noviembre de 1933, págs. 394 y 429, <https://www.americanradiohistory.com/Archive-Short-Wave-Television/30s/SW-TV-1933-11.pdf>.

3. Nicola Armoni y Vincenzo Balzani, «Towards an electricity-powered world», *Energy & Environmental Science,* 2011, 4, págs. 3193-3222, <https://pubs.rsc.org/en/content/articlehtml/2011/ee/c1ee01249e>.

4. Eric Bogatin, «Why do microwave ovens operate at 2,45 MHz?», Be The Signal, 16 de febrero de 2017, <https://bethesignal.com/wp/2017/02/why-do-microwave-ovens-operate-at-2-45-ghz/>.

5. Steven Novella, «Microwaves and nutrition», Science-Based Medicine, 30 de abril de 2014, <https://sciencebasedmedicine.org/microwaves-and-nutrition/>.

6. «How does the grid on the microwave oven window prevent microwave radiation from coming out?», Quora, 1 de diciembre de 2016, <https://www.quora.com/How-does-the-grid-on-the-microwave-oven-window-prevent-microwave-radiation-from-coming-out>.

7. Robert F. Cleveland, Jr., y Jerry L. Ulcek, «Questions and Answers about Biological Effects and Potential Hazards of Radiofrequency Electromagnetic Fields», Federal Communications Commission Office of Engineering & Technology, *OET Bulletin,* 56 (4.ª ed.), agosto de 1999. <https://transition.fcc.gov/bureaus/oet/info/documents/bulletins/oet56/oet56e4.pdf>.

8. R. Nave, «Microwave oven», Hyperphysics, <http://hyperphysics.phy-astr.gsu.edu/hbase/Waves/mwoven.html>.

9. Jim Cummings, «Wi-Fi in the home», Acoustic Ecology, <https://www.acousticecology.org/docs/wifi.pdf>.

10. «The cell phone technology», University of California Santa Barbara, <https://www.mat.ucsb.edu/~g.legrady/academic/courses/03w200a/projects/wireless/cell_technology.htm>.

11. «Cell phones and cancer risk», National Cancer Institute, U.S. Department of Health and Human Services, <https://www.cancer.gov/about-cancer/causes-prevention/risk/radiation/cell-phones-fact-sheet#q8>.

12. Michael Witthöft y G. James Rubin, «Are media warnings about the adverse health effects of modern life self-fulfilling? An experimental study on idiopathic

environmental intolerance attributed to electromagnetic fields (IEI-EMF)», *Journal of Psychosomatic Research,* 74(3), marzo de 2013, págs. 206-212, <https://www.sciencedirect.com/science/article/pii/S0022399912003352?via%3Dihub>.

13. Rubin *et al.,* «Idiopathic environmental intolerance attributedto electromagnetic fields (formerly 'electromagnetic hypersensitivity'): An updated systematic review of provocation studies», *Bioelectromagnetics,* 31, 2010, págs. 1-11, <https://onlinelibrary.wiley.com/doi/epdf/10.1002/bem.20536>.

14. Petroff *et al.,* «Identifying the source of perytons at the Parkes radio telescope», Monthly Notices of the Royal Astronomical Society, 10 de abril de 2015, <https://arxiv.org/pdf/1504.02165v1.pdf>.

### 23. ¿Cómo puede alguien caminar sobre ascuas sin quemarse?

1. «Hypothermia table», University of Sea Kayaking, <https://www.useakayak.org/references/hypothermia_table.html>; Peter Tikuisis, «Prediction of survival time for cold exposure», VI International Conference on Environmental Ergonomics, 25 de septiembre de 1994, <http://citeseerx.ist.psu.edu/viewdoc/download?doi=10.1.1.489.1366&rep=rep1&type=pdf>.

2. R. Morell, «Thermal conductivities», National Physical Laboratory, <http://www.kayelaby.npl.co.uk/general_physics/2_3/2_3_7.html>.

### 24. ¿Por qué hace más frío o más calor cuando hay mucha humedad?

1. Steven M. Babin, «Water vapor myths: a brief tutorial», PhD, Universidad de Maryland, Department of Atmospheric and Oceanic Science, 6 de noviembre de 2000, <https://www.atmos.umd.edu/~stevenb/vapor/>.

2. «Temperatura de bochorno», Wikipedia, <https://es.wikipedia.org/wiki/Temperatura_de_bochorno>.

3. P. T. Tsilingiris, «Thermophysical and transport properties of humid air at temperature rango between 0 and 100 °C», *Energy Conversion and Management,* 49(5), mayo de 2008, págs. 1098-1110, <https://pdfs.semanticscholar.org/cec4/877708079f2c645c5063508403e2f17163eb.pdf>.

4. Burton *et al.,* «Damp cold vs. Dry cold: specific effects of humidity on heat exchange of unclothed man», *Journal of Applied Physiology,* 8(3), noviembre de 1955, págs. 269-278, <https://www.physiology.org/doi/pdf/10.1152/jappl.1955.8.3.269>.

5. Rita M. Crow, «Why cold-wet makes one feel chilled: a literatura review», *Defence Research Establishment Ottawa. National Defence, Note 88-22,* junio de 1988, <https://apps.dtic.mil/dtic/tr/fulltext/u2/a203452.pdf>.

6. «Wind chill chart», National Weather Service, <https://www.weather.gov/safety/cold-wind-chill-chart>.

7. M. A. Rothschild y V. Schneider, «Terminal burrowing behaviour – A phenomenon of lethat hypothermia», *International Journal of Legal Medicine,* 107(5), 1995, págs. 250-256, <https://www.ncbi.nlm.nih.gov/pubmed/7632602>.

8. Anette Fredriksson, «Mirakelflickan», 23 de agosto de 2012. Archivado en <https://web.archive.org/web/20160807092907/>, <https://www2.sahlgrenska.se/upload/SU/Kommunikationsavdelningen/GT%20-%20Mirakelflickan%202012-08-26.pdf>.

9. J. Trevor Hughes, «Miraculous deliverance of Anne Green: an Oxford case of resuscitation in the seventeenth century», *British Medical Journal,* 285, 18-25 de diciembre de 1982, págs. 1.792-1.793, <https://www.ncbi.nlm.nih.gov/pmc/articles/PMC1500297/pdf/bmjcred00637-0036.pdf>.

## 25. ¿Qué le pasaría a un astronauta si se quitara el casco en el espacio exterior?

1. Jonathan Franklin, «8 airplane myths the movie industry made us believe», KLM Blog, 7 de agosto de 2018, <https://blog.klm.com/8-airplane-movie-myths-busted-by-a-pilot/>.

2. «Aloha Airlines Flight 243», Wikipedia, <https://en.wikipedia.org/wiki/Aloha_Airlines_Flight_243>.

3. «Turbulence accidents that killed airline passengers», Airsafe.com, 18 de octubre de 2012, <http://www.airsafe.com/events/turb.htm>.

4. «Fact Sheet – Turbulence», Federal Aviation Administration (FAA), 13 de agosto de 2018, <https://www.faa.gov/news/fact_sheets/news_story.cfm?newsId=20074>.

5. Richard W. Bancroft y James E. Dunn, «Experimental animal decompressions to a near-vacuum environment», *Aerospace Med.,* 36, 1965, págs. 720-725, <https://ntrs.nasa.gov/archive/nasa/casi.ntrs.nasa.gov/19660005052.pdf>.

6. Leo Hickman, «Felix Baumgartner skydive: the key questions answered», *The Guardian,* 15 de octubre de 2012, <https://www.theguardian.com/sport/shortcuts/2012/oct/15/felix-baumgartner-skydive-key-questions-answered>.

7. Art Levy, «Icon: Joseph Kittinger», Florida Trend, 31 de mayo de 2011, <https://www.floridatrend.com/article/1935/icon-joseph-kittinger>.

8. Merryl Azriel, «Jim LeBlanc survives early spacesuit vacuum test gone wrong», *Space Safety Magazine,* 28 de noviembre de 2012, <http://www.spacesafetymagazine.com/aerospace-engineering/space-suit-design/early-spacesuit-vacuum-test-wrong/>.

9. Beth Wilson, «How extreme temperatures affect spacewalks», Smithsonian Air and Space Museum, 3 de octubre de 2017, <https://airandspace.si.edu/stories/editorial/how-extreme-temperatures-affect-spacewalks>.

10. «How fast would body temperature go down in space?», Physics Stack Exchange, <https://physics.stackexchange.com/questions/67503/how-fast-would-body-temperature-go-down-in-space>.

11. Gardette *et al.*, «Hydra 10: a 701 msw onshore record dive using "hydreliox"», Proceedings of the XIXth Annual Meeting of EUBS, Trondheim, Noruega, 1993, <http://gtuem.praesentiert-ihnen.de/tools/literaturdb/project2/pdf/Gardette %20B. %20- %20EUBS %201993 %20- %20S. %2032.pdf>.

12. «Hazardous Substance Fact Sheet: Sulfur dioxide», New Jersey Department of Health, mayo de 2010, <https://nj.gov/health/eoh/rtkweb/documents/fs/1759.pdf>.

13. Alejandra Borunda, «Coldest Place on Earth Found – Here's How», *National Geographic*, 27 de junio de 2018, <https://news.nationalgeographic.com/2018/06/coldest-place-earth-measured-temperature-antarctica-science/>.

14. Niemann *et al.*, «The abundances of constituents of Titan's atmosphere from the GCMS instrument on the Huygens probe», *Nature*, 438(8), diciembre de 2005, págs. 779-784.

**Otro título del autor en Booket:**